Seit Jahren häufen sich in der Nähe von Mobilfunkanlagen die Krankheitsfälle, belegen immer neue Studien die schädliche Wirkung elektromagnetischer Strahlung. Dennoch schreitet der Ausbau des Mobilfunks in hohem Tempo voran. Schließlich sollen mit der Einführung der UMTS-Technik bald flächendeckende Hochfrequenzfelder ein störungsfreies Telefonieren, Internet-Surfen und SMS-Verschicken auch in den hintersten Winkeln und tiefsten Kellern des Landes ermöglichen.
Wieviel von dieser Technik wollen wir, und was kommt da auf uns zu? Kann ein Staat, der mit der Vergabe von UMTS-Lizenzen 50 Milliarden Euro eingenommen hat, seine Bürger noch verlässlich vor den Risiken dieser Technik schützen? »Wir werden alles dafür tun, was Gott erlaubt, und auch manches, was er verbietet, um diese Innovation voranzubringen«, sagte Erwin Huber, Leiter der Bayerischen Staatskanzlei, noch im Oktober 2002 auf dem »UMTS-Gipfel« der Technologiemesse Systems.
Thomas Grasberger und Franz Kotteder leuchten hinter die Kulissen des Mobilfunk-Experiments, das sich zu einem großangelegten Freilandversuch am Menschen auszuwachsen droht. An aktuellen Fallbeispielen schildern sie das »Leben im Feld«, das das Wohnen in der Nähe von Sendemasten zum Alptraum werden lässt, und sezieren das Interessengeflecht zwischen Industrie, Politik und Wissenschaft, das effektive Aufklärung und Vorsorge bisher verhindert hat. Sie zeigen aber auch, was tatsächlich der Stand der Forschung ist und wie Bürger sich erfolgreich gegen die neue Technik wehren können.
Werden wir aus dem Mobilfunk-Experiment mit heiler Haut herauskommen? »Vorsorgen statt abwiegeln!« ist das Fazit der Autoren – und zahlreicher unabhängiger Wissenschaftler auf der ganzen Welt.

THOMAS GRASBERGER | FRANZ KOTTEDER

Mobilfunk

Ein Freilandversuch am Menschen

Verlag Antje Kunstmann

Inhalt

Einführung

Die Entwicklung des Mobilfunks war die letzte große Erfolgsstory in der Industriegeschichte des 20. Jahrhunderts. Astronomische Gewinne und gigantische Zuwachsraten bei den Kunden waren in dieser Branche in den neunziger Jahren völlig normal. Was bis dahin nur einigen *very important persons* zur Verfügung gestanden hatte, wurde plötzlich Allgemeingut: das mobile Telefon, zu erschwinglichen Preisen. Man musste nicht mehr stundenlang zu Hause auf den angekündigten Telefonanruf warten, unterwegs nicht mehr ewig nach einer Telefonzelle suchen, konnte bei Unfällen schnell Hilfe herbeirufen und war zugleich immer erreichbar: ein technischer Fortschritt, der überzeugte. Viele Millionen Menschen, vor allem in den Industrienationen des Westens, wollten daran teilhaben. Allein in der EU gab es Ende 2000, so der 6. Umsatzbericht der Europäischen Gemeinschaft vom Dezember desselben Jahres, 194 Millionen Mobiltelefone. Sieben Jahre zuvor waren es noch 14 Millionen gewesen. Die großen Telekommunikationskonzerne und ihre Zulieferer kamen kaum nach mit dem Ausbau des Netzes, mit der Produktion von Handys. Und sie steckten viele Milliarden in die Entwicklung neuer Produkte und Technologien, um den Handy-Boom am Laufen zu halten. 97 Milliarden Euro zahlten die sieben größten europäischen Telefongesellschaften allein für die Erlaubnis, künftig im neuen UMTS-Standard senden zu dürfen.

Inzwischen ist die Euphorie verklungen. Zwar besitzen heute an die 70 Prozent der Bevölkerung in den westlichen Industrienationen ein Mobiltelefon – das bedeutet aber auch, dass wesentliche Steigerungsraten kaum noch möglich sind. Noch ist nicht absehbar, ob die kommende UMTS-Technologie, deren Start immer wieder verschoben werden musste, die Erfolgsgeschichte fortschreiben kann. Es sieht eher nicht danach aus; die Akzeptanz bei der Kundschaft scheint nicht so hoch zu sein, wie man es sich in den Führungszentralen der Konzerne erwartet hat. Dabei sind die Unternehmen dringend auf neue Erfolge angewiesen. Im Vorgriff auf zu erwartende Gewinne hatten sie sich hoch verschuldet. Allein die Deutsche Telekom, einer der größten Konzerne der Welt, hatte bis Ende 2002 rund 64 Milliarden Euro Schulden angehäuft und musste zum Jahresende mit dem höchsten Verlust abschließen, den je eine Gesellschaft, die im Deutschen Aktienindex (Dax) vertreten ist, ausgewiesen hat[1]: 24,5 Milliarden Euro, bedingt durch Wertberichtigungen und Abschreibungen. Die Folge ist natürlich auch ein massiver Abbau von Arbeitsplätzen – 54.700 weltweit von insgesamt rund 250.000; allein in Deutschland werden 42.500 Beschäftigte davon betroffen sein[2].

So gewaltig diese wirtschaftlichen Probleme auch sein mögen: Der Mobilfunk hat noch ein weitaus größeres. Denn so beliebt das Handy sein mag, so gefürchtet scheint mittlerweile die Technik zu sein, die es uns allen erst ermöglicht, mobil zu telefonieren. Allein in Deutschland sind in den vergangenen Jahren Tausende von Bürgerinitiativen entstanden. Sie wehren sich gegen Mobilfunk-Sendemasten in ihrer unmittelbaren Nachbarschaft, weil sie Gefahren für ihre Gesundheit befürchten. Rund 50.000 Sendemasten gab es bislang in der Bundesrepublik, mit der Einführung der UMTS-Technik, so schätzt man, werden es einmal bis zu 120.000 sein. In Ballungsgebieten alle paar hundert Meter ein Sendemast, der rund um die Uhr Signale sendet: Strahlung, der man nicht entgehen kann, von deren Wirkungen man nur wenig weiß. Die Angst macht, weil sie die elektromagnetische Strahlung, der wir in unserer durchtechnisierten Welt ohnehin ausgesetzt sind, noch einmal deutlich erhöht. Sie liegt heute schon bis zum Tausendfachen über der natürlichen Dosis, die das Erdmagnetfeld ausstrahlt. Es heißt zwar, das sei nicht gesundheitsschädlich. Aber immer weniger Menschen lassen sich nach den Erfahrungen mit Lebensmittel- und Umweltskandalen in der Vergangenheit durch derartige Beteuerungen beruhigen. Nach einer Umfrage des Bundesamts für Strahlenschutz, die im Frühjahr 2002 veröffentlicht wurde, haben bereits 35 Prozent der Bundesbürger Angst vor schädlichen Auswirkungen des Mobilfunks.

Alarmierende Nachrichten gibt es ja auch genug: Man hört von

Studien, nach denen die elektromagnetischen Wellen des Mobilfunks Krebs auslösen können. Anwohner von Sendemasten klagen über Schlafstörungen und Kopfweh. In den USA werden Milliardenklagen gegen die Industrie angestrengt, weil Handys angeblich Gehirntumore verursachen. Regierungen und internationale Organisationen starten große Wissenschaftsprogramme, um die Gefahren der Strahlung zu erforschen. Wer einmal aufmerksam geworden ist, kann tagtäglich Meldungen über vermutete und tatsächliche Gefahren des Mobilfunks finden – nicht nur, was die eigene Gesundheit angeht. Makler sprechen davon, dass sich Häuser nur noch schwer oder mit erheblichem Verlust an Wert verkaufen lassen, wenn sich auf dem Nachbargrundstück ein Mobilfunkmast befindet. Datenschützer warnen vor dem Missbrauch der Verbindungsdaten von Handys: Man sei durch die spezielle Technologie des Mobilfunks in seinen Bewegungen jederzeit verfolgbar – der gläserne Bürger sei somit längst Tatsache. Und es gibt enge Verflechtungen zwischen den wirtschaftlichen Interessen der Konzerne und der Politik. Nicht nur, weil der Staat viel Geld durch die Versteigerung der UMTS-Lizenzen eingenommen hat.

Man muss nicht besonders misstrauisch sein, um bei all dem zumindest ein ungutes Gefühl zu verspüren. Gefühle allein sind aber zu wenig, um sich ein Urteil zu bilden. Dazu braucht man sachliche Information, unterschiedliche Meinungen, aber gelegentlich auch Zustandsbeschreibungen, die ein Schlaglicht werfen auf bestimmte Verhältnisse, auch wenn sie nicht immer gleich einen eindeutigen und unmissverständlichen Schluss zulassen. Manchmal ist es auch interessant zu wissen, warum ein Rätsel nicht gelöst, eine wissenschaftliche Untersuchung nicht veröffentlicht, eine politische oder wirtschaftliche Entscheidung nicht getroffen wird.

Von all diesen Dingen handelt das vorliegende Buch. Zahlreiche Fallbeispiele und ausführliche Analysen sollen die Orientierung erleichtern in einer Diskussion, die oft genug von Glaubensfragen geprägt ist. Wem glauben nicht genügt, der wird bald feststellen, dass die Materie komplexer ist, als es auf den ersten Blick den Anschein hat. Man muss eine Reihe von Grundlagen kennen, bevor man tiefer in die Debatte einsteigen kann. Deshalb erläutern wir in Stichwort-Kapiteln komprimiert die technischen und naturwissenschaftlichen

Fakten sowie die geltenden Grenzwerte und die Rechtslage. Solche Grundlagenkapitel gibt es zu den Themen »Technik« (Seite 19), »Gesundheit« (Seite 38), »Grenzwerte« (Seite 44), »Forschung« (Seite 66) und »Rechtsprechung« (ab Seite 171).

Leben im Feld
Die Traumwohnung am Bereiteranger

Die Dachterrassenwohnungen am Bereiteranger im Münchner Stadtteil Au sind echte Schmuckstücke. Ein Wohntraum, der für den Zeichner und Karikaturisten Pepsch Gottscheber eines Tages in Erfüllung ging. 15 Jahre lang schon hatte er in dem mehrstöckigen Wohnhaus gelebt, als ihm sein Vermieter eines Tages mitteilte, er könne die ausgebaute Dachgeschosswohnung direkt über der seinen dazu mieten. Natürlich sagte Gottscheber sofort zu. Eine zweigeschossige Wohnung, 110 Quadratmeter, für Münchner Verhältnisse ein relativ vernünftiger Mietzins – wer würde da schon nein sagen. Gottscheber schloss einen langfristigen Vertrag, zog mit seiner Frau Marta im Jahr 2000 ein und genoss die Aussicht. Er saß gern am Esstisch, direkt an der breiten Fensterfront – ein idealer Ort, um zu arbeiten, die Zeitung zu lesen oder einfach nur mal aus dem Fenster zu schauen. Bis eines Tages die Handwerker kamen und aufs Dach des gegenüberliegenden Hauses stiegen. Zuerst dachte der Zeichner, da würden nur die Kamine repariert. Aber wie sich bald herausstellte, wurden Antennenmasten für den Mobilfunk installiert. Die Entfernung zu Gottschebers Esstisch betrug in Luftlinie knapp 20 Meter. Noch war der Zeichner nicht beunruhigt.

Doch kurz vor Weihnachten 2000 bekam er plötzlich Kopfschmerzen. Ein seltsamer Druck »vom Hinterkopf her aufs Kleinhirn«, erzählt Gottscheber: »Es war wie ein elektrischer Helm um den Kopf. Dabei bin ich ein Mensch, der nie in seinem Leben Kopfweh gehabt hat.« Der Schmerz hörte nicht mehr auf. Dafür kam bald ein Ekzem im Gesicht dazu. Und ständig diese innere Unruhe. Eines Tages sagt Gottscheber zu seinem Nachbarn Peter Wieland: »Du, ich glaub, der Sender ist schon angeschaltet.« Kann eigentlich nicht sein, antwortete der Nachbar, der sich bei der Stadt und der Telekom erkundigt hatte. Angeblich sollte die Antenne erst einige Wochen später ans Netz gehen, und die Mieter sollten vorher Bescheid bekommen, hieß es. Als Gottschebers Schmerzen aber nicht nachließen, fragte er weiter nach. Dabei stellte sich heraus, dass die Sendeanlage schon zwei Monate früher als geplant, nämlich am 12. Dezember 2000, in Betrieb gegangen war. Ohne Benachrichtigung. Für Gottscheber war das ein Beleg dafür, dass er sich sein Unbehagen und die Kopfschmerzen nicht nur eingebildet hatte. Zumal auch andere betroffen waren. Nicht nur seine Frau Marta litt unter den eigentümlichen Beschwerden, auch sein Nachbar Peter Wieland und dessen Lebensgefährtin Heike Ratfisch fühlten sich plötzlich höchst unwohl: Migräne, Depressionen, Atembeschwerden, Herzflattern. So beschreiben der 40-jährige Volkswirt und die 43-jährige Künstlerin die Symptome, die sie vorher noch nicht erlebt hatten. Und die Liste ist noch länger: »Aus heiterem Himmel wurde uns übel, wir bekamen Kopfschmerzen, Stechen in den Ohren, Gleichgewichtsstörungen, starke Grippeattacken«, erzählt Heike Ratfisch. »Wir hatten ständig Durst. Ab fünf Uhr Nachmittags waren unsere Köpfe knallrot und erhitzt. Das Schlimmste war jedoch die dauernde Vergesslichkeit, die sich einstellte.« Die Ärzte konstatierten ein Unwohlsein. Und bei Heike Ratfisch tippten sie auf die Wechseljahre. Nur, dass bei ihrem Mann dieselben Symptome vorlagen. Und bei den Nachbarn auch. Wieland und Ratfisch ahnten, dass es mit der Sendeanlage zu tun haben musste.

Das Paar hatte sein Schlafzimmer nur vier Meter unterhalb der Antenne, die leicht schräg nach unten strahlt, direkt auf Wohnung, Büro und Dachterrasse. Für die beiden Grund genug, einen unabhängigen Gutachter kommen zu lassen, denn von den Gutachtern der Betreiber erwarteten sie sich wenig. Die T-D1-Mobilfunkstation war im Juli 2000 installiert worden. Peter Wieland wollte damals wissen, welche Belastung auf die Bewohner zukommen würde, deshalb forderte er eine Probemessung von der Deutschen Telekom Mobilnet GmbH. Die speiste ein Testsignal ein, maß die Belastung in der Wielandschen Wohnung und bestätigte die Unbedenklichkeit der Anlage. Wieland bezweifelte, dass die Werte im Normalbetrieb ähnlich niedrig seien wie beim Test. Eine erneute Prüfung lehnten die Betreiber ab, weil sie eine gerichtliche Auseinandersetzung befürchteten.

Die Mobilfunkbetreiber und die Hausbesitzer, die bis zu 7.500 Euro im Jahr dafür bekamen, dass sie Anlagen auf ihre Dächer montieren ließen, argumentierten sehr einfach: Alles ganz legal. Die Grenzwerte, die in der 26. Bundesimmissionsschutzverordnung von 1997 vorgegeben sind, werden schließlich eingehalten. Punkt. Wieland beauftragte daraufhin einen unabhängigen Gutachter. Der bestätigte, was die Anwohner befürchtet hatten. Die Symptome, die sie seit der Inbetriebnahme der Anlage am eigenen Leib spürten, sind typisch bei Menschen, die einer dauernden Bestrahlung mit gepulsten Hochfrequenz-Feldern ausgesetzt sind. Bei Wielands im Schlafzimmer wird ein Wert von 890 Mikrowatt pro Quadratmeter gemessen, auf der Dachterrasse liegt er sogar stellenweise bei über 4000. Werte, so das Gutachten, die geeignet seien, »zwangsläufig Störungen im biologischen System des Menschen und Gesundheitsschäden zu verursachen«.

Die Nachbarschaft am Bereiteranger war beunruhigt. Man hatte zwar schon gehört von den Diskussionen um die Gefahren des Mobilfunks. Aber plötzlich erwischt es einen selbst. Man kann nicht einfach die Tür zumachen, und das Problem bleibt draußen. Man kann zwar sein Handy ausschalten oder in den Sondermüll werfen, aber das Problem bleibt. Die Strahlung ist nicht einfach weg, die Sendeanlage arbeitet, ob man will oder nicht. Das Grundgesetz sagt im Artikel 13 Absatz 1: »Die Wohnung ist unverletzlich«. Und juristische Kommentare sehen in der Wohnung jenen »elementaren Lebensraum«, in dem jedem Individuum das Recht zusteht, »in Ruhe gelassen zu werden«. Aber plötzlich lebt man im elektrischen Feld, steht unter Dauerbeschuss – unsichtbar, aber durchaus spürbar. Wenn auch nicht für alle gleichermaßen. Von Seiten der Verantwortlichen wird aber immer wieder abgewiegelt. Alles nur Einbildung?

Peter Wieland und Heike Ratfisch zogen ihre Konsequenz aus der Dauerbestrahlung. Sie flohen, übernachteten bei Verwandten und pendelten täglich 35 Kilometer. In ihrem Büro unterm Dach hielten sie sich nur noch auf, wenn es der Beruf unbedingt erforderte. Die fast 2000 Euro Miete zahlten sie natürlich weiterhin. Peter Wieland reichte schließlich Klage gegen die Telekom ein. Ohne Erfolg: Das Verfahren verlor er im Sommer 2001. Nach 15 Jahren, die sie im Münchner Stadtteil Au lebten, trafen Wieland und Ratfisch die schwerwiegende Entscheidung, die Wohnung aufzugeben. Es blieb nur die Flucht, denn die finanzielle Doppelbelastung hätten sie auf Dauer kaum durchgehalten. Drei Monate stand die Wohnung leer, dazu kamen Verdienstausfälle,

Umzugskosten, Behandlungskosten beim Arzt, eine neue Wohnung und viele andere Ausgaben: »Das Mobilfunk-Katastrophenjahr hat uns insgesamt 40.000 Euro gekostet«, rechnet Heike Ratfisch. Der Nachbar Pepsch Gottscheber und seine Frau harrten noch einige Monate länger aus. Im Dezember 2001 sind auch sie aus ihrer Traumwohnung ausgezogen. Die Schlafstörungen und die Kopfschmerzen waren auch bei ihnen bald wieder weg.

Aber mit dem Auszug allein ist das Problem natürlich nicht gelöst, vor allem wenn man einen langfristigen Mietvertrag hat. Wieland und Ratfisch hätten noch ganze neun Jahre ihre 2000 Euro monatlich bezahlen müssen. Eine Kündigung wegen der Belastung durch die Mobilfunkanlage würde bei einem Rechtsstreit keinen Erfolg haben, teilte ihnen ihr Rechtsanwalt mit. Es blieb nur die Möglichkeit, einen Nachmieter zu finden. Ein moralisches Problem, denn das, was sie erlebt hatten, mochten sie ihrem ärgsten Feind nicht wünschen. Wem also sollte man die Wohnung anpreisen? Wieland und Ratfisch inserierten, und es kamen natürlich zahlreiche Interessenten. »Bewerber mit Kindern und Schwangere haben wir gleich wieder weggeschickt«, erzählt Peter Wieland. »Vielleicht macht man sich ja was vor, aber man hofft in so einer Situation, dass man einen kräftigen, gesunden Menschen findet, der vielleicht nicht so empfindlich ist wie man selber.«

Frau M. (will nicht genannt werden) war so ein gesunder und sportlicher Mensch mit 30 Jahren. Die selbstständige und erfolgreiche Geschäftsfrau hatte keine Bedenken gegen Mobilfunk. Deshalb unterschrieb sie auch den Zettel, mit dem sie bestätigte, die Antenne auf dem Dach wahrgenommen zu haben. »Es ist schwer, in München eine Wohnung zu finden und das war eine sehr schöne, da unterschreibt man fast alles«, erzählt die junge Frau im Nachhinein. »Ich habe natürlich gesehen, dass da gleich nebenan eine Antenne ist. Aber ich hatte damit kein Problem. Ein damaliger Freund war Arzt, und der sagte auch, es sei völlig unbedenklich. Die Vormieterin hat mich dann noch gefragt, ob ich denn schwanger sei? Ich wunderte mich, fand die Frage fast unverschämt. Aber im Nachhinein habe ich verstanden, was das sollte.«

Frau M. ist eingezogen – kerngesund. Nach etwa zwei Monaten ging es los: »Kopfschmerzen, Augenflimmern, Schwindel – ich habe nicht mehr richtig gesehen, bin nur noch herumgehangen, habe mich charakterlich verändert, war dauernd erschöpft und müde. Meine Freunde fragten mich, was denn los sei. Ich konnte kaum mehr arbeiten. Als selbstständige Geschäftsfrau hatte ich das Glück, dass meine Partner sehr verständnisvoll waren und für mich Arbeiten übernommen haben. Andernfalls hätte die ganze Angelegenheit meine Existenz ruiniert.«

M. ist ein dreiviertel Jahr von Arzt zu Arzt gelaufen, ohne Ergebnis. Am Ende hat sie sich schon selber gefragt, ob sie ein Hypochonder sei. »Eines Tages hat mir eine Bekannte von Elektrosmog-Geschädigten und von Krebsfällen erzählt, da wurde ich hellhörig.« M. ist daraufhin aus der Wohnung ausgezogen. Nach wenigen Wochen waren alle ihre Beschwerden weg. In die vermeintliche Traumwohnung am Bereiteranger in München aber sind schon wieder neue Mieter eingezogen.

Die gesundheitlichen Folgen einer dauernden Bestrahlung mit niederfrequent gepulsten Hochfrequenz-Strahlen sind wissenschaftlich derzeit immer noch umstritten. Das heißt, es fehlt der letzte Beweis für die exakten Zusammenhänge. Aber die Zahl der Forscher, die eindeutige Schäden lebender Organismen diagnostizieren, nimmt ständig zu. Klar ist, dass alle Prozesse in unserem Körper durch Energie, das heißt durch biochemische und bioelektrische Reize, gesteuert werden. Diese sind von außen beeinflussbar. So wird zum Beispiel die Zellmembran bei Menschen beeinflusst, die sich selbst elektrisch ent- und wieder auflädt und durch elektromagnetische Feldveränderungen gestört wird.

Viele Wissenschaftler bestreiten heute, dass man von der gesundheitlichen Unbedenklichkeit des Mobilfunks sprechen kann (siehe Kapitel »Stichwort: Gesundheit«, Seite 38, und »Was man weiß«, Seite 66). Es wird dennoch weiterhin behauptet, dass die Technologie unbedenklich sei. In einem Brief der DeTeMobil vom 12. März 2001 an die betroffene Familie Wieland in München bezieht sich die Betreibergesellschaft auf internationale Studien und bestehende Grenzwerte: »Die Bewertung all dieser Erkenntnisse durch die Fachleute sagt nachdrücklich aus, dass die schwachen elektromagnetischen Felder des Mobilfunks keine negativen gesundheitlichen Auswirkungen auf den Menschen haben (...) Auch das Bundesamt für Strahlenschutz hat in einer aktuellen, erst im September 2000 veröffentlichten Stellungnahme deutlich gemacht, dass es fortlaufend alle neuen wissenschaftlichen Erkenntnisse überprüft und dass bei Einhaltung der geltenden Grenzwerte negative Wirkungen auf die Gesundheit nicht zu befürchten sind.«

Die internationalen Grenzwerte des Strahlenschutzvereins ICNIRP, an denen sich bundesdeutsche Werte orientieren, sind jedoch nur auf thermische Wirkungen und Kurzzeitbestrahlungen ausgelegt. Was aber passiert unterhalb der thermischen Wirkung, bei einer Rund-um-die-Uhr-Bestrahlung durch die Antennen auf Hausdächern?

Hans-Christoph Scheiner, Facharzt für Allgemeinmedizin in München, ist ein erbitterter Gegner des Mobilfunks und hat sogar eine eigene Partei namens »Aufbruch«[1] gegründet. Scheiner bezieht sich auf 200 Forschungsgutachten, wenn er am Telefon sagt: »Es kursiert das Gerücht, dass keine wissenschaftlichen Ergebnisse vorhanden sind. Das ist absolut unhaltbar. Es gibt eine Überfülle an hochkarätigen universitären Forschungen, die das Gesundheitsrisiko der getakteten Hochfrequenzen zeigen. Es ist eindeutig durch epidemiologische Studien und Tierversuche erwiesen, dass diese Strahlung krebsfördernd und erbgutverändernd ist und unfruchtbar macht. Die Schizophrenie besteht darin, dass dies von staatlicher und Betreiberseite immer noch geleugnet wird. Man kann sich gar nicht vorstellen, was den Menschen da angetan wird.«

Stichwort: Technik

Mobilfunk funktioniert mit Hilfe elektromagnetischer Wellen aus einem kleinen Teilbereich des gesamten elektromagnetischen Spektrums (siehe Abbildung 1). Dieses reicht von der Niederfrequenz (zum Beispiel bei Hochspannungsleitungen; in Europa 50 Hz) über die Radiowellen (Rundfunk, Fernsehen, also Lang-, Mittel-, Kurz- und Ultrakurzwellen) über die Mikrowellen (zum Beispiel Mobilfunk, Radar) und optischen Wellen (Licht, Infrarot) bis hin zu den ionisierenden Wellen (radioaktive Strahlung, Röntgen-, Gammastrahlen). Ionisierend bedeutet, dass diese Strahlung in der Lage ist, Atome oder Moleküle zu teilen und so zum Beispiel chemische Vorgänge herbeiführen kann. Nichtionisierende Strahlung kann das zwar nicht, aber sie kann Atome in Schwingungen versetzen und Ladungen verschieben, also etwa die Elektronenbahnen einzelner Atome beeinflussen.

Beim Physiklehrer: die elektromagnetischen Wellen

Elektromagnetische Wellen entstehen, wenn Strom fließt. Um jede elektrische Leitung herum besteht sowohl ein elektrisches als auch ein magnetisches Feld, die mit der Entfernung zur Leitung jedoch abnehmen. Die Stärke des elektrischen Feldes wird gemessen in Volt pro Meter (V/m), die des magnetischen Feldes in Ampère pro Meter (A/m). Meist wird beim magnetischen Feld auch die magnetische Flussdichte angegeben, die so genannte »Induktion«; sie misst sich in Tesla und beschreibt die Rückwirkung (Induktion) des magnetischen Feldes auf das elektrische Feld. Eine weitere physikalische Messgröße, die im Zusammenhang mit Mobilfunk bedeutsam ist, ist die Strahlungsdichte, auch Leistungsflussdichte genannt. Die Leistungsflussdichte gibt an, wieviel Energie (pro Zeit und Fläche) mit Hilfe der elektromagnetischen Wellen durch den Raum transportiert wird. Sie wird meist in Mikrowatt pro Quadratmeter ($\mu W/m^2$) angegeben, häufig auch in Milliwatt pro Quadratzentimeter (mW/cm^2). Für die Umrechnung gilt dabei:

$$1\ W/cm^2 = 1.000\ mW/cm^2 = 1.000.000\ \mu W/cm^2.$$

Relevant ist auch der SAR-Wert. SAR steht für »spezifische Absorptionsrate« und gibt an, wie viel Energie im Organismus absorbiert wird. Der SAR-Wert wird meist in der Einheit Watt pro Kilogramm angegeben (W/kg), gelegentlich auch in Watt pro Gramm (W/g).

Frequenz	Wellenart	Wellenlänge	Beispiele
0 Hz	Gleichstrom	0 m	natürliches Erdmagnetfeld
		Niederfrequenz	
1 Hz		mehrere	
-30 kHz	Wechselstrom	1.000 km	Bahn, elektrische Haus-
		bis 10 km	Installation, Elektrogeräte
		Hochfrequenz	
30 kHz	Rundfunk-	10 km	lang
300 kHz	wellen	1000 m	mittel
3 MHz		100 m	kurz
30 MHz		10 m	ultrakurz
300 MHz		1 m	Fernsehen
			Mobiltelefon
3 GHz	Mikrowellen	10 cm	Mikrowellenherd
30 GHz		1 cm	Radar
		Infrarotstrahlung	
300 GHz		10 mm	Wärmequellen
-300 THz		-770 nm	
		Sichtbares Licht	
300 THz		770 nm–390 nm	Sonne, Glühbirne
		UV-Strahlung	
3×10^{15} Hz		10^{-7} m – 10^{-8} m	Sonne, Solarium
		Röntgenstrahlung	
30×10^{15} Hz		10^{-8} m – 10^{-11}m	Röntgengerät, Radioaktivität
30×10^{18} Hz			
		Gammastrahlung	
30×10^{18} Hz		10^{-11}m – 10^{-13} m	Radioaktivität

Abbildung 1: Das elektromagnetische Spektrum

Elektrische Felder sind unabhängig von der Einwirkung des Menschen schon in der Natur vorhanden. So beträgt die Stärke des natürlichen elektrischen Feldes zwischen Erdoberfläche und Ionosphäre zwischen 0,1 kV/m und 0,5 kV/m (je nach Wetterlage), bei Gewitter kann sie noch wesentlich höher sein. Ebenso gibt es ein natürliches magnetisches Feld, seine Stärke beträgt in Europa zwischen 40 und 50 μT (= Mikro-Tesla, also 1 Millionstel Tesla).

In der Natur handelt es sich um Gleichstromfelder. Technisch erzeugte Felder basieren jedoch in der Regel auf Wechselstrom, also Strom, der mit einer gewissen Regelmäßigkeit seine Richtung ändert. Dies ist aus technischen Gründen in mehrerlei Hinsicht sinnvoll; zum Beispiel wird ein störender Brummton weit gehend vermieden.

Ob natürlich oder künstlich erzeugt: Beide Felder, das elektrische und magnetische, hängen eng miteinander zusammen. Verändert sich das eine, so ändert sich auch das andere. Wird ein magnetisches Feld innerhalb eines bestimmten Zeitraums verändert, so ergibt sich daraus ein anderes elektrisches Feld im selben Zeitraum. Man nennt das dann die »Induktion« des magnetischen Feldes.

Diese zeitliche Veränderung des elektromagnetischen Feldes wird Frequenz genannt und in Hertz gemessen. Das sind die Schwingungen des Feldes pro Sekunde. 1 Hertz entspricht dabei einer Schwingung pro Sekunde. Es gelten folgende Einheiten:

1 Hertz (Hz) = 1 Schwingung pro Sekunde
1 Kilo-Hertz (kHz) = 1000 Hertz
1 Mega-Hertz (MHz) = 1 Million Hertz
1 Giga-Hertz (GHz) = 1 Milliarde Hertz

Der Niederfrequenzbereich geht etwa bis zu 30 kHz; elektrische und magnetische Felder sind dabei an Leitungen gebunden und nehmen mit der Entfernung von der Leitung deutlich ab. Niederfrequente Felder gibt es beispielsweise bei Hochspannungsleitungen oder Küchengeräten.

Der Hochfrequenzbereich beginnt etwa ab 30 kHz. Die elektromagnetischen Felder sind nicht mehr an die Leitung gebunden, sondern werden mit Lichtgeschwindigkeit in die Umgebung abgestrahlt. Unter hochfrequente Felder fallen beispielsweise Radiowellen, der Mobilfunk, Mikro- und Radarwellen.

Mobilfunk ist eine Hochfrequenztechnik im Bereich zwischen 30 MHz bis zu 6 GHz. Tatsächlich werden derzeit hauptsächlich zwei Frequenzbereiche genutzt, im GSM900-System der Bereich zwischen 890 und 960 MHz (D1 und D2), im DCSl800-System der zwischen 1760 und 1870 MHz (E-Netz). Der kommende UMTS-Standard wird sich im Frequenzbereich zwischen 1900 und 2170 MHz bewegen.

Die Geschichte des Mobilfunks

Die Ära des Mobilfunks begann 1918 mit der Deutschen Reichsbahn, die damals erste Testreihen durchführte, um Telefonieren im Zug zu ermöglichen; von 1926 an konnten Bahnfahrer der 1. Klasse auf der Strecke zwischen Berlin und Hamburg bereits mobil telefonieren. Aber erst 30 Jahre später, 1958, gab es dann das erste Mobilfunknetz. Das so genannte A-Netz der Deutschen Bundespost hatte 10.500 Teilnehmer, die Telefonapparate wogen stolze 16 Kilogramm. Das Netz war bis 1977 in Betrieb, wurde aber bereits 1972 weitgehend durch das ebenfalls analog funktionierende B-Netz ersetzt, das noch bis 1994 Bestand hatte. Es war relativ kompliziert; wer telefonieren wollte, musste sich in einer von 150 Zonen aufhalten, die bis zu 150 Kilometer Durchmesser hatten. Das erste flächendeckende Netz folgte dann 1985 und war hauptsächlich für Autotelefone gedacht; erst in den neunziger Jahren kamen dann Handys hinzu. Dieses C-Netz hatte zeitweise bis zu 800.000 Kunden und wurde Ende 2001 abgeschaltet.

Bis dahin basierte die Mobilfunktechnik auf der analogen Übertragung von Daten. Erst mit den D- und E-Netzen begann dann die digitale Datenübertragung und damit die so genannte »zweite Mobilfunkgeneration«, wie sie heute noch besteht. Sie basiert auf dem GSM-Standard *(Global System for Mobile Communications),* dem weltweit am meisten verbreiteten System, und erlaubt die Übertragung von Daten im Umfang von 9,6 Kilobit pro Sekunde (im C-Netz waren es lediglich 2,4 Kilobit pro Sekunde).

Beim GSM-Mobilfunk kann jeder Teilnehmer sowohl senden als auch empfangen, ebenso natürlich die Basisstation. Ansonsten wären ja keine Gespräche möglich. Deshalb wird der so genannte Duplexbetrieb angewandt. Für die Übertragung werden zwei verschiedene Trägerfrequenzen verwendet, eine für das Senden zur Antenne *(Uplink)*, eine für das Empfangen von der Antenne *(Downlink)*. Die Trägerfrequenzen bestehen aus Funkkanälen von jeweils 0,2 MHZ; der Abstand zwischen Uplink und Downlink beträgt bei GSM immer 45 MHz, so dass zum Beispiel zum Sendekanal 894,4 MHz der Empfangskanal 939,4 MHz gehört. Insgesamt ergeben sich so beim GSM-System mit seinem Frequenzumfang von 890 bis 960 MHz 124 Doppel-Kanäle. Ebenso viele Teilnehmer könnten also theoretisch in einer Funkzelle gleichzeitig miteinander sprechen.

Dies ist freilich immer noch zu wenig. Deshalb werden die Signale nicht analog übertragen, sondern digitalisiert, komprimiert und in Zeitschlitzen gesendet. Man nennt das dann ein »Zeitmultiplexverfahren« *(Time Division Multiple Access,* abgekürzt TDMA). Es funktioniert im Wesentlichen so: Beim digitalen Übertragungsverfahren werden die zu sendenden Informationen umgewandelt in vier oder acht verschiedene Signale, mit denen sich jede beliebige Information darstellen lässt (vergleichbar dem 1-0-System bei frühen Computern). Mit Hilfe einer ebenso großen Zahl von Funksignalen lassen sich die Informationen dann versenden.

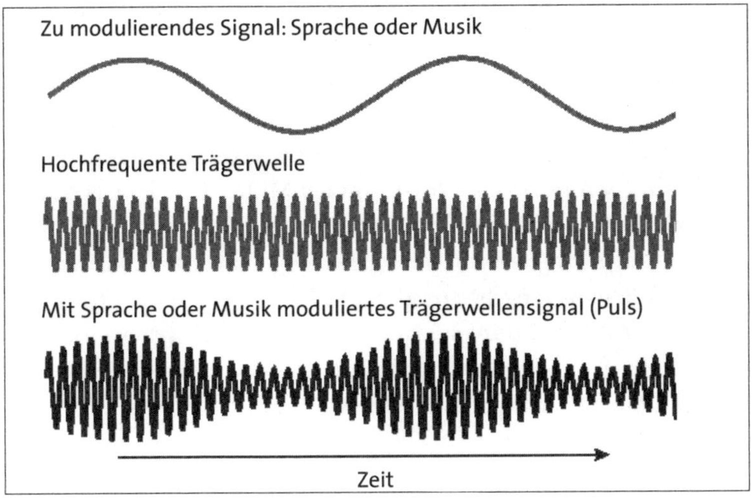

Abbildung 2: Amplitudenmodulation einer Trägerwelle

GSM hat darüber hinaus noch eine Besonderheit: Es verwendet gepulste Signale. Das heißt: Die Daten werden nicht in einem kontinuierlichen Strom gesendet, sondern nur in ganz bestimmten Zeiträumen, so genannten »Zeitschlitzen«. Je Frequenz gibt es beim GSM-Standard acht Zeitschlitze, die zusammen nur 4,615 Millisekunden lang sind. Statt einem können auf diese Weise acht Anrufer so gut wie gleichzeitig auf einer Frequenz miteinander telefonieren. Das einzelne Handy nutzt dabei jeweils 1/8 des Zeitschlitzes aus, um seine Daten zu versenden, danach kommt das nächste dran, und so weiter, bis alles wieder von vorne beginnt. Jedes Handy kommt also in einer Sekunde 217 mal dazu, Daten auf seiner Frequenz zu versenden. Was sich also anhört wie ein ganz normales Gespräch, ist in Wirklichkeit eines, das mehr als 200 mal pro Sekunde unterbrochen wird – und das Handy sendet auch nicht kontinuierlich, sondern mit vielen Unterbrechungen, gibt sozusagen 217 Sendestöße (»Pulse«) pro Sekunde ab. Das hochfrequente Signal wird also niederfrequent (nämlich mit 217 Hz) gepulst (siehe Abbildung 2). Eine Tatsache, die besonders bei den biologischen Wirkungen des Mobilfunks von Belang sein könnte.

Das Zellensystem des Mobilfunks

Der Mobilfunk der zweiten Generation braucht nur noch einen Bruchteil der Sendeleistung der früheren, analogen Technik. Dafür jedoch sind viel mehr Sendeanlagen (Antennen) nötig als früher. Ein Mobilfunknetz setzt sich zusammen aus zahlreichen sich überschneidenden, kreisförmigen Funkzellen mit jeweils einer Basisstation *(Base Transceiver Section,* abgekürzt BTS) in der Mitte. Diese Funkzellen haben einen Durchmesser von wenigen hundert Metern in den Städten und einigen Kilometern auf dem Land, insgesamt gibt es in Deutschland nach Betreiberangaben rund 50.000 Funkzellen für den GSM-Standard. Ihre Zahl ist also abhängig von den Mobiltelefonierern – je mehr es in einem Areal gibt, desto mehr Basisstationen braucht es auch. Die Basisstationen sind über Kabel oder Richtfunk mit einer Zentrale verbunden, die die einlaufenden Gespräche ans Festnetz oder andere Telefonnetze weitervermittelt *(Mobile Switching Center,* abgekürzt MSC).

Jede Basisstation dient gleichzeitig als Sende- und Empfangsanlage und ist in der Regel mit drei Antennen ausgestattet, die sternförmig angeordnet sind und so den ganzen Bereich der Funkzelle abdecken können. Die Basisstation sendet permanent ein Signal (den so genannten BCCH-Träger) aus, den das Handy beim Einschalten erkennt und dann seine Kennung an die Station sendet. Jede Basisstation kann gleichzeitig bis zu acht Gesprächsteilnehmer auf einem Frequenzkanal bedienen. Somit sendet die Basisstation bei voller Auslastung pro Frequenzkanal 1736 mal in der Sekunde (acht Teilnehmer je 217 mal pro Sekunde).

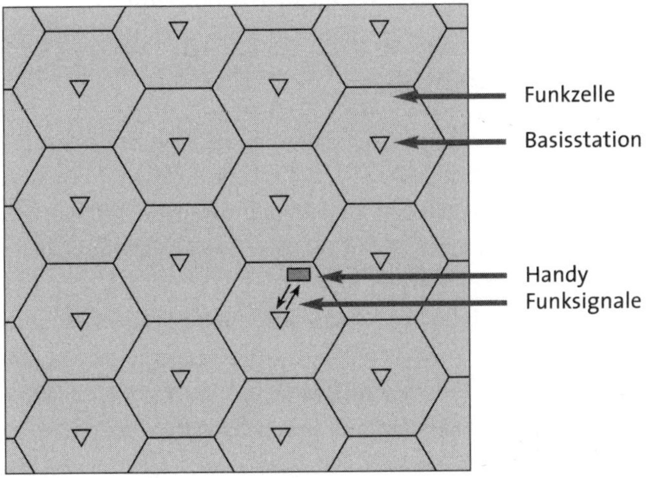

Abbildung 3: Zellenförmiger Aufbau des Mobilfunks

Schon deshalb besteht bei einer Basisstation ein anderer Verlauf der Sendeintensität als bei einem Handy. Eine Basisstation sendet mit einer Leistung von ungefähr 10 bis 50 Watt, ein Handy in der Regel mit einer maximalen Leistung von 2 Watt (im E-Netz mit 1 Watt). Dies sind ungefähre Richtwerte, denn tatsächlich schwanken die Signalstärken, weil schon aus Kostengründen nach Möglichkeit mit dem niedrigsten Wert gesendet wird. Beim Handy beträgt die Sendeleistung beim Verbindungsaufbau maximal 2 Watt, während des Sprechens maximal 0,25 Watt und in einer Sprechpause maximal 0,01 Watt (diese Werte gelten für ein Gebiet mit schlechter Verbindung. Bei ganz hervorragender Verbindung betragen die entsprechenden Werte nur etwa ein Tausendstel).

Aus technischen Gründen – es käme sonst zu Übertragungsstörungen – können direkt nebeneinander liegende Basisstationen nicht auf der gleichen Frequenz senden. Deshalb wird das Gespräch von einer Funkzelle zur nächsten auf eine andere Frequenz umgeleitet (das so genannte »Handover«, im Ausland »Roaming«). Das Handy sendet unter anderem deshalb laufend Positionssignale an die Basisstationen, wenn es eingeschaltet ist – selbst dann, wenn man nicht telefoniert. Es dient also gleichzeitig auch als Bewegungsmelder: Man kann theoretisch nahezu lückenlos nachverfolgen, in welcher Funkzelle sich der Benutzer des Handys zu welchem Zeitpunkt gerade aufhält.

Die gefürchteten Basisstationen

Herzstück der Basisstation ist die Antenne, also das, was man in den Städten auf Hausdächern und auf dem Lande auf großen Masten montiert sieht. Gemeinhin werden sie »Mobilfunksender« genannt, was nicht ganz richtig ist, da die Antennen sowohl senden als auch empfangen. Verwendet werden in der Praxis entweder so genannte Rundstrahlantennen oder aber Sektorantennen mit einer maximalen Leistung von 50 Watt (D-Netz) beziehungsweise 10 Watt (E-Netz). Üblicherweise senden Antennen aber nicht mit der maximalen Leistung, normal sind beim D-Netz zum Beispiel Werte zwischen sechs und 15 Watt.

Wie sich die Funkwellen von einer Antenne ausbreiten, hängt von zahlreichen Faktoren ab, insbesondere auch von Hindernissen wie Häusern, Bäumen oder auch ganz einfach von der Bauart der Antenne. Grundsätzlich kann man davon ausgehen, dass die Wellen fächer- und keulenförmig abgestrahlt werden. Bei der Berechnung der Leistung einer Antenne geht man jedoch von einer idealen Kugelform aus, in der die Leistung gleichmäßig abgestrahlt wird. Da das in der Realität nie der Fall ist, sondern sich die abgestrahlte Leistung auf eine Keule konzentriert, spricht man in diesem Fall vom »Antennengewinn«. Es handelt sich dabei jedoch nicht um eine wirkliche »Verstärkung« der Sendeleistung. Es heißt lediglich, dass sich die Leistung auf einen bestimmten Teil des Raumes (der gedachten Kugel) konzentriert. Deshalb können die gemessenen Leistungswerte einer Antenne in einiger Entfernung sogar höher sein als in ihrer Nähe, und eine Antenne kann je nach ihrem Gewinn in einzelnen Teilbereichen des Raumes wesentlich höhere Leistungen erreichen, als ihre Sendeleistung besagt. In der Hauptstrahlrichtung werden deshalb 15- bis 100fache Watt-Werte gemessen.

Kompliziert wird es außerdem noch dadurch, dass eine Antenne neben einer Hauptkeule meist auch diverse »Nebenkeulen« (auch »Nebenzipfel« genannt) aussendet, die sich nicht in der Hauptstrahlrichtung befinden. Die von ihnen abgestrahlten Leistungen sind bei Mobilfunkantennen etwa um den Faktor 100 geringer als die in der Hauptstrahlrichtung, können aber auch schon ganz ordentliche Werte erreichen. Die immer wieder gern gehörte Behauptung, direkt unter einer Antenne sei man am besten vor ihrer Strahlung geschützt, ist deshalb nicht richtig.

Der Mobilfunksender für die Wohnung: Schnurlostelefone

Weithin unbekannt ist, dass auch die handelsüblichen Schnurlostelefone für den Haushalt nichts anderes sind als Mobilfunkanlagen im Kleinen. Üblich ist in aller Regel der so genannte DECT/GAP-Standard *(DECT = Digital Enhanced Cordless Telecommunication, GAP = Generic Access Profile),* der 1994 eingeführt wurde. Mit ihm holt man sich eine Mobilstation ins Haus, niederfrequent mit 100 Hz gepulst und funktionierend im Frequenzbereich zwischen 1880 und 1900 MHz. DECT-Telefone senden ununterbrochen und rund um die Uhr Signale aus, also auch dann, wenn man nicht telefoniert – dies angeblich deshalb, weil man an eine DECT-Basisstation mehrere Handgeräte (gewöhnlich bis zu acht) anschließen kann, die auch untereinander Verbindung haben sollen.

Die Sendeleistung von DECT-Anlagen beträgt maximal 250 mW. Ihre Reichweite beträgt bis zu 200 Meter, und die Leistungsflussdichte erreicht auch in einem Meter Abstand noch Werte von mehreren Milliwatt pro Quadratmeter. Damit werden zum Teil Leistungsflussdichten erreicht, die sogar jene einer Mobilfunk-Basisstation in der näheren Umgebung überschreiten – dies jedoch in der eigenen Wohnung, nicht im Freien. →

Vorgänger dieser digitalen, gepulsten Sendetechnik war der analoge CT1-Standard, der 1998 zum CT1-Plus-Standard erweitert wurde (CT steht für *Cordless Telephone).* Ein CT1-Plus-Telefon sendet nur, wenn telefoniert wird, die Sendeleistung beträgt lediglich 10 mW, der Frequenzbereich befindet sich zwischen 885 und 932 MHz. CT1-Plus-Telefone gibt es nur noch von wenigen Herstellern; der ebenfalls digitale und gepulste CT2-Standard konnte sich überhaupt nicht durchsetzen.

Auch Basisstationen senden ebenso wie Handys im gepulsten GSM-Verfahren. Die Unterbrechung ist allerdings so gut wie nicht vorhanden, weil die Station bei vollem Betrieb ja acht Handys pro Frequenz und damit alle acht Zeitschlitze bedient. »Trotz der etwas unterschiedlichen Stärken zu den verschieden entfernten Mobiltelefonen mittelt sich der Effekt aus«, sagen die Betreiber. Dies gilt freilich nur für die Hauptbelastungszeiten der Anlage. Nachts und in den frühen Morgenstunden, wenn kaum jemand telefoniert, sendet auch die Basisstation annähernd im 217-Hz-Puls. Dies, so sagen Kritiker, könnte erklären, warum Anwohner häufig über Schlafstörungen in späten Nacht- und frühen Morgenstunden klagen.

Von Bedeutung ist außerdem noch, ob man sich im so genannten Nahfeld oder im Fernfeld einer Antenne aufhält, weil dort unterschiedliche SAR-Werte auftreten. Das Nahfeld einer Antenne entspricht in der Regel dem Abstand von bis zu einer Wellenlänge. Alles, was weiter entfernt ist, gehört zum Fernfeld. Die Wellenlänge beim Mobilfunk beträgt 0,331 Meter (900 MHz) beziehungsweise 0,166 Meter (1800 MHz). Beim Telefonieren mit dem Handy befindet man sich also im Nahfeld der Handy-Antenne, zugleich aber im Fernfeld der Basisstation.

Die Zukunft des Mobilfunks: UMTS

UMTS *(Universal Mobile Telecommunications System)* stellt die dritte Generation des Mobilfunks dar und arbeitet im Frequenzbereich zwischen 1900 und 2170 MHz. Sein Vorteil sind die erheblich höheren

Datenübertragungsraten. Bis zu 384 Kilobit pro Sekunde sollen mobiles Internetsurfen und sogar die Übertragung von Videos aufs Handy ermöglichen, später dann sogar bis zu 1,92 Megabit pro Sekunde (in einer Zelle und bei langsamer Bewegung auf kurzen Strecken). Auch das gleichzeitige Telefonieren, faxen oder E-mailen soll dann möglich sein. Mit dem Ausbau des UMTS-Netzes haben die sechs deutschen Betreiber im Jahr 2002 begonnen, bis Ende 2003 müssen sie ein Viertel Deutschlands, bis Ende 2005 die Hälfte der Bevölkerung, das ist ein Großteil des Landes, versorgen können – so sieht es der Lizenzvertrag vor.

Das UMTS-Verfahren ist etwas anders als das von GSM. Statt der Verteilung der Teilnehmer auf unterschiedliche Frequenzen und Zeitschlitze werden die einzelnen Gespräche unterschiedlich kodiert und auf der gleichen Frequenz versendet *(Code Division Multiple Access,* abgekürzt CDMA). Gegenwärtig sind noch zwei Betriebsarten vorgesehen: das FDD-Verfahren *(Frequency Division Duplex)* und das TDD-Verfahren *(Time Division Duplex).* Bei FDD werden zwei getrennte Frequenzen für die Verbindung vom Handy zur Basisstation und umgekehrt verwendet, bei TDD nur eine, die allerdings je nach Richtung in unterschiedlichen Zeiträumen genutzt wird. Bei TDD handelt es sich also wiederum um das Senden mit gepulsten Signalen. Allerdings sagen die Netzbetreiber, sie wollten zumindest in der Anfangsphase nur im ungepulsten FDD-Betrieb senden; TDD sei vor allem für nicht flächendeckende Netze, zum Beispiel firmeninterne Hausnetze, vorgesehen.

Die Pulsung bei TDD hat eine andere Frequenz als bei GSM: 15 Teilnehmer wechseln sich innerhalb von zehn Millisekunden ab. Das ergibt eine Pulsfrequenz von 100 Hz (bei einem Teilnehmer) beziehungsweise 1500 Hz (bei 15).

Weitere Unterschiede zu GSM: Beim Verbindungsaufbau beginnt das Handy mit der geringsten Leistung, um diese dann bis zur benötigten anzuheben. Bei GSM ist es umgekehrt. Die maximalen Sendeleistungen der Handys liegen bei 125 mW, die der Basisstationen zwischen 20 und 40 Watt, je nach Anlage auch maximal 80 Watt pro Antenne. Nach Angaben der deutschen Netzbetreiber ist mit insgesamt 40.000–60.000 zusätzlichen Basisstationen für UMTS zu rechnen.

Weitere Mobilfunkdienste

GSM und UMTS sind nicht die einzigen Mobilfunkdienste. Hinzu kommen Funkrufdienste und Paging-Systeme (Eurosignal auf 87 MHz, Cityruf auf 465–466 MHz, ERMES, QUIX), Bündel- und Betriebsfunk mit etwa 100.000 Teilnehmern (410–430 MHz; Chekker, Taxiruf, Pannenhilfe und die künftigen TETRA-Netze für professionelle Mobilkommunikation), CB-Funk (27 MHz; allein in Deutschland rund 2,5 Millionen Teilnehmer!), BOS-Funk (Behörden und Organisationen mit Sicherheitsaufgaben, Polizeifunk, Rettungsdienste usw.), das Funknetz der Bahn, der Amateurfunk (etwa 70.000 Bundesbürger), der Seefunk und der Flugfunk, aber auch Satellitentelefonnetze.

Was ist technisch eigentlich möglich?

Mobilfunk im D- und E-Netz funktioniert auch noch bei sehr geringen Leistungsflussdichten von etwa 0,001 $\mu W/m^2$. Dann allerdings nur im Freien in einigermaßen gut mit Sendern versorgten Gebieten. Telefonieren in geschlossenen Räumen – oder gar in Kellern und Tiefgaragen – ist damit aber nicht möglich. Die Betreiber argumentieren häufig damit, dass die Sendeleistung der Antennen entsprechend hoch sein müsse, weil ihre Kunden eine flächendeckende Versorgung, und zwar selbst innerhalb von Gebäuden, erwarteten.

Höhere Sendeleistungen sind aber vor allem notwendig, wenn man neben einfacher Sprachübertragung auch umfangreiche Datenpakete verschicken will: beispielsweise Text-, Bild- oder Videodateien, wie es mit dem kommenden UMTS-Standard möglich sein soll. Dies ist wohl einer der Hauptgründe, warum sich die Telekommunikationskonzerne gegen eine Senkung der geltenden Grenzwerte, die heute noch kaum erreicht werden, so sehr sperren.

Nicht kränker als anderswo
Der Fall Heroldsberg

Wie eine knallharte Umweltaktivistin sieht sie eigentlich nicht aus, diese Ingrid Haubenreisser. Die 63-Jährige sitzt im Café Volland im fränkischen Heroldsberg, nahe bei Nürnberg. Eine Lokalität, wie es sie in solch eher beschaulichen Orten um die 7000 Einwohner wohl in ganz Deutschland gibt: gepflegtes Nussbaumfurnier rundum, karierte Tischdecken, draußen nur Kännchen und drinnen künstliche Blumen in kleinen, schmucklosen Vasen. Hier, sagt sie, trifft sie sich auch sonst immer mit den anderen von der Initiative und vom Bund Naturschutz, und unwillkürlich stellt man sich dabei ein ganz normales Kaffeekränzchen gereifter Damen vor.

Ingrid Haubenreisser hat eine handgeschriebene Liste vor sich mit 35 Namen auf kariertem Papier, einige davon sind mit Leuchtstift markiert. Das sind die Namen von Menschen, bei denen die Ärzte Leukämie oder Gehirntumor diagnostiziert haben, die anderen haben weniger dramatische Krankheiten. Sie alle wohnen in der Heroldsberger Peter-Henlein-Straße, in der Tucherstraße oder in ein paar hundert Meter Umkreis drumherum. »Irgendwann, so 1995 oder 1996, ist uns aufgefallen, wie viele Krankheiten in der Umgebung plötzlich auftraten«, erzählt sie, »und dann haben wir angefangen, uns die Sache etwas genauer anzusehen.«

Ganz zu Anfang, 1991, hatte man sich in der kleinen Siedlung, die zur Wohnungsbaugenossenschaft des Landkreises Erlangen-Höchstadt gehört, schon ein wenig gewundert, als plötzlich ein Bautrupp auftauchte und auf dem Block an der Peter-Henlein-Straße 15 drei Fahnenmasten oder das, was man dafür hielt, auf dem Dach montierte. »Was wollen die denn hier beflaggen?«, fragten sich die Bewohner, »das ist doch kein offizielles Gebäude.« Bald stellte sich heraus, dass es auch keine Fahnenmasten waren, sondern neun Meter hohe Rundstrahlantennen, die von der Firma Mannesmann auf dem Dach installiert worden waren. Denn direkt vor dem Haus, an der Straße, stand dann plötzlich ein quaderförmiges Bauwerk, das fast so aussah wie eine Garage, nur das Tor fehlte: Es war die Basisstation, zu der die Leitungen von den Antennen oben auf dem Dach führten.

Proteste hat es damals noch nicht gegeben. Die folgten dann drei Jahre später, 1994, als erneut Arbeiter auf einem Hausdach tätig waren. Diesmal waren es Beschäftigte von E-Plus, die dort eine so genannte »Funktauglichkeitsprüfung« machten, wie sie sagten. Ingrid Haubenreisser fand, noch ein weiterer Funkmast im Wohngebiet sei zu viel. Innerhalb weniger Tage sammelte sie 130 Unterschriften bei Mitgliedern der Wohnungsbaugenossenschaft; der Vorstand brach daraufhin die Verhandlungen mit E-Plus ab, die Anlage wurde nicht gebaut.

Ingrid Haubenreisser begann etwa 1996 damit, die Fakten zusammenzutragen. Allein vier Leukämiefälle stellte sie fest, bei Anwohnern, die innerhalb eines Umkreises von 170 Metern um die Sendeanlage gelebt hatten: ein älterer Herr um die 60, dessen Wohnung unmittelbar neben der Basisstation lag, eine 30-jährige und eine 25-jährige Frau, die mittlerweile alle an der Krankheit gestorben sind. Und ein zwölfjähriges Mädchen, über dessen Schicksal nichts weiter bekannt wurde, weil die Familie weggezogen ist. Auffallend viele Krebserkrankungen gab es im näheren Umkreis der Sendeanlage seit deren Errichtung. Zehn Gehirn- und Augentumore hat Haubenreisser gezählt, außerdem mehrere Gehirnblutungen mit anschließendem Koma, vor allem bei jüngeren Leuten, was eher ungewöhnlich ist. »Zehn Prozent im Umfeld des Mastes sind krank«, sagt sie, »je näher dran, desto mehr Erkrankungen. Viele leiden auch an Herzrhythmusstörungen, Tinnitus und ähnlichem. Und die meisten klagen auch über Schlafstörungen – zwischen 80 und 90 Prozent, schätze ich.«

Ingrid Haubenreisser will wegen solcher Zahlen nicht gleich den Teufel an die Wand malen, sagt sie, und sie behauptet auch nicht steif und fest, daran könne nur der Sender auf dem Dach schuld sein. Aber merkwürdig und auffällig sei diese Häufung schon. Haubenreisser wohnt seit 1970 in Heroldsberg, »aber diese vielen Krankheiten fallen mir erst in den letzten Jahren auf«. Damals, nach den ersten Fällen misstrauisch geworden, hat sich die Bund-Naturschutz-Gruppe etwas genauer informiert in Sachen Mobilfunk und sich unter anderem an den Biophysiker Lebrecht von Klitzing von der Uni Kiel gewandt. »Der hat uns dann eine ganze Menge Material geschickt«, erzählt Haubenreisser, »und dann haben wir uns gesagt: So ganz ungefährlich, wie die immer sagen, kann das wohl nicht sein.« Vielleicht, sagt sie, sei sie ja auch sensibler geworden. Vor allem, seit sie auch von vier weiteren Gehirntumorfällen aus einem kleinen, eng umgrenzten Wohngebiet im Heroldsberger Süden erfahren hat. Dort stand viele Jahre lang, bis zum März 2001, eine Antenne von E-Plus auf einem Wohnhaus.

Die handgeschriebene Liste der Frau Haubenreisser, das weiß sie auch, ist natürlich kein Beweis. Aber, findet sie: »Es besteht Bedarf, dass das mal geprüft wird.« Sie hofft, dass die Heroldsberger Ärzte aktiv werden, eine genauere Untersuchung sei ja sicher sehr aufwändig. Dass anscheinend niemand auf die in Heroldsberg bekannten, zumindest alarmierenden Fakten reagiert hat, verwundert. Auch die Heroldsberger SPD-Bürgermeisterin Melitta Schön reagiert beim ersten Telefonanruf etwas genervt auf die Frage nach den Befunden der Naturschützerin rund um die Sendeanlagen: »Das ist doch alles überhaupt nicht bewiesen oder wissenschaftlich fundiert! Bei uns ist man auch nicht kränker als anderswo!«

Diese etwas barsch formulierte Feststellung der Bürgermeisterin ist freilich ebenfalls nicht bewiesen, und wissenschaftlich fundiert sowieso nicht, so lange es keine offiziellen Untersuchungen gibt, denen man trauen kann. Tatsache ist aber: Das Thema Mobilfunk ist zum Reizthema geworden in Heroldsberg, und die Kommunalpolitiker sehen sich zunehmend unter Beschuss.

Das liegt auch an Ingrid Haubenreisser und der Ortsgruppe des Bundes Naturschutz, deren Vorsitzende sie ist. Denn sie hatten in den vergangenen Jahren mehr als genug Anlass, auf die Barrikaden zu gehen und misstrauisch zu werden – allzu heimlich liefen die Geschehnisse in dem fränkischen Ort an den Bürgern vorbei. Mal erfuhren nur vier Anwohner davon, dass es eine Anhörung geben solle, weil im Südwesten der Gemeinde ein 65 Meter hoher Sendeturm gebaut werden sollte. Schnell wurde die Bürgerinitiative »Hero mobil« gegründet, das Vorhaben konnte gestoppt werden. Doch schon ein paar Wochen später erfuhr man dann von Plänen, auf einem alten Wasserturm im Ortszentrum Antennen von gleich vier Netzbetreibern aufzustellen, in sieben Metern Entfernung davon war das nächste Kinderschlafzimmer.

Das Vorhaben rief einen Sturm der Empörung hervor: Innerhalb einer Woche sammelte »Hero mobil« mehr als 900 Unterschriften für ein Bürgerbegehren gegen Mobilfunkanlagen – eine gewaltige Zustimmung für eine so kleine Gemeinde. Deren Gemeinderat freilich wollte aus formalen Gründen nicht zustimmen. Es kam zum Eklat, die Initiative zog mit der Unterstützung des Bundes Naturschutz vor Gericht, durch mehrere Instanzen. Letztlich verfehlte »Hero mobil« das Bürgerbegehren um 100 Meter: Eine der Forderungen lautete, Sendeanlagen nur in 1,5 Kilometern Entfernung von der Wohnbebauung zuzulassen. Weil der größte Abstand zur nächsten Gemeindegrenze in Heroldsberg aber nur 1400 Meter beträgt und man damit den Zuständigkeitsbereich der Gemeinde überschritten hätte, erklärte der Bayerische Verwaltungsgerichtshof den gesamten Antrag schließlich für unzulässig.

Inzwischen hatten die Netzbetreiber den Wasserturm längst aufgegeben und zwei neue Sendetürme beantragt: einen mit 38 Metern Höhe auf dem so genannten Langenberg im Nordosten der Gemeinde; einen weiteren, 45 Meter hoch, südöstlich der Umgehungsstraße. Zweimal versuchten die Heroldsberger den Bau der Türme zu verhindern – im Morgengrauen, mit Traktorblockaden der örtlichen Landwirte und Demos, mit allen rechtlichen Mitteln und Druck auf den Gemeinderat. Aber jedes Mal, wenn der sich notgedrungen beugte, gab es immer noch den Landrat, der den Bau dann doch genehmigte. Inzwischen stehen beide Sendeanlagen. »Am Langenberg«, sagt Ingrid Haubenreisser, »klagen die Anwohner bereits über Schlafstörungen.«

Nun ist Heroldsberg also kein Funkloch mehr, kommunalpolitisch scheint der Fall merkwürdigerweise abgehakt zu sein. Immerhin, möchte man meinen, könnte der eine oder andere Gemeindepolitiker ja doch noch wissen wollen, ob das handgeschriebene Krankenkataster der Ingrid Haubenreisser, das sicher nicht ganz unschuldig ist an der Unruhe in dem kleinen Ort, nicht vielleicht doch auf eine mögliche Gefahr hinweist. Zumindest sollte das übliche demokratische Praxis sein – und ist es vielerorts auch: dass Vertreter der Parteien Sorgen der Bürger aufgreifen und in gewählten Gremien zum Thema machen. In Heroldsberg jedoch hat offenbar keine Gruppierung im Gemeinderat den Fall genauer untersuchen wollen.

Das zuständige Gesundheitsamt Erlangen-Höchstadt wusste jedenfalls bis vor kurzem nichts von einer Häufung schwerer Erkrankungen rund um Mobilfunksender, und es hätten sich auch keinerlei politisch Verantwortliche an die Behörde gewandt, um die Situation genauer zu beleuchten. Immerhin: »Wir werden uns dieser Fragestellung annehmen und dazu unter anderem das Bayerische Landesamt für Gesundheit und Lebensmittelsicherheit einschalten«, antwortet der zuständige Umweltmediziner Dr. Peter Lederer auf unsere schriftliche Anfrage. Eine fundierte Auswertung könne allerdings etwas dauern.[1]

Lederer hält jedenfalls Wort: Ein paar Tage nach seiner Antwort erhalten wir in München einen Anruf aus dem Sekretariat der Heroldsberger Bürgermeisterin: Das Gesundheitsamt habe nachgefragt. Ob wir nicht die Kopie besagter Liste hätten, man wolle sich der Sache annehmen. Heroldsberg – München – Heroldsberg: So funktioniert offenbar das System der kurzen Wege in dem kleinen fränkischen Rathaus. Unsere Empfehlung, doch direkt bei Frau Haubenreisser nachzufragen, die wohne ja im Ort, wird dankbar zur Kenntnis genommen. Ingrid Haubenreisser hat jedoch auch Monate später noch keinen Anruf aus dem Rathaus bekommen. Da drängt sich die Vermutung auf: Eigentlich wollen es die Gemeindeverantwortlichen gar nicht so genau wissen, wer in Heroldsberg krank geworden ist und warum. Die Antwort auf diese Fragen könnte ja beunruhigend sein.

Bis heute weiß niemand, was dran ist an der Liste mit den 35 schweren Krankheitsfällen im unmittelbaren Umkreis einer Sendeanlage, die seit mehr als zehn Jahren Strahlen aussendet. Und kaum jemand, so scheint es, will wirklich wissen: Handelt es sich hier gewissermaßen um einen statistischen Ausrutscher, wie er überall auftreten kann, gibt es noch andere Erklärungen, liegt die Krankheitsrate gar im Mittel der Wahrscheinlichkeit – oder deutet sie tatsächlich auf eine ernst zu nehmende Gefährdung von Anwohnern bei langjähriger Dauerbestrahlung durch elektromagnetische Wellen hin? Es verwundert einen, dass offenbar niemand im Gemeinderat diese Fragen geklärt haben will.

Das Heroldsberger Beispiel ist typisch für viele solcher Fälle in Deutschland. Bürger fragen, Politiker antworten nicht – weil sie sich überfordert fühlen, weil sie Regressforderungen der Mobilfunkbetreiber fürchten, weil sie die Beschwerdeführer für Querulanten halten? Vertreter der Betreiberfirmen erzählen überall die schöne Geschichte von den Anwohnern des Sendemasts, die schon längst über Schlafstörungen jammerten, als die Anlage noch gar nicht in Betrieb gegangen war. Hätte man's gern ein bisschen konkreter, dann wird auf den »derzeitigen Stand der Wissenschaft« verwiesen, nach dem von elektromagnetischen Wellen bei Einhaltung der Grenzwerte keine gesundheitliche Gefahr ausgehe.

Doch derartige Aussagen nehmen anscheinend immer weniger Bürger ernst. Nach der bereits in der Einleitung zitierten Umfrage des Bundesamts für Strahlenschutz haben 35 Prozent der Bundesbürger Angst vor schädlichen Auswirkungen des Mobilfunks. In Bayern, wo es besonders viele und besonders rührige Bürgerinitiativen gibt, sind es sogar 48 Prozent. Von denen, die Bedenken haben, fürchten 81 Prozent die Strahlung, die von Handys ausgeht, 57 Prozent die von Sendeanlagen und immerhin noch 37 Prozent die elektromagnetischen Wellen von schnurlosen DECT-Telefonen. Von erklärten Mobilfunkgegnern haben übrigens die wenigsten der Befragten ihre Informationen, wie die Umfrage ergab: 58 Prozent nannten das Fernsehen, 48 Prozent die Tageszeitung als Informationsquelle, nur ein Prozent hat schon einmal an einer Veranstaltung einer Bürgerinitiative teilgenommen.

Das ist ja auch nicht notwendig, um Beunruhigendes zu erfahren und skeptisch zu werden. Man muss keine russischen Studien aus den sechziger Jahren kennen, man muss auch nicht bis nach London oder ins spanische Valladolid gehen, um Meldungen zu lesen von mysteriös ansteigenden Krankheitszahlen in der näheren Umgebung von Mobilfunksendern. Man kann zum Beispiel auch in Franken bleiben, in der näheren Umgebung von Heroldsberg.

30 Kilometer nördlich davon, zwischen Nürnberg und Bayreuth, liegt der kleine Ort Gößweinstein. Hoch über dem Ort mit seinen 4500 Einwohnern steht eine mittelalterliche Burg, die im 19. Jahrhundert im neugotischen Stil umgebaut wurde und heute noch im Privatbesitz der Freiherrn von Sohlern ist. Um die Einnahmen aufzubessern, hatte der Freiherr schon in den siebziger Jahren Sendemasten auf dem Burgfried installiert, damals noch für ZDF und Bayerischen Rundfunk, und im Lauf der Jahre haben sich auch eine Reihe von Mobilfunkbetreibern beim Burgherrn eingemietet. Die Ansammlung von insgesamt sechs

Antennen beschäftigt mittlerweile sogar den Gemeinderat. Eine Wählervereinigung und die CSU fordern jetzt Untersuchungen, weil sich die Zahl der Krebserkrankungen im Umfeld der Burg in den vergangenen Jahren alarmierend erhöht hätte. Wieder ist es eine private Liste, die 2002 von 50 Krebsfällen berichtet, und ein Gößweinsteiner Arzt meinte gar, allein in seiner Praxis sei die Zahl der Krebserkrankungen noch um 50 Prozent höher. »Jedem in Gößweinstein und Behringersmühle sind Personen aus der Nachbarschaft, Bekanntschaft oder sogar in der Verwandtschaft bekannt, die von diesen Erkrankungen betroffen sind«, sagt Gemeinderat Reinhard Brendel von der Wählergemeinschaft »Bürger vertreten Bürger«[2], allein in und direkt an der Burg wisse er von sechs Krebsfällen.

Und so häufen sich die beunruhigenden Nachrichten. Dezember 2001: In Baltmannsweiler, einer 5500-Seelen-Gemeinde östlich von Stuttgart, ist das Gehirn-Tumor-Risiko vier- bis fünfmal so hoch wie im Bundesdurchschnitt, stellt das Landesgesundheitsamt fest. Örtliche Bürgerinitiativen machen für 13 Fälle in den vergangenen zehn Jahren auch eine Mobilfunkanlage im südlichen Ortsteil verantwortlich[3]. Januar 2002: Überdurchschnittlich viele Krebsfälle wollen Anwohner einer Sendeanlage an der Treitschkestraße im Münchner Stadtteil Moosach festgestellt haben[4]. In Haaren, Kreis Paderborn, einem kleinen Ort mit knapp 2500 Einwohnern, werden Ende 2001 sechs Gehirntumorfälle bekannt, auch die Zahl der Krebserkrankungen scheint ungewöhnlich hoch zu sein. In Haaren stehen seit Jahren auf einem Gebiet von einem Quadratkilometer vier Mobilfunksender. Februar 2002: In Dresden klagen Nachbarn von Sendemasten über schwere Herzrhythmusstörungen, Magen-, Darm- und Nierenbeschwerden sowie Schlafstörungen. Mai 2002: In Ruschein in der Südostschweiz bringen Mobilfunkgegner fünf Parkinsonfälle mit einer Sendeanlage in Verbindung[5]. Juli 2002: In Neusäß bei Augsburg beobachtete man Wachstumsstörungen bei kleinen Kindern, ein Neugeborenes, dessen Mutter nur 25 Meter neben einem Mobilfunkmast wohnte, kam mit Missbildungen auf die Welt, eine Nachbarin starb an einer Creutzfeld-Jakob-ähnlichen Krankheit.

Auf den ersten Blick scheint es weit hergeholt, dem Mobilfunk die Schuld an vielen dieser Erkrankungen zu geben. Einige Erklärungsmodelle für Parkinson, Creutzfeld-Jakob und beispielsweise auch BSE gehen aber davon aus, dass wegen einer erhöhten Durchlässigkeit der Blut-Hirn-Schranke Schadstoffe ins Gehirn gelangen können, die diese Krankheiten auslösen oder zumindest befördern können. Eine erhöhte Durchlässigkeit der Blut-Hirn-Schranke kann zum Beispiel durch Hochfrequenzstrahlung entstehen. Deshalb bringen Kritiker diese Erkrankungen gelegentlich mit dem Mobilfunk in Verbindung.

Man kann diese zufällig ausgewählten Nachrichten aus einem halben Jahr natürlich leichthin als Horrormeldungen abtun und von statistischen Zufällen sprechen. Andererseits: Nach Angaben des Deutschen Krebsforschungszentrums Heidelberg liegt beispielsweise die Häufigkeit von Gehirntumoren hierzulande bei einem Fall pro Jahr auf etwa 15.000 Einwohner. Niemand kann beweisen, dass tatsächlich der Sendemast auf dem Nachbarhaus dafür verantwortlich ist, wenn ein Mensch an Krebs erkrankt oder eine andere tödliche Krankheit bekommt. Aber ebenso wenig kann jemand mit letzter Sicherheit sagen, dass die elektromagnetische Strahlung nicht doch ein Faktor sein kann, der dazu beiträgt.

Stichwort: Gesundheit

Elektromagnetische Felder können der Gesundheit schaden. Darin ist sich die Wissenschaft einig. Die strittige Frage ist, wo die schädliche Wirkung beginnt. Und da gehen die Ansichten weit auseinander. Die herrschende wissenschaftliche Lehrmeinung sagt, Auswirkungen auf die Gesundheit seien zu erwarten, sobald die elektromagnetische Strahlung eine Erwärmung des Körpergewebes um ein Grad Celsius bewirkt. Es handelt sich dabei um einen so genannten »thermischen Effekt«. An ihm orientieren sich im Wesentlichen die international gültigen Grenzwerte. Athermische und nicht-thermische Effekte gibt es daneben zwar auch, sie werden von den Experten jedoch derzeit noch als nicht so bedeutend eingestuft und daher bei der Grenzwertsetzung nicht berücksichtigt.

Im Folgenden stellen wir dar, welche gesundheitlichen Auswirkungen der elektromagnetischen Strahlung von Handys oder Mobilfunk-Sendeanlagen derzeit bekannt sind oder noch vermutet werden.

Wie Hochfrequenz-Strahlung auf den Menschen wirkt

Eine ganze Reihe von Faktoren macht es schwer, generell etwas über die Auswirkungen von Hochfrequenzstrahlung auf die menschliche Gesundheit zu sagen. So kommt es beispielsweise nicht nur auf die Dosis und Dauer der Bestrahlung an, sondern auch auf die Körpergröße. Die Energieaufnahme erreicht nämlich ihren Höhepunkt, wenn die Wellenlänge der jeweiligen Hochfrequenzstrahlung in der gleichen Größenordnung liegt wie die Abmessungen des Körpers – der Mensch funktioniert dann wie eine Antenne. Das trifft besonders auf Kinder zu, weil Mikrowellen Wellenlängen zwischen einem Meter und zehn Zentimetern haben. Außerdem hängt die Energieabsorption davon ab, ob der jeweilige Körper eher muskulös gebaut ist oder Übergewicht hat (weil die Strahlung in wasserhaltiges Gewebe wie Fett und Knochen tiefer eindringen kann).

Grundsätzlich ist es so, dass die Hochfrequenzstrahlung im Körpergewebe hochfrequente Ströme induziert und die Wassermoleküle im Körper in Bewegung versetzt. Die Umwandlung von Strahlungs- in Bewegungsenergie führt zu örtlicher Erwärmung des Körpers – der thermische Effekt, der letztlich auch die Grundlage für die geltenden Grenzwerte ist.

Selbst diese Erwärmung lässt sich aber nur schwer messen und bestimmen – und erst recht kaum spüren. Denn die wärmeempfindlichen Hautrezeptoren befinden sich auf der Körperoberfläche, die Erwärmung findet jedoch meist in tieferen Gewebeschichten statt. Und auch dort nicht gleichmäßig. Strahlung wird abgelenkt durch Knochen, Krümmungen der Körperoberfläche, Grenzschichten von Fett, inneren Organen, Muskeln und so weiter. Die absorbierte Strahlung summiert sich dann an bestimmten Punkten im Körper, den so genannten »Hot Spots«. Dort ist die Absorption dann um ein Mehrfaches höher als der Durchschnittswert. Die »Hot Spots« lassen sich nicht genau lokalisieren, sie liegen bei jedem individuellen Menschen anders – je nach seiner körperlichen Beschaffenheit.

Aber auch unterhalb der so genannten »thermischen Schwelle« (die deutsche Strahlenschutzkommission setzt sie bei einer Leistungsflussdichte von 10 mW/cm^2 an) wurden eine Vielzahl von Effekten beobachtet, die sich nicht durch Erwärmung des Körpergewebes erklären lassen. Es handelt sich dabei beispielsweise um Wechselwirkungen zwischen körpereigenen schwachen elektrischen Strömen, die der Zellkommunikation dienen, und der gepulsten Hochfrequenzstrahlung, oder um Wirkungen, die Einfluss auf die Zellmembraneigenschaften haben. Diese nichtthermischen Auswirkungen auf menschliche Zellen sind inzwischen wissenschaftlich anerkannt. Umstritten ist jedoch, inwieweit sie relevant für die Gesundheit sind.

Nachgewiesene thermische Effekte

Vergleichsweise gut erforscht sind jene Auswirkungen der Hochfrequenzstrahlung, die bei Dosen und Einwirkungszeiträumen auftreten, die zu einer deutlichen Erwärmung des Körpergewebes führen. In Tierversuchen wurden etwa die beschleunigte Bildung von Krebszellen, Hauttumoren, Missbildungen an Embryonen, Veränderungen an Chromosomen und bei der Zellteilung, Zellwucherungen und Störungen bei der DNS-Synthese festgestellt. Bei vergleichsweise niedrigen Leistungsflussdichten von 10 mW/cm^2 kam es überdies zur Veränderung von Reflexen sowie zu Flucht- und Vermeidungsverhalten.

Beim Menschen wurden vor allem gesundheitliche Beeinträchtigungen im Bereich der Augen und der Hoden beobachtet – Körperteile also, die wegen ihrer schlechten Durchblutung besonders empfindlich auf Erwärmung reagieren. Bei Männern kann die Bestrahlung zu vorübergehender Sterilität führen, die aber verschwindet, sobald die Bestrahlung aufhört[6]. Schwerwiegender sind da schon die Schädigungen des Auges: Linsentrübungen, Netzhaut- und Hornhautschädigungen, aber auch grauer Star wurden laut Weltgesundheitsorganisation[7] als Folgen zu hoher Strahlung festgestellt.

Wie es zu nichtthermischen Effekten kommt

Die gesundheitlichen Auswirkungen unterhalb der Wärmeschwelle sind noch schwerer einzuschätzen als die oberhalb. Unstrittig ist immerhin, dass es nichtthermische Effekte gibt – die Frage ist nur, inwieweit sie auch gesundheitsschädlich sind. Zusätzlich erschwert wird die wissenschaftliche Erkenntnis durch die Tatsache, dass so genannte »Fenstereffekte« existieren: Das heißt, manche beobachteten Effekte treten nur in bestimmten eng begrenzten Frequenzbereichen (»Fenstern«) auf, in anderen jedoch nicht. Es liegen aber dennoch bereits eine ganze Reihe von wissenschaftlichen Untersuchungen vor, wie im Kapitel »Was man weiß« ausgeführt wird, die eine Beeinflussung der menschlichen Gehirnstromtätigkeit, der Zellkommunikation, des Kalzium-Ionen-Austauschs, der so genannten Blut-Hirn-Schranke und der Melatoninproduktion zumindest nahe legen.

Sehr vereinfacht ausgedrückt, »funktionieren« Lebewesen mit sehr schwachen, bioelektrischen Strömen, die sich beispielsweise mit dem EKG oder dem EEG messen lassen. Aber auch die Kommunikation zwischen einzelnen Körperzellen geschieht im Wesentlichen auf bioelektrischer Basis. In Experimenten wurde vereinzelt nachgewiesen, dass sich die Gehirnstromtätigkeit unter Einfluss von elektromagnetischer Strahlung verändert – ob das schon relevant für das biologische System Mensch ist, weiß man jedoch noch nicht. Immerhin wurden nach dem Gebrauch von Handys teilweise verringerte Reaktionszeiten und Auswirkungen auf das Kurz- und Langzeitgedächtnis ermittelt.

Von besonderer Bedeutung dürften Auswirkungen auf den Kalzium-Ionen-Austausch zwischen den Körperzellen sein. Kalzium steuert wichtige Prozesse im Körper. Elektromagnetische Felder, das wurde in Tier- und Zellversuchen gezeigt, verändern den Kalzium-Ausstrom aus den Zellen. Dies könnte das biologische Wirkungssystem stören, da Kalzium eine wichtige Regulierungsfunktion hat.

Ähnlich verhält es sich mit beobachteten Einflüssen elektromagnetischer Felder auf die Blut-Hirn-Schranke. Mit diesem Begriff bezeichnet man den biologischen Mechanismus, der verhindert, dass toxische Moleküle über das Blut in das Gehirn gelangen, die sonst schwere Krankheiten verursachen könnten – man vermutet, dass Parkinson, Multiple Sklerose oder auch Aids durch Fehlfunktionen der Blut-Hirn-Schranke zumindest gefördert werden. Mehrere Studien (zum Beispiel des schwedischen Wissenschaftlers Leif Salford[8]) konnten inzwischen nachweisen, dass die Durchlässigkeit der Blut-Hirn-Schranke durch elektromagnetische Strahlung erhöht wird.

Ebenfalls nachgewiesen wurden Auswirkungen auf die Melatoninproduktion. Melatonin ist ein Hormon, das von der Zirbeldrüse erzeugt wird und für eine Vielzahl körperlicher Funktionen zuständig ist, vor allem aber für den Tag-Nacht-Rhythmus und für die Bekämpfung des Wachstums von Krebszellen. Melatonin wird verstärkt in der Nacht produziert, der Spiegel sinkt ab, sobald es hell wird und der Tag anbricht. Elektromagnetische Felder können die Melatoninproduktion ebenfalls hemmen – unabhängig von der Tageszeit.

Welche Krankheiten können entstehen?

Es würde den Rahmen dieser kurzen Zusammenfassung sprengen, wollte man alle möglichen Wirkungsmechanismen detailliert darstellen. Im Folgenden soll nun aufgeführt werden, welche gesundheitlichen Einschränkungen und Erkrankungen beobachtet wurden und von Wissenschaftlern mit den Wirkungen elektromagnetischer Strahlung in Verbindung gebracht werden.

Sehr verbreitet erscheinen dabei Lern- und Konzentrationsstörungen sowie Schlafschwierigkeiten und Tinnitus, insbesondere im Umfeld von Mobilfunksendeanlagen. Dies wird häufig von Ärzten und Baubiologen beobachtet. Die Gründe dafür könnten in der Wirkung der elektromagnetischen Strahlung auf die Gehirnströme und in der verminderten Melatoninproduktion liegen. Aber auch die niederfrequente Pulsung der Wellen im Mobilfunk wird dafür verantwortlich gemacht, da sie relativ nahe an der körpereigenen Frequenz für die elektrische Kommunikation zwischen den Zellen liegt. Dies könnte (neben der verringerten Melatoninproduktion) häufig beobachtete Schlafstörungen in der Nähe von Sendeanlagen erklären, da die Pulsung nachts wegen der geringeren Auslastung des Netzes deutlicher zutage tritt und nicht durch viele gleichzeitig telefonierende Handys relativiert wird (siehe Seite 28). Auch Stress-Symptome könnten der Mobilfunkstrahlung zugerechnet werden, weil in Untersuchungen beispielsweise auch eine verstärkte Ausschüttung des Hormons Testosteron und eine Verringerung der stressabbauenden G-Immunoglobulin-Hormone festgestellt worden ist.

Weiter werden eine Störung des Zentralen Nervensystems und die Schwächung des Immunsystems durch Mobilfunk vermutet[9]. Darauf deuten verschiedene Symptome wie Blutdrucksenkung, Kopfschmerzen, erhöhte Reizbarkeit, Ermüdungserscheinungen und Augenreizungen hin. Besonders fatal wirken sich mögliche Chromosomenschäden und Veränderungen der Zellteilungsrate, wie sie in Tierversuchen bewiesen worden sind, auf das Immunsystem aus. Sie könnten logischerweise eine ganze Fülle von Krankheiten zur Folge haben – von einer allgemein ansteigenden Anfälligkeit für leichtere Erkrankungen über Allergien bis hin zur Entstehung von Tumoren.

Besonders ins öffentliche Blickfeld gerückt ist die Frage, ob elektromagnetische Felder, wie sie beim Betrieb von Mobilfunkanlagen entstehen, Krebs auslösen oder befördern können. Diese Gefahr liegt nahe, wenn die Durchlässigkeit von Zellmembranen oder der Blut-Hirn-Schranke erhöht wird, wenn Chromosomen sich verändern oder wenn die Produktion von Melatonin verringert wird und gleichzeitig der Stress ansteigt. Mittlerweile gibt es zahlreiche Untersuchungen, die sich mit der Verbindung zwischen elektromagnetischen Feldern und dem Auftreten von Leukämie, Gehirn- und Augentumoren sowie anderen Krebserkrankungen beschäftigt haben. Ein eindeutiges Bild, so die herrschende wissenschaftliche Meinung, ergibt sich daraus zwar noch nicht, aber man hat eine Fülle von Hinweisen. Nicht ohne Grund hat die Internationale Agentur für Krebsforschung (IARC), die der Weltgesundheitsorganisation (WHO) untersteht, im Juni 2001 elektromagnetische Strahlung ab Werten von 120 $\mu W/m^2$ (beziehungsweise 0,4 μT) in die Liste der potenziell Krebs erregenden Faktoren aufgenommen.

Insbesondere die beobachteten Veränderungen in der DNA-Struktur und die Chromosomenbrüche lassen außerdem den Schluss zu, dass die Auswirkungen der Strahlung nicht nur das einzelne Individuum betreffen könnten, sondern auch nachkommende Generationen. In Tierversuchen hat man Schäden an den Molekülen der Erbsubstanz festgestellt, eine Zunahme von Missbildungen und Fehlgeburten sowie zunehmende Unfruchtbarkeit.

Das Leiden der Elektrosensiblen

Eine Bevölkerungsgruppe ist darüber hinaus besonders betroffen von der Zunahme elektromagnetischer Felder in unserer Umwelt: die »Elektrosensiblen«. Wissenschaftlich ist noch nicht eindeutig bewiesen, warum manche Menschen empfindlicher reagieren als andere. Aber die Erfahrung zeigt, dass es so ist. Die Weltgesundheitsorganisation schätzt ihre Zahl auf etwa fünf Prozent der Bevölkerung, konservative Schätzungen gehen von etwa zwei Prozent aus.

Elektrosensible leiden stärker als normale Menschen an den oben geschilderten Symptomen, zusätzlich auch an Hautreizungen, Depressionen, Zahn- und Kieferschmerzen. Eine organische Ursache für diese Leiden lässt sich meist nicht feststellen. Allerdings lassen sie oft schlagartig nach, sobald die Intensität der elektromagnetischen Felder reduziert wird. Elektrosensible sollten sich also möglichst von solchen Strahlungsquellen fernhalten. Das ist freilich leicht gesagt: Mittlerweile ist unsere Welt umfassend elektrifiziert; die Werte der elektromagnetischen Strahlung liegen bereits heute um das 10.000fache über der natürlichen Strahlung, und der Ausbau des Mobilfunknetzes beschneidet die Ausweichmöglichkeiten erheblich.

Stichwort: Grenzwerte

Mikrowellen, zu denen die Strahlen des Mobilfunks gehören, können also zu Gesundheitsschäden führen. Weil es diese schädlichen Wirkungen gibt, werden vom Gesetzgeber Grenzwerte festgelegt, bis zu denen Sendeanlagen betrieben werden dürfen, um den Menschen vor gefährlichen Umwelteinflüssen zu schützen. Die allgemeine Einschätzung in der Öffentlichkeit lautet, Grenzwerte hätten Gesetzeskraft und beruhten auf streng wissenschaftlichen Erkenntnissen.

In der Realität ist das nicht ganz so. Grenzwerte basieren fast überall in der Welt auf Empfehlungen von Expertenkommissionen, deren Unabhängigkeit umstritten ist. In Deutschland ist für die Normung – denn um Normen handelt es sich bei diesen Grenzwerten – die Deutsche Elektrotechnische Kommission (DKE) beim Verband der Elektrotechnik, Elektronik, Informationstechnik e. V. (VDE) zuständig, was elektromagnetische Felder betrifft. In diesem Gremium haben die Vertreter großer Industrieunternehmen und Wirtschaftsverbände eine Zweidrittelmehrheit. Das übrige Drittel wird gestellt von Bundes- und Landesministerien, dem TÜV, dem DIN e.V., von Forschungsgemeinschaften und wissenschaftlichen Instituten. Die DKE wurde vom Bundeswirtschaftsministerium beauftragt, die gültigen Normen zu erarbeiten – auch für die Strahlung, die von Mobilfunkanlagen und Handys ausgeht. Das Verfahren mündete schließlich in die heute gültige DIN-Norm 0848.

Für die Grenzwerte der Bundesimmissionsschutzverordnung bedient sich der Gesetzgeber seit 1994 des Rats der Strahlenschutzkommission (SSK), die beim Bundesumweltministerium angesiedelt ist. Ebenso wie die DKE beruft sich auch die SSK im Wesentlichen auf ein anderes, internationales Gremium, und zwar die ICNIRP (International Commission on Non-Ionising Radiation Protection), ein eingetragener Verein mit Sitz in München. Dabei handelt es sich um eine formal unabhängige Kommission von Wissenschaftlern, die von der Weltgesundheitsorganisation WHO und von der EU offiziell anerkannt ist. Sie löste 1992 die Vorgängerorganisation IRPA ab und besteht aus 15 Mitgliedern, der vier weitere ständige Komitees für Epidemiologie, Biologie, Physik und Optik zuarbeiten. Im April 1998 veröffentlichte die ICNIRP ihre Richtlinien[10], die seither maßgebend für viele nationale Grenzwerte sind.

Die Kommission ging dabei vor allem von Studien aus, die sich auf die thermischen Wirkungen elektromagnetischer Felder beziehen, also eine Erwärmung des betroffenen Gewebes bedeuten. Auf jeden Fall, so die internationalen Experten, sei man damit im sicheren Bereich, denn unterhalb der Schwelle für thermische Wirkungen träten praktisch auch keine nichtthermischen auf. Gesundheitsschädliche Auswirkungen seien deshalb unterhalb der empfohlenen Grenzwerte nicht zu erwarten.

Wie sich die deutschen Grenzwerte herleiten

Die am deutlichsten messbare Wirkung hochfrequenter elektromagnetischer Felder auf Lebewesen ist, dass ihre Energie im Körper in Wärme umgewandelt wird. Als Basis gehen die verschiedenen Kommissionen deshalb von einem SAR-Wert aus, der den menschlichen Körper um weniger als 1°C erwärmt – bei einer Bestrahlungsdauer von 30 Minuten. Aus Tierexperimenten weiß man, dass dies die Wirkungsschwelle für thermische Schäden ist; sie entspricht einem SAR-Wert von 4 W/kg. Um auf der sicheren Seite zu bleiben, so die Experten, nahm man für bestimmte, besonders exponierte Berufsgruppen einen Grenzwert, der ein Zehntel dieses Wertes beträgt, und für die Allgemeinbevölkerung einen, der ein Fünfzigstel ausmacht. Die von ICNIRP und der DKE empfohlenen Grenzwerte – für die Ganzkörperbestrahlung – lauten:

Für besondere Berufsgruppen:	0,4 W/kg
Für Allgemeinbevölkerung:	0,08 W/kg

Weil die spezifische Absorptionsrate (SAR) nur schwer zu messen ist, verwendet man in der Praxis abgeleitete Grenzwerte für die leichter zu messenden elektrischen und magnetischen Feldstärken und die Leistungsflussdichte. Diese sind von der Frequenz abhängig. Nachfolgend Beispiele für 900, 1800 und 2000 MHz:

Für die Allgemeinbevölkerung:

	El. Feld	*Magn. Feld*	*Leistungsdichte*
GSM-900:	41 V/m	0,111 A/m	4,5 W/m^2
GSM-1800:	58 V/m	0,157 A/m	9 W/m^2
UMTS:	61 V/rn	0,165 A/m	10 W/m^2
(Formel:	$1{,}375\sqrt{f}$	$0{,}0037\sqrt{f}$	f/200)

Wobei »f« für die jeweilige Frequenz steht.

Die Werte für besondere Berufsgruppen, in diesem Fall vor allem das Wartungspersonal der Mobilfunkstationen, liegt durchgängig um das

Zehnfache höher. Hinzu kommen aber noch Spitzenwerte, die deutlich höher liegen, denen der Arbeitende jedoch nicht länger als sechs Minuten ausgesetzt sein darf. Niedergelegt sind diese Grenzwerte in der Unfallverhütungsvorschrift »Elektromagnetische Felder« (BGV B11) der Berufsgenossenschaft für Feinmechanik und Elektrotechnik. Sie trat am 1. Juni 2001 in Kraft.

Für die Teilkörperbestrahlung gilt ein Grenzwert, der die Hälfte des Ganzkörpergrenzwerts ausmacht, also 2 W/kg oder 2 mW/g. Er ist relevant für die Benutzer von Handys, weil die besonders empfindlichen Körperteile Auge und Gehirn beim Telefon der Strahlung der Handyantenne ausgesetzt sind. Die handelsüblichen Handys unterschreiten diese Grenzwerte meist deutlich.

Grenzwerte in Österreich und der Schweiz

In Österreich gibt es trotz immer wieder erhobener Forderungen noch keine rechtlich verbindlichen Grenzwerte. Derzeit ist noch die technische Vornorm Ö-NORM S1120 in Kraft, die von den Mobilfunkbetreibern auf freiwilliger Basis akzeptiert wird. Sie setzt Leistungsdichte-Grenzwerte von sechs W/m^2 für das GSM-900-Netz und von zehn W/m^2 für das GSM-1800-Netz fest.

Seit Mitte 2000 gibt es den Entwurf einer Verordnung über »Grenzwerte für ortsfeste Sendeanlagen öffentlicher Mobiltelefonsysteme und öffentlicher Mobilsprechfunksysteme«. Er ist aber noch nicht verabschiedet. Hierin sollen verbindliche Grenzwerte festgelegt werden, sie betragen 4,5 W/m^2 für das GSM 900 und neun W/m^2 für GSM 1800, entsprechen also den ICNIRP-Richtlinien.

Eine Petition auf landesweite Einführung des »Salzburger Vorsorgewerts« (siehe unten) wurde in einer Sitzung des Nationalrats im Januar 2002 abgelehnt.

In der Schweiz gilt die »Verordnung zum Schutz vor nichtionisierender Strahlung« (NISV) vom 23. Dezember 1999, die die Richtwerte nach ICNIRP beinhaltet. Allerdings setzt sie für Orte mit »empfindlicher Nutzung« (Krankenhäuser, Schulen usw.) deutlich reduzierte Grenzwerte fest (bei GSM 900 eine maximale elektrische Feldstärke von vier V/m, bei GSM 1800 eine von maximal sechs V/m).

Grenzwerte in anderen Ländern

Die meisten europäischen und viele außereuropäische Länder folgen bei ihren Grenzwerten den Richtlinien der ICNIRP. Ausnahmen machen in Westeuropa Belgien (21 V/m bei GSM 900, 28 V/m bei GSM 1800), Italien (20 V/m generell bei vorübergehender Exposition, sechs V/m oder 0,1 W/m² bei Aufenthalt von mehr als vier Stunden) und Luxemburg (drei V/m bei dauerhafter Exposition). In den USA, in Kanada und in Taiwan folgt man den Empfehlungen der IEEE *(Institute Of Electrical and Electronics Engineers, Inc.)*, eines 150 Länder übergreifenden Berufsverbands, dessen Richtlinien etwas höhere Grenzwerte als die ICNIRP empfehlen. Sie betragen sechs W/m² bei 900 MHz und zwölf W/m² bei 1800 MHz. Abweichende Regelungen gelten für Australien und Neuseeland (generell zwei W/m² oder 27,5 V/m).

Die Staaten des ehemaligen Ostblocks und China bilden einen Sonderfall. Hier galten bis in die neunziger Jahre hinein aufgrund der umfangreichen Untersuchungen speziell zu niederfrequenten Feldern sehr niedrige Grenzwerte. In der ehemaligen UdSSR betrugen sie für ungepulste Hochfrequenzstrahlung 0,05 W/m², für gepulste gar nur 0,004–0,005 W/m². Auch heute noch sind die Grenzwerte vergleichsweise niedrig: In Russland betragen sie ebenso wie beispielsweise in Polen 0,1 W/m² für den gesamten Mikrowellenbereich. Auch China hat diesen Grenzwert, allerdings nur für die dauerhafte Exposition. In Fabriken, Behörden und Parks sind 0,4 W/m² erlaubt.

Die Forderung nach Vorsorgewerten

Weil die ICNIRP-Richtlinien im Wesentlichen nur thermische Wirkungen elektromagnetischer Felder berücksichtigen, wird seit vielen Jahren auch die Berücksichtigung der athermischen Wirkungen unterhalb der Schwellenwerte gefordert, auch wenn deren Gefährlichkeit bisher noch nicht endgültig wissenschaftlich bewiesen werden konnte.

Zahlreiche Organisationen, Einrichtungen, Verbände, Vereinigungen und Wissenschaftler fordern deshalb immer wieder eine deutliche Senkung der Grenzwerte im Sinne des Vorsorgeprinzips. Die bekannteste Initiative ging wohl von einer internationalen Konferenz zur

Situierung von Mobilfunksendern aus, die im Juni 2000 in Salzburg stattfand. Dort wurde der so genannte »Salzburger Vorsorgewert« vorgestellt, den die Stadt und das Land Salzburg als Empfehlung auch übernahmen. Er ist aber rechtlich nicht bindend und wird in der Praxis auch kaum eingehalten. Er beträgt 1 mW/m² für gepulste elektromagnetische Felder im 900- und 1800-MHz-Bereich und 100 mW/m² für die Gesamtheit der Immissionen hochfrequenter elektromagnetischer Felder (Näheres zur Entstehung des Salzburger Grenzwerts im Kapitel »Der Senderwald im Alpenraum« ab Seite 211).

Wert (μW/m²)	**Grenzwertefestsetzungen und Empfehlungen**
10.000.000	Deutschland 26. BImSchV für UMTS 2000 MHz (1997)
9.000.000	Deutschland 26. BImSchV für E-Netze 1800 MHz (1997)
6.000.000	USA, Kanada, Österreich für D-Netze 1800 MHz
4.500.000	**Deutschland 26. BImSchV für D-Netze 900 MHz (1997)**
2.000.000	Australien, Neuseeland für D-Netze 900 MHz
45.000	Schweiz für D-Netze 900 MHz (2000)
24.000	Grenzwert Belgien/Wallonien (2001)
20.000	Grenzwert Russland/GUS
1000	Richtwert Salzburg Stadt/Land für die Summe aller Anlagen (1999); Salzburger Resolution, getragen von 19 Wissenschaftlern (2000); Grenzwertforderung der Bundesärztekammer (Eckel 2000 u.a.); Qualitätsziel Italien (je Anlage)
800	Forderung des Bund Naturschutz (BUND) für E-Netze 1800 MHz (auch für ungepulste Strahlung)
660	Toskana/Italien für die Summe aller Anlagen (Martini u.a. 2002)
500	**Grenzwertforderung des BUND für D-Netze 900 MHz**
250	Salzburg Stadt/Land für Einzelanlagen (1999)
100	**Europäisches Parlament (Wissenschafts-Direktion STOA, 2001)**
1	Resolution Bürgerforum für Wachbereiche (1999)
~ 0,001	**Funktion eines D- oder E-Netz-Handys noch gewährleistet!**

Abbildung 4: Grenz- und Vorsorgewerte in verschiedenen Ländern

Andere Institutionen kommen auf niedrigere Vorsorgewerte. So der Bund Naturschutz, der 0,5 mW/m² für GSM 900 und 1 mW/m² für GSM 1800 empfiehlt, der neuseeländische Wissenschaftler Neil Cherry (siehe »Was man weiß«), der 0,1 mW/m² vorschlägt, oder jene Resolution, die beim »Bürgerforum Elektrosmog« der deutschen Bundesregierung am 19. Oktober 1999 von Bürgerinitiativen vorgelegt worden war: Dort forderte man gar 0,001 mW/m² für Wach- und 0,00001 mW/m² für Ruhebereiche als geltende Grenzwerte.

Aber auch wissenschaftliche Institute, die sich mit dem Thema Elektrosmog befassen, treten für niedrigere Grenzwerte ein, so zum Beispiel das Ecolog-Institut (Hannover), das 0,01 W/m² für angemessen hält, das Nova-Institut (Hürth) mit 0,045 W/m² (900 MHz) beziehungsweise 0,09 W/m² (1800 MHz) oder das Katalyse-Institut (Köln), das 0,01 mW/m² empfiehlt, höchstens aber 0,5 W/m². Die Bundesärztekammer sowie andere Ärzteorganisationen halten 1 mW/m² für wünschenswert.

Die Chancen für die Einführung derart niedriger Grenzwerte sind freilich derzeit gering. Solange die Schädlichkeit des Mobilfunks wissenschaftlich nicht zweifelsfrei nachgewiesen ist (oder in der Bevölkerung keine deutliche Mehrheit für die Senkung der Grenzwerte vorhanden ist), gilt weiterhin der Grundsatz: Bei allem, was nicht nachgewiesen ist, muss das einzelne Individuum das Risiko selbst tragen.

Mysteriöse Krankheiten
Szenarien aus drei europäischen Ländern

In ganz Europa sind zahllose Bürgerinitiativen entstanden, die sich gegen Sendemasten in ihrer nächsten Umgebung wehren. Beinahe jedes Land der EU kennt Wissenschaftler, die vor den Auswirkungen des Mobilfunks warnen. Und in beinahe jedem Land gibt es schockierende Berichte von Krebsfällen rund um Sendeanlagen.

Schlagzeilen machen zum Beispiel Krankheitshäufungen im spanischen Valladolid, im französischen Saint-Cyr im Departement Yvelines, nahe bei Paris, in Großbritanniens Hauptstadt London. Im spanischen Jaén streiken im Herbst 2002 an die 1.400 Schüler, um gegen Mobilfunkmasten in der Nähe ihrer beiden Schulen zu protestieren. Die Elternverbände wollen weitere Demonstrationen organisieren, bis die Masten abgebaut werden. Neun Einwohner der katalonischen Stadt L'Escala verklagen den spanischen Mobilfunkbetreiber Telefónica Móviles wegen schwerer Gesundheitsschäden: Gebärmutterhalskrebs bei einer Schwangeren, Nervenerkrankungen, Hautverletzungen.

Im Nachbarland Portugal wurden mittlerweile Konsequenzen gezogen. Das Bildungsministerium ordnete an, sämtliche Mobilfunkantennen von Schulen und Kindergärten zu entfernen. Überdies setzte das Gesundheitsministerium eine Expertengruppe ein, die die Schädlichkeit der Emissionen von Mobilfunkantennen untersuchen soll.

Aber nicht nur in Europa gibt es Proteste und Warnungen. Bangladesh verbietet Handys für Kinder unter 16 Jahren, Thailand will dem Beispiel folgen. In Südkorea will das Ministerium für Information und Kommunikation die Langzeitfolgen der Mobilfunknutzung für die Gesundheit erforschen und bis zum Jahr 2004 alternative Technologien, insbesondere Antennen mit erheblich niedrigeren Strahlungswerten, entwickelt haben. Die winzige Pazifikinsel Norfolk, die zu Australien gehört, erklärt sich zur handyfreien Zone.

Die Diskussion um die Auswirkungen des Mobilfunks gibt es also in nahezu allen Ländern. Im Folgenden einige exemplarische Fälle aus Spanien, Frankreich und Großbritannien.

Der Krebsskandal von Valladolid

In den neunziger Jahren herrschte Goldgräberstimmung bei den spanischen Telefongesellschaften. Vier Anbieter lieferten sich auf dem liberalisierten Markt ein Wettrennen um die begehrten Antennenstandplätze, und dabei nahm man es auch mit den Genehmigungen nicht so genau. »Heute gibt es für jeden Abschnitt vier Antennen«, schrieb die Tageszeitung *El País,* »das ist so, als hätte man zwischen Madrid und Barcelona vier Autobahnen nebeneinander gebaut.«[1] Der Mobilfunkboom brachte auch etwas für die Wirtschaft in den Städten und Gemeinden. In Valladolid zum Beispiel, mit 320.000 Einwohnern eine der größten Städte Nordspaniens, entstand ein ganzer Technologiepark für Firmen aus der Telekommunikationsbranche.

Handys sind in Spanien nach wie vor weit verbreitet. Das, so möchte man meinen, spricht für ihre Akzeptanz bei der Bevölkerung. Seit dem Jahr 2001 aber hat sich vieles geändert. Und das liegt vor allem an Valladolid, oder vielmehr an einer Schule dieser Stadt, in der sich eine Tragödie abspielte.

Das Colegio Publico Antonio Garcia Quintana wird von 455 Kindern besucht. Im Jahr 2001 war diese Schule aber plötzlich keine ganz normale spanische Grundschule mehr: Drei Kinder waren innerhalb von zwei Jahren krank geworden, und zwar schwer krank – zwei hatten Leukämie, eines Lymphdrüsenkrebs. Normalerweise, so die amtliche Statistik, tritt ein Leukämiefall unter 25.000 Spaniern auf. Die Fälle an der Schule in Valladolid entsprachen einem Verhältnis von 55 zu 25.000 – und widersprachen somit jeder statistischen Wahrscheinlichkeit.

Eine ungewöhnliche Häufung anderer Art befand sich bis Anfang 2002 auf sechs großen Masten direkt neben dem Pausenhof jener Schule: insgesamt 36 Mobilfunkantennen mit einer Gesamtleistung von 65 Kilowatt, die seit Februar 2000 in Betrieb waren – und die gerieten schnell in Verdacht, das auslösende Moment für die Krebsfälle zu sein. Von da an war es vorbei mit der Ruhe in der Stadt. Bürgerinitiativen forschten nach und entdeckten noch acht weitere mysteriöse Krankheitsfälle in der näheren Umgebung der Sender: drei Krebsfälle in den unmittelbar benachbarten Schulen La Merced, Rafaela Maria und La Salle sowie fünf bei direkten Anwohnern. Die Mobilfunkbetreiber argumentierten, in der kurzen Zeit seit Inbetriebnahme der Sender könne wohl kaum Leukämie entstehen. Der Sprecher der Elterninitiative Alfonso Carvajal, Medizinprofessor an der Universität Valladolid, konterte: Studien aus Nagasaki hätten ergeben, dass gerade Leukämie bei Kindern sehr schnell entstehen könne.

Es gab Demonstrationen gegen die Stadtverwaltung und die Mobilfunkbetreiber, an der mehr als 3.000 Valladolider teilnahmen. Als dann, am 26. Dezember 2001, der Fall eines weiteren, sechsjährigen Schülers des Colegio Publico Antonio Garcia Quintana bekannt wurde, der ebenfalls an Leukämie erkrankt war, überschlugen sich die Ereignisse. Zwei Tage später war eine Gerichtsverhandlung angesetzt, und Richter José Alberto Rodriguez gab der Klage der Elterninitiative auf »größtmögliche Vorsichtsmaßnahmen« statt: Laut Bauordnung handele es sich bei den 36 Sendern um einen »industriellen Komplex«, und der habe auf Wohnhäusern nichts zu suchen. Die Basisstationen müssten also stillgelegt und abgebaut werden.

Die Stadtverwaltung und das spanische Ministerialamt für Erziehung ordneten im Januar 2002 die vorsorgliche Schließung der Schule Antonio Garcia Quintana an, bis der Grund für das Auftreten der Leukämie-Erkrankungen gefunden sei. Eine Expertengruppe wurde eingesetzt, auch die Weltgesundheitsorganisation WHO leitete eine umfangreiche Untersuchung ein, die eine Laufzeit von drei Jahren haben soll. Bei ersten Untersuchungen im Schulgebäude konnten aber keine Gifte gefunden werden, die für die Krebserkrankungen verantwortlich sein könnten. Dafür fanden die Experten eine »verdächtig hohe« Krebshäufigkeit auch bei Erwachsenen in dieser Gegend. Während die Mobilfunkbetreiber noch hofften, die Sender wieder in Betrieb nehmen zu können, weil die Schule ja möglicherweise für immer geschlossen werden könnte, zogen die Bürger erneut vor Gericht und erreichten die Wiedereröffnung der Schule und die Auflage, dass die Funkantennen nicht nur abgeschaltet bleiben, sondern innerhalb von drei Monaten abgebaut werden mussten.

Die Demonstrationen hörten nicht auf, bis zu 4.000 Valladolider gingen auf die Straße. Der Druck auf die Politiker nahm zu. Carmen González, die Vorsitzende des Einwohner- und Verbraucherschutzverbandes von Valladolid, forderte gar den sofortigen Rücktritt des Bürgermeisters Javier León de la Riva, weil der den monatelangen Protesten untätig zugeschaut und nichts getan habe, um die Bevölkerung zu schützen. »Es werden weiter Antennen errichtet, während die Stadtverwaltung wegschaut.« Dabei könne der Bürgermeister sehr wohl die Demontage der Antennen anordnen, da keine eine Betriebsgenehmigung habe. »Bisher haben wir schon 47 Anlagen an sensiblen Punkten gefunden, die Kinder, ältere Menschen oder Gesundheitseinrichtungen betreffen – der Bürgermeister hat nur elf zugegeben, es gibt aber noch viel mehr als diese 47«, wird Carmen González in der Presse zitiert. Der Verband rief zu weiteren Großdemonstrationen auf, insgesamt 22 Vereine und politische Parteien schlossen sich an. Die Forderung: Demontage aller Mobilfunkantennen in ganz Valladolid.

Der Bürgermeister blieb zwar im Amt, aber dennoch hat sich in Valladolid einiges verändert. Die Stadtverwaltung will nun keine weiteren Mobilfunkantennen genehmigen, bis die Untersuchungen an der Schule abgeschlossen sind, und die brauchen ihre Zeit. Drei Prozesse haben die Eltern schon gegen die Mobilfunkbetreiber gewonnen, weitere Schadensersatzklagen laufen. Und ein weiteres Urteil im Zusammenhang mit einer Sendeanlage im Stadtteil La Victoria sorgte ebenfalls für Aufmerksamkeit im ganzen Land: Der Richter gab Anwohnern recht, die gegen einen Mobilfunkmast geklagt hatten. Für die Errichtung eines solchen, so der Richter, sei die Zustimmung aller betroffenen Bewohner nötig. Sei nur einer dagegen, so dürfe der Sender nicht aufgestellt und eingeschaltet werden. Unterdessen kämpfen die Initiativen weiter, zum Beispiel mit regelmäßigen Montagsdemonstrationen im Stadtzentrum.

Der Krebsskandal von Valladolid war nicht der einzige in Spanien. Etwa zur selben Zeit wurden weitere Fälle bekannt. In Córdoba erkrankten drei Kinder, ebenfalls in einer Schule, die Mobilfunkmasten in unmittelbarer Nachbarschaft hatte. In Ronda bei Malaga handelt es sich um einen großen Antennenkomplex, der 1996 gegenüber eines großen Wohnblocks errichtet wurde und in dessen näherem Umkreis von 100 Metern sich drei Schulen befinden. Mindestens zwölf Schüler und Lehrer seien dort in den letzten Jahren an Krebs erkrankt, berichtete die Zeitung *El Mundo*[2]; im Wohnblock gegenüber gab es bei neun Schwangerschaften innerhalb von zwei Jahren fünf Fehlgeburten. Im nordspanischen Figueres erkrankten drei Kinder der Schule Les Escolapies an Gehirntumor. Nur wenige Meter von der Schule entfernt, auf dem Dach eines Nachbargebäudes, befindet sich ein Mobilfunkmast. In Badalona bei Barcelona zählte eine Bürgerinitiative in der Straße Juan de la Cierva neun Krebsfälle, 16 Fälle von Hautveränderungen, 17 Fälle von Herzrhythmusstörungen und 33 Fälle von Schlafstörungen – bei nur 41 Einwohnern. In Torrevieja in der Region Alicante führen Anwohner sieben Krebsfälle innerhalb weniger Monate auf eine Mobilfunkantenne in unmittelbarer Nähe zurück. Im Madrider Stadtteil Aluche erkrankten innerhalb kurzer Zeit fünf Bewohner an Krebs, nachdem ihnen ein Mobilfunkturm vor die Nase gestellt worden war. Und auch aus Sevilla wurden auffällige Krebserkrankungen in der Nähe von Funkantennen gemeldet.

Diese Meldungen alarmierten die spanische Öffentlichkeit. Mehr als 2.000 Sendeanlagen von insgesamt rund 30.000 bestehenden wurden innerhalb weniger Monate nach Bürgerprotesten und dem Einschreiten von Kommunen gegen ungenehmigte Anlagen stillgelegt; die Betreiber rechnen nach Angaben der Zeitung *El País* sogar damit, dass sie allein im Jahr 2002 an die 5.000 Anlagen wegen unterschiedlicher regionaler Gesetze und Verordnungen abschalten müssen – das wären 15 Prozent des gesamten Sendernetzes. An rund 500 Standorten erhielten die Betreiber Telefónica Móviles, Vodafone und Amena keine Genehmigung, Masten aufzustellen, im ersten Halbjahr 2002 wurden lediglich 20 Prozent der Anträge genehmigt.

Am 12. Januar 2002 hatte die spanische Regierung erst einmal mit einer Eilverordnung auf die wachsenden Bürgerproteste reagiert. Mobilfunkantennen, die weniger als 100 Meter von »sensiblen Zentren« wie Schulen, Krankenhäusern, Parks oder Altenheimen entfernt sind, müssen seither ihre Sendeleistung deutlich reduzieren. Die Regionalregierung von Navarra ging im Mai noch einen Schritt weiter und erließ ein Gesetz, nachdem innerhalb von sechs Monaten sämtliche bereits vorhandenen Sender auf Schulen beseitigt werden müssen. Außerdem sieht das Gesetz eine Menge strenger Auflagen für die Betreiber vor, die künftig unter anderem detaillierte Berichte über bestehende Anlagen im 100-Meter-Umkreis von »sensiblen Zentren« vorzulegen haben und außerdem nachweisen müssen, dass sie die Strahlenbelastung soweit wie möglich senken. Sollten sie gegen das neue Gesetz verstoßen, so drohen Geldstrafen bis zu 240.000 Euro. Und das katalanische Regionalparlament gab im selben Monat eine Studie in Auftrag, die die Gesundheitsgefährdung durch Mobilfunk untersuchen soll.

Auch die spanischen Wissenschaftler beschäftigen sich inzwischen verstärkt mit dem Thema. Der Arzt Claudio Gómez Perretta vom Krankenhaus La Fe in Valencia untersuchte zum Beispiel schwere Gesundheitsschäden in der Region, die nach seinen Studienergebnissen schon bei Werten auftraten, die ein Neuntausendstel der spanischen Grenzwerte betrugen. Im Februar 2002 verbot ihm das Krankenhaus weitere Forschungen, da er als Leiter der Suchtabteilung ein ganz anderes Arbeitsgebiet habe und dazu nicht berechtigt sei. Aber Gómez Perretta war nicht der einzige Kritiker. Der Biophysik-Professor José Luis Fernández Ruiz etwa von der Universität Oviedo sah einen engen Zusammenhang zwischen den Krebsfällen von Valladolid und der elektromagnetischen Strahlung: »Das magnetische Feld agiert in den Zellkernen und bewirkt Veränderungen in der Orientierung der biochemischen Prozesse«, sagte er im März 2002 der Zeitung *La Nueva España*[3], »dies könnte in der Folge eine onkologische Wirkung auslösen« – sprich: Krebsgeschwüre verursachen oder deren Wachstum zumindest befördern. Und in der »Deklaration von Alcalá zu Elektrosmog und öffentlicher Gesundheit« forderten im Mai fünf Wissenschaftler der Universitäten von Alcalá de Henares, Valencia und Zaragoza, nachdem sie mehr als 600 Studien ausgewertet hatten, drastische Grenzwertsenkungen und weitere Forschungen.

Die Bürgerproteste halten an und führen mancherorts gar zur Radikalisierung, wie etwa in Lemona im Baskenland, wo im Mai 2002 ein kombinierter Mobilfunk- und Fernsehsender in Flammen aufging. Vor den Zivilgerichten gibt es bereits erste Erfolge für Mobilfunkgegner: In Bilbao und in Alicante ordnen Richter im Sommer den Abbau von Sendemasten aus Gesundheitsgründen an. Die PSOE fordert eine Senkung der Grenzwerte, da die geltenden Gesetze »den Schutz der Gesundheit der Bürger nicht garantieren«, so Vorstandsmitglied Cristina Narbona. Die Mobilfunkbetreiber aber haben andere Sorgen: Für den UMTS-Standard brauchen sie etwa zwei- bis dreimal so viele Sendemasten, wie sie derzeit haben, und mit dem Netzausbau sind sie schon mehr als ein Jahr im Verzug. Nun sehen sie ihre Investitionen in Höhe von 16 Milliarden Euro in den kommenden zehn Jahren bereits ernsthaft gefährdet. Zwischenzeitlich schalteten sie sogar landesweit Fernsehspots, die erzählten, wie sicher Sendemasten angeblich sind und wie notwendig, um in jedem Ort jederzeit telefonieren zu können.

Die kranken Kinder von Saint-Cyr

Nadine Jeanjou schlägt ein Ei nach dem anderen auf. Zehn, zwanzig, dreißig – Fehlanzeige. Kein einziges Küken ist darunter, obwohl auf dem Küchentisch zwischen all den Schalen bereits ein kleiner schwabbeliger Eier-See aus Gelb und Klar entstanden ist. Nur in einem einzigen aufgebrochenen Hühnerei finden sich Teile eines Embryos. Die Freunde der Familie sind entsetzt: So was haben sie noch nie gesehen. Für die Jeanjous aber, die im ländlichen Herzen Frankreichs seit 18 Jahren leben und Hühner züchten, ist dieser Anblick in letzter Zeit schon zur Gewohnheit geworden. Nie hatte es in all den Jahren Probleme mit den Hühnern gegeben, beteuert Nadine Jeanjou. Bis vor vier Jahren, da begannen die Schwierigkeiten mit dem Brüten, erzählt die Bäuerin dem Fernsehteam des deutsch-französischen Fernsehsenders Arte, der im Sommer 2002 eine Reportage über »Die Handy-Gefahr« sendete.[4] »Normalerweise«, sagt Jeanjou, »müsste in jedem zweiten Ei ein Küken sein. Aber bei uns gibt es praktisch kaum mehr welche.« Seit dem November 1998 steht in nur 50 Meter Entfernung vom Haus der Familie ein 40 Meter hoher Mast mit Mobilfunkantennen der Betreiberfirmen Orange und Bouygues Télécom.

Erst dachte die Familie, die Brutprobleme lägen vielleicht an ihren eigenen Geräten. Also versuchte man es mit einem Brutapparat von Freunden, die nie Probleme mit ihrem Gerät hatten. Aber auch damit funktioniert es nicht. Zum Beweis hält Nadine Jeanjou das x-te aufgeschlagene Ei in die Kamera: »Nichts. Die sind jetzt 23 Tage drin – und fangen schon an, auszutrocknen.« Die Jeanjous haben alles versucht, nichts hat geholfen. Auch mit einer absolut gesunden Bruthenne, die sie sich geliehen hatten und unter die sie ihre Eier legten, kamen so gut wie keine Küken heraus. Die Ursache? Es bleiben eigentlich nur die Mobilfunkantennen als Grund für das Kükensterben. Die Jeanjous schrieben also an die Betreiberfirma TDF, die aber antwortete nicht einmal. »Wir werden einfach ignoriert«, sagt die Bäuerin. »Da drängt sich einem immer mehr der Vergleich mit Asbest, BSE oder den Blutkonserven auf. Sie warten wahrscheinlich, bis die Leute wirklich krank sind, bevor sie reagieren.«

Das Arte-Filmteam befragte einen Verantwortlichen. Joe Wiart aus der Abteilung Forschung und Entwicklung bei France Télécom antwortet: »Dass es keine Küken mehr gibt, ist eine Feststellung, ist eine Tatsache. Einen Zusammenhang zu den Antennen herzustellen, erscheint mir jedoch sehr voreilig. Selbst Untersuchungen, die bei höheren Belastungen durchgeführt wurden, ergaben keinerlei Auswirkungen auf die Gesundheit. Deshalb bin ich etwas verwundert über solche angeblichen Zusammenhänge.«

Was in dem Filmbeitrag nicht erwähnt wird – der Wissenschaftler Andràs Varga, ehemaliger Leiter der Forschungsstelle für Elektro-Bio-Klimatologie an der Universität Heidelberg, hat schon 1989 Versuche mit bebrüteten Hühnereiern gemacht, die einer hochfrequenten Strahlung von 1,25 GHz mit einer Leistungsdichte von 0,1–3 mW/cm^2 ausgesetzt wurden. »Das Ergebnis zeigt, dass der heute in Deutschland zulässige Grenzwert von 2,5 mW/cm^2 für Hühnerembryos tödlich ist. Der Grenzwert zwischen ›Leben und Tod‹ bei 1,25 GHz liegt etwa zwischen 0,9–1,0 mW/cm^2. Natürlich kann dieser Effekt nicht ohne weiteres auf Menschenembryos im Mutterleib übertragen werden, aber die hochfrequenten Strahlen sind nicht so ›klug‹, dass sie zwischen menschlichen und Hühnerembryos unterscheiden könnten.«[5]

Die Strategie der Betreiber ist auch in Frankreich deutlich. Man weist Zusammenhänge von sich, verweist auf Studien, die angeblich nichts ergeben haben, spielt auf Zeit und gibt möglichst keine klaren Aussagen ab, an denen man eines Tages gemessen werden könnte.

Eine solche Aussage aber forderten die Frauen einer Bürgerinitiative in Saint-Cyr in der Nähe von Paris. Viele Mütter sind darunter, weil Ende der neunziger Jahre in einer Grundschule zwei Kinder an einer äußerst seltenen Form von Gehirntumor erkrankten. Auf dem Dach der Schule stehen zwei Mobilfunkantennen. Anne Balavoine-Dumez gehört zu den Gründerinnen der Initiative: »Vielleicht gibt es ja keinen Zusammenhang. Aber es gibt Forschungsinstitute, die uns helfen könnten.« Und Anne Sacher, ebenfalls eine Mutter in der Bürgerinitiative, ergänzt: »Es ist nicht unsere Aufgabe zu beweisen, dass die Antennen unbedenklich sind, sondern die Aufgabe der Betreiber. Wir haben von ihnen ein Papier verlangt, mit der Bestätigung, dass keine Gefahr besteht. Dass sie uns garantieren, dass diese Antennen keine Gefahr für unsere Kinder und die Anwohner darstellen. Dazu waren sie nicht in der Lage. Ihre Antwort: Das können wir Ihnen nicht schriftlich geben.«

Kein Wunder, es bestehen Zweifel. Und die Betreiber geben nichts heraus, was eines Tages zu Schadensersatzklagen führen könnte. Die Mütter aber wollen nicht mit diesen Zweifeln leben. Sie wollen, dass präventiv gehandelt wird, weil sie Angst um ihre Kinder haben: »Und wenn die Antennen nicht vom Dach der Schule entfernt werden, schicken wir unsere Kinder nicht mehr hin.«

Übertrieben? Eher nicht. Immerhin zwei Fälle einer äußerst seltenen Form von Hirntumor, und im Herbst 2002 ist ein drittes Kind an der Krankheit gestorben – das lässt an Valladolid denken. Soweit wie in Spanien ist man nördlich der Pyrenäen aber noch nicht. 35 Millionen Handys und 30.000 Sendeanlagen gab es im Sommer 2002 in Frankreich. Tendenz zunehmend. Letzteres gilt freilich auch für die Angst und den Widerstand der Bürger. Der soziale Friede ist massiv gestört. Die Kommunen können aber – wie in anderen Ländern auch – oft nur wenig unternehmen. In der Arte-Reportage klagt Paul Ayoub, der stellvertretende Bürgermeister von Saint-Cyr, darüber, dass die Gemeinden oft nicht einmal alle Standorte der Sendeanlagen kennen. Genehmigung brauchen die Betreiber ohnehin nur für die ganz hohen Masten. Und die Verträge sind oft so abgeschlossen worden, dass die Gemeinden nicht mehr rauskommen. Sie haben für zehn Jahre im Voraus das Geld bekommen, müssten es im Fall eines Vertragsbruchs zurückzahlen und vielleicht auch noch Entschädigung leisten. Da bleiben kaum Handlungsspielräume.

Die Betreiber berufen sich auf die Grenzwerte. Der vom Europäischen Rat empfohlene Wert, der sich wiederum an die ICNIRP-Empfehlung hält, wurde von der Regierung Jospin im Mai 2002 in Landesrecht umgesetzt. Damit erfüllte sie eine alte Forderung der Mobilfunkbetreiber. Aber das Beispiel Spanien und das Beispiel Salzburg, wo zeitweise wesentlich niedrigere Grenzwerte erfochten werden konnten, haben sich auch in Frankreich herumgesprochen. Die Bürgerbewegung gegen die Bedrohung durch Elektrosmog und Mobilfunk hat mittlerweile eine europäische Dimension bekommen: Toskana, Katalonien, Belgien ... strengere Grenzwerte werden allenthalben gefordert und teils auch durchgesetzt.

Noch weigern sich in Frankreich die Behörden, epidemiologische Studien in Auftrag zu geben. Noch gibt es Wissenschaftler wie Bernard Veyret vom *Centre National de la Recherche Scientifique* (CNRS), die »keinen Grund zur Sorge« sehen. Doch langfristig wird man auch Frankreich, wo Wirtschaft und Staatsverwaltung traditionell besonders eng miteinander verzahnt sind, nicht darum herum können, das Thema aufzugreifen. Einen ersten, kleinen Schritt hatte die damalige französische Regierung im März 2002 gemacht, als sie ihren Bürgern »Besonnenheit im Umgang mit Handys« empfahl. Es sei zwar nicht erwiesen, dass die Verwendung von Handys ein Gesundheitsrisiko bedeute, sagte Gesundheitsminister Bernard Kouchner am 18. März in Paris. Da dieses Risiko andererseits aber nicht mit Sicherheit ausgeschlossen werden könne, solle das Handy vorsorglich maßvoll eingesetzt werden. Die Experten des Pariser Gesundheitsministeriums empfehlen unter anderem, überflüssige und allzu lange Gespräche mit dem Handy zu vermeiden, um sich den Funkfrequenzen nicht zu lange auszusetzen. Bei schlechtem Empfang sei die Strahlung stärker, was ebenfalls weitgehend vermieden werden solle. Zudem sollten die Handys von sensiblen Körperregionen ferngehalten werden, von Geschlechtsorganen bei Jugendlichen oder auch vom Bauch schwangerer Frauen. Demnächst soll eine Broschüre mit Tipps für die rund 35 Millionen Handy-Nutzer in Frankreich erscheinen[6]. Eine Warnung, die zwar weit hinter dem zurückbleibt, was kritische Wissenschaftler fordern. Aber immerhin eine Warnung, die man in dieser Form in Deutschland vermisst. Dabei wäre solch eine offizielle Broschüre das Mindeste, was man von einer rot-grünen Regierung hierzulande erwartet.

Der Schrecken von »Cancer Street«

Englische Boulevardzeitungen sind nicht eben zimperlich, was die Schilderung der Wirklichkeit im Lande angeht, und sie sind bekannt für die extrem reißerische Aufmachung ihrer Geschichten. Aber sie haben ein sicheres Gespür dafür, was die Leute aufregt und umtreibt. Und so ist es nicht verwunderlich, dass die größte Boulevardzeitung des Landes, *The Sun,* am 6. August 2002 eine Sonderseite zum Thema »Krebs und Mobilfunk« ins Blatt rückt. Im Hauptartikel geht es um die »Cancer Street«, die »Straße des Krebses«, wie die Carnarvon Street in South Woodford östlich von London angeblich bereits genannt wird. Dort stehen seit 1995 nicht weniger als 16 Sendemasten auf einem einzigen Gebäude, und in fünf von sieben Häusern der Straße sind Menschen an Krebs erkrankt: Brustkrebs, Magenkrebs, Leberkrebs, Schilddrüsenkrebs. Im Februar 2002 schalteten die Behörden die nationale Strahlenschutzkommission ein. Die fand, wie immer in solchen Fällen, nur heraus: Die Strahlung von den Sendemasten liegt weit unter den Grenzwerten, so wie überall sonst im Lande auch.

Aber das überzeugt die Opfer nicht. »Das scheint ein bisschen viel an Zufall zu sein«, wird der Mann einer 49-jährigen Lehrerin zitiert, die an Schilddrüsenkrebs erkrankt ist, »dass gleich fünf Leute, die in derselben Straße neben 16 Telefonmasten wohnen, erkranken.« Und die 81-jährige ehemalige Kunsterzieherin Constance Nash, die selbst Brustkrebs hat, meint: »Die Wissenschaftler, die die Untersuchung gemacht und entschieden haben, dass wir keinem Risiko ausgesetzt sind, wurden von der Regierung und den Mastbetreibern bezahlt. Meiner Ansicht nach ist das nicht unparteiisch.«

Tatsächlich hat die britische Regierung im Januar 2002 zusammen mit den Mobilfunkbetreibern ein Forschungsprogramm aufgelegt, das 7,4 Millionen Pfund kosten wird. Die teilen sich Staat und Industrie. In einem ersten Durchgang wurden 15 Forschungsprogramme bewilligt, die unter anderem den Zusammenhang zwischen elektromagnetischen Wellen und dem Auftreten von Gehirntumoren oder Leukämie untersuchen sollen, mögliche Effekte auf Blutdruck, Hörvermögen, Gehirnfunktionen und Fahrtüchtigkeit. Allein vier Studien werden sich mit dem Einfluss von Funksignalen auf die Funktion von Körperzellen beschäftigen.

Das neu aufgelegte Forschungsprogramm ist nicht dem Populismus eines Tony Blair zu verdanken, der zum Beispiel Ende 2000 in seinem Wahlkreis die Aufstellung eines Sendemasts neben einem Kinderspielplatz stoppen ließ, sondern das Ergebnis einer groß angelegten Studie einer unabhängigen Expertengruppe. Sie ist unter dem Namen Stewart-Report[7] berühmt geworden und entstand 1999 im Auftrag der britischen Regierung. Um den wachsenden Protesten im Lande entgegenzukommen, gab die Regierung diese Meta-Studie in Auftrag, in der die einschlägige Literatur zum Thema nach Beweisen, Nachweisen und Hinweisen auf Gesundheitsgefahren durchforstet werden sollte. Dafür wurde die achtköpfige Independent Expert Group on Mobile Phones gebildet, der unter anderem der frühere ICNIRP-Vorsitzende Michael Repacholi, zwei Mitglieder des englischen Advisory Boards für nichtionisierende Strahlung der britischen Strahlenschutzkommission NRPB sowie zwei »Laienvertreter« angehörten. Ihr Bericht, benannt nach dem Vorsitzenden der Gruppe, Sir William Stewart, dem Präsidenten der Royal Society of Edinburgh, bezog nicht nur anerkannte wissenschaftliche Untersuchungen, sondern auch subjektive Befunde mit ein.

Die Experten befassten sich vor allem mit möglichen Auswirkungen des Mobilfunks auf Krebsentstehung, den Kalziumtransport, die Lebenserwartung, das Herz-/Kreislaufsystem, die Hirnstrom-Aktivitäten, das Gedächtnis, den Melatonin-Haushalt, die Augen und die Blut-Hirn-Schranke. Die Kommission fand dabei zwar keine klaren Beweise oder Nachweise für die Schädlichkeit des Mobilfunks, jedoch eine ganze Reihe deutlicher Hinweise, die ihrer Ansicht nach weiteren Forschungsbedarf aufzeigen. Den soll nun eben eine neue Arbeitsgruppe im Mobile Communications & Health Research Programme (MTHR), das im Januar 2002 begonnen wurde, befriedigen.

Alarmierend genug waren jedoch auch schon einige Einzelergebnisse. Die *Times* zitierte im Juli 2002 den Vorsitzenden William Stewart mit der Bemerkung, es gebe zwar noch keine endgültigen Beweise für eine Schädigung durch Funkstrahlen, bei der Durchsicht der Studien sei jedoch herausgekommen, dass das Telefonieren mit dem Handy zu Gedächtnisverlust, Alzheimer und Krebs führen könnte.

Und dann hatte die Expertengruppe noch einige vorbeugende

Empfehlungen abgegeben, die die Öffentlichkeit nachdenklich machten. So sollen Kinder keine Mobiltelefone benutzen, außerdem solle die Industrie angehalten werden, die Zahl der Mobilfunk-Basisstationen deutlich zu begrenzen, indem die einzelnen Betreiber Sendeanlagen gemeinsam nutzen, um die Strahlenbelastung zu senken, anstatt mehrere Masten direkt nebeneinander aufzustellen.

Die Studie, von den Betreibern natürlich als entlastend eingestuft, hatte dennoch Konsequenzen, über das neue 7,4-Millionen-Pfund-Programm hinaus. Jede englische Schule erhielt von der Regierung zum Beispiel schriftlich die Empfehlung, Schülern unter 16 Jahren von der Benutzung eines Handys abzuraten. Eine Reihe von Schulen behandelte das Thema daraufhin im Unterricht, setzte »Safer Phone-Calls« auf den Stundenplan und empfahl den Schülern, am besten im Festnetz zu telefonieren. Außerdem riet die Regierung den Schulen, sich mit den Betreibern von Sendemasten in der Nähe in Verbindung zu setzen, um sicherzugehen, dass die Hauptstrahlrichtung der Antenne nicht auf die Schule fällt. Auch die Einführung eines Warnlabels für Handys wurde erwogen.

Ob das alles genügt, um die Ängste in der Bevölkerung zu lindern, darf man bezweifeln. Denn an schlechten Nachrichten mangelt es nicht. In Gainsborough in der Grafschaft Lincolnshire gab es mittlerweile vier tödlich verlaufende Krebserkrankungen im 100-Meter-Umkreis um einen 14 Meter hohen Sendemasten. Vier Fälle von Gehirnblutungen wurden registriert und sechs weitere schwere Erkrankungen: Lymphome, Geschwüre, Leukämie. In Crediton bei Exeter treten vier Krebs- und drei Leukämiefälle bei Anwohnern auf. In Milford Heaven, Wales, registriert man sechs Krebserkrankungen, seit dort eine Anlage installiert wurde. In Tolworth, Surrey, wird der Fall von Terry und Trisha Thomson bekannt. Sie leben mit ihrer 13-jährigen Tochter in einem Haus zwischen zwei Sendeanlagen, eine auf dem Dach des Krankenhauses gegenüber, der andere auf einem Büroblock. Terry leidet an Rachenkrebs, Trisha bekam Hautkrebs. Und in der Nachbarschaft wurden schon diverse Fälle von Brust-, Darm- und Lymphdrüsenkrebs bekannt.

»Sind diese Häufungen Zufall, oder gibt es hier Übereinstimmungen?«, fragen inzwischen Parlamentsabgeordnete wie der Liberaldemokrat Phil Willis oder die Konservative Marion Roe. »Neue Forschungen über die Effekte biologischer Zusammenhänge und Beweise mancher Professoren aus der ganzen Welt scheinen zu zeigen, dass es in dieser Sache noch offene Fragen gibt, die beantwortet werden müssen«, sagt Willis, der auch Vorsitzender der Allparteien-Parlamentsgruppe für mobile Telekommunikation ist: »Wir benötigen hierfür neue, unabhängige Forschung.«

Die Skepsis jedenfalls ist weit verbreitet in Großbritannien, auch wenn zwei Drittel der 60 Millionen Briten selbst ein Handy besitzen. Und sie geht quer durch alle Bevölkerungsschichten; auch englische Promis haben kein Problem, ihre Abneigung öffentlich zu zeigen. »Ich benutze keine Handys«, sagt etwa *Rolling-Stones*-Gitarrist Keith Richards, »da kannst du deinen Kopf gleich in einen Mikrowellenherd stecken.« Jerry Hall, Model und Ex-Frau von Richards' Band-Kollegen Mick Jagger, unterstützt seit Jahren aktiv die britischen Mobilfunkgegner, die sich im Dachverband »Mast Action UK« zusammengefunden haben. Mast Action UK hat auch TV-Prominente in ihren Reihen, zum Beispiel die Fernsehansagerin Caron Keating oder den Serienkommissar Eric Richard, der selbst erfolgreich gegen die Antenne auf einer Kirche in seinem Wohnort Beckenham, Kent, gekämpft hatte. Englands Fußballnationaltrainer Kevin Keegan verbot seinen Spielern bei der EM 2000 gar das Telefonieren mit dem Handy: »Es ist erwiesen, dass Mobiltelefone gesundheitsschädlich sind. Deshalb sollen die Spieler auf sie verzichten.«

Überzeugender mögen Aussagen von Wissenschaftlern sein. Colin Blakemore zum Beispiel, Professor für Physiologe am Waynflete-Lehrstuhl der Universität Oxford, warnte bereits 1999, es gebe deutliche Hinweise auf schädliche Auswirkungen des Handytelefonierens, was die kognitive Funktion, Gedächtnis und Aufmerksamkeit angehe. Er selbst telefoniere höchstens zehn Minuten am Tag mobil, nachdem er selbst solche Effekte an sich beobachtet habe. Blakemore war später dann auch Mitglied der unabhängigen Expertenkommission.

Auch Alan Preece, Arzt am Bristol Royal Infirmary, telefoniert nur ungern mit dem Handy. Spätestens, seit er seine berühmt gewordene Studie[8] erarbeitete, in der er mit seinen Leuten nachwies, dass halbstündige Handytelefonate die Reaktionsfähigkeit der Testpersonen verlangsamt. Professor David Howard, Leiter des Instituts für Elektronik an der Universität York, telefoniert ebenfalls kaum noch mobil. »Wenn es Hinweise gibt«, sagt er, »dann könnte da auch ein Problem sein. Meine persönliche Meinung ist, man sollte sicher gehen und die endgültige wissenschaftliche Klärung der Frage nicht abwarten.«

Besonders aussagekräftig aber mag sein, was der Mann zum Thema sagt, nach dem der »Stewart-Report« benannt ist. Sir William Stewart meinte im Herbst 2001 beim British Association Science Festival in Glasgow, er würde seine Enkelkinder ganz bestimmt nicht mit dem Handy telefonieren lassen. Er wird wohl wissen, warum.

Was man weiß
Der Stand der Forschung

Lange Zeit hat sich kaum ein Wissenschaftler für die Auswirkungen elektromagnetischer Strahlung auf den Menschen interessiert – zumindest nicht im Westen. Bis etwa 1987 gab es nur wenige Studien, die sich damit eingehender befassten. In den letzten Jahren jedoch ist die Forschungstätigkeit rapide angestiegen. Das Bayerische Umweltministerium spricht inzwischen von angeblich 25.000 Studien[1]. Dabei handelt es sich um eine grobe Schätzung. Die Datenbank des Forschungszentrums für Elektro-Magnetische Umweltverträglichkeit (FEMU) der Rheinisch-Westfälischen Technischen Hochschule Aachen[2], in der die entsprechenden Arbeiten erfasst werden sollen, nennt derzeit erst rund 5.000 Einträge, ist aber nicht vollständig.

Natürlich ist kein einzelner Mensch mehr in der Lage, diese Flut von wissenschaftlichen Arbeiten zu überblicken. Dies hat zwangsläufig zur Folge, dass sich jeder je nach Interessenlage die Studien herauspickt, die er gerade für seine Zwecke brauchen kann. Manche dieser Untersuchungen wurden auch nur in Auftrag gegeben und ausgeführt, um ein bestimmtes Ergebnis zu liefern. Doch darüber später mehr.

Die Wissenschaft stößt derzeit noch an Grenzen. Einig sind sich alle seriösen Forscher nur über eines: Es besteht weiterer Forschungsbedarf. Niemand kann zurzeit definitiv beweisen, dass elektromagnetische Strahlung generell und unabhängig von der Dosis schädlich oder aber vollkommen unschädlich ist. Für die Schädlichkeit sprechen deutliche Hinweise, aber eben keine Beweise.

Viele Studien zum Thema basieren auf epidemiologischen Forschungen (das heißt, sie basieren auf der Auswertung von Krankheitsdaten in einem bestimmten Gebiet im Vergleich mit einer unbelasteten Kontrollgruppe), auf »in vivo«-Experimenten mit Menschen (freiwilligen Versuchspersonen) oder Tieren, auf »in vitro«-Experimenten (mit Zellkulturen, zum Beispiel Bakterien oder Hefezellen), bisweilen auch auf Versuchen an Phantom-Modellen, die sozusagen den menschlichen Körper simulieren. Hinzu kommt eine Fülle von wissenschaftlichen Arbeiten, die andere bereits vorliegende Studien analysieren, zusammenfassen und auswerten (so genannte Literaturstudien oder auch Metastudien).

Die Schwierigkeit besteht darin, einen ursächlichen Zusammenhang zwischen Strahlung und Ergebnis herzustellen. In der Regel ist das schlichtweg nicht möglich, weil strahlungsfremde Einflüsse niemals vollständig ausgeschlossen werden können. Ein wissenschaftlicher »Beweis« für vermutete Wirkungen beim Menschen ist daher praktisch nicht zu erbringen. Die nächstniedrigere Stufe in der Ergebnishierarchie, der »Nachweis«, erfordert die Reproduzierbarkeit des Ergebnisses (das heißt, der Versuch muss mit dem gleichen Ergebnis wiederholbar sein, und dieses muss sich ins wissenschaftliche Gesamtbild einfügen). Die nächst schwächeren Stufen sind der »begründete Verdacht« (wenn die Ergebnisse von Untersuchungen einen Zusammenhang zeigen, der aber durch die Gesamtheit aller Untersuchungen nicht hinreichend gestützt wird) und der »Hinweis« (ein einzelnes Ergebnis, das nicht durch weitere, davon unabhängige Untersuchungen bestätigt ist). In der Praxis bleibt es meist beim »Hinweis« oder beim »begründeten Verdacht«. Manchmal nur deshalb, weil die entsprechenden Studien gar nicht erst wiederholt werden. Zum einen, weil schlicht das Geld dafür fehlt, zum anderen, weil man als Wissenschaftler in der Regel mehr Ruhm erntet, wenn man eine neue Studie vorlegt, als wenn man eine bestehende wiederholt.

Eine weitere Schwierigkeit besteht darin, dass in der öffentlichen Diskussion oft wissenschaftliche Arbeiten angeführt werden, die aus dem gesamten Bereich der Elektrosmog-Forschung stammen und also auch Auswirkungen von Niederfrequenz oder Radarstrahlung beschreiben: die von Hochspannungsleitungen, Rundfunksendern oder Radaranlagen beispielsweise. Über die konkrete Wirkung des hochfrequenten Mobilfunks können diese Studien freilich kaum etwas aussagen. Sie werfen jedoch zumindest die Frage auf, warum schwer wiegende gesundheitliche Auswirkungen zwar in den meisten anderen Frequenzbereichen auftreten, nur ausgerechnet beim Mobilfunk nicht. Auch deshalb wollen wir hier die wichtigsten Untersuchungen aus dem gesamten großen Bereich der Elektrosmogforschung kurz darstellen. Einzelne Erkenntnisse, auch aus dem Mikrowellenbereich, liegen hier seit den zwanziger Jahren des vergangenen Jahrhunderts vor, wissenschaftlich relevant wurden sie jedoch meist erst in den sechziger und siebziger Jahren.

Vorne dran: Forscher im ehemaligen Ostblock

In den Ländern des ehemaligen Ostblocks, vor allem in Russland, begann die Forschung über die Wirkung elektromagnetischer Wellen auf biologische Systeme viel früher als bei uns, beginnend mit Langzeitbeobachtungen, die bis in die dreißiger Jahre zurückreichen. Seit 1964 liegen erste russische Studien über Gesundheitsbeschwerden in der Nähe von Hochspannungsleitungen vor. Festgestellt wurden unter anderem Herzrhythmusstörungen im EKG.

Zwischen 1979 und 1993 wurde die Forschung intensiviert. 49 von 79 Publikationen kamen dabei zu dem Schluss, dass elektromagnetische Felder das Krebsrisiko erhöhen und der Mensch zehn- bis zwanzigmal sensibler auf elektromagnetische Felder reagiert als Tiere. 1996 werteten Wissenschaftler der Berliner Humboldt-Universität insgesamt 232 wissenschaftliche Arbeiten aus der UdSSR und deren Nachfolgestaaten aus[3]. Das Ergebnis: Elektromagnetische Felder können funktionale und morphologische Veränderungen in Organsystemen verursachen, und Mikroerwärmungen könnten möglicherweise zur Entwicklung von Prozessen mit Freien Radikalen führen.

1997 wurde eine weitere, noch weitaus umfangreichere Literaturstudie abgeschlossen, die auf den Seiten 119–123 ausführlich beschrieben ist. Das Bundesinstitut für Telekommunikation hatte das Pathologische Institut der Berliner Charité und das Institut für Stressforschung Berlin mit einer Sichtung der russischsprachigen Fachliteratur beauftragt. Die Expertengruppe um Professor Karl Hecht sah 1.500 Originalarbeiten durch und wertete bei der Zusammenfassung der Studie 878 Literaturquellen aus den Jahren 1960–1996[4] aus.

Im Westen werden die russischen Forschungen freilich bis heute angezweifelt. Angeblich seien die Leistungsdichten nicht sauber gemessen worden, Ergebnisse seien nicht reproduziert worden, und außerdem seien die russischen Originalarbeiten im Westen praktisch kaum zugänglich und daher nicht überprüfbar.

Die Gefahren von Hochspannung und Rundfunk

Doch auch im Westen wurde geforscht. Furore machte 1979 die Studie der amerikanischen Wissenschaftlerin Nancy Wertheimer, die gemeinsam mit dem Physiker Ed Leeper den Zusammenhang von Leukämie bei Kindern und Starkstrom von Überlandleitungen erforscht hatte[5]. Wertheimer ist Epidemiologin – das heißt, sie erforscht die Krankheitsdaten in einer bestimmten belasteten Bevölkerungsgruppe in einem bestimmten Zeitraum und vergleicht sie mit einer anderen, von besonderen Umweltbedingungen unbelasteten Gruppe. In dem Fall ihrer zu einiger Berühmtheit gelangten Studie untersuchte Nancy Wertheimer Kinder in Denver, Colorado, die in unmittelbarer Nähe einer Starkstromleitung wohnten, und wertete dabei die Leukämiedaten von 344 Kindern im selben Alter aus den Jahren zwischen 1950 und 1973 aus. Das Ergebnis: Kinder, die nahe der Hochspannungstrasse aufwuchsen, erkrankten zwei- bis dreimal häufiger an Leukämie als jene, die weiter entfernt wohnten. Und Wertheimer fand noch frappierendere Zusammenhänge: »Junge Leukämieopfer hatten nicht nur in den Häusern gelebt, die den Masttransformatoren am nächsten waren, sondern ungewöhnlich oft auch in den Häusern daneben … Beim dritten Haus fiel die Leukämierate dann scharf ab.« Mehr als ein deutlicher Hinweis darauf, dass das elektromagnetische Feld der Hochspannungsleitung an den Erkrankungen mitschuldig sein könnte.

Natürlich wurde Wertheimers Studie von den großen Energieversorgern heftig angegriffen, ihre Ergebnisse immer wieder in Zweifel gezogen. Denn die logische Folge aus ihren Erkenntnissen wäre gewesen, Hochspannungsleitungen künftig in weiter Entfernung von Wohnhäusern zu führen. Und wie hätte man dann dicht besiedelte Gebiete überhaupt noch kostengünstig mit Strom beliefern können? Wertheimers Studie erfuhr jedoch fast zehn Jahre später eine deutliche Bestätigung. 1987 veröffentlichte der schwedische Wissenschaftler Anders Ahlbom seine Studie »Biological effects of powerline fields«[6], die er im Auftrag des Staates New York in jahrelanger Arbeit angefertigt hatte. Sie bestätigte das erhöhte Risiko für Leukämie und andere Krebsarten sowie für Tumore im Bereich des Zentralnervensystems bei Kindern, aber auch – in abgeschwächter Form – bei Erwachsenen, die in der Nähe von

Hochspannungsleitungen wohnten. Sechs Jahre später erschien dann eine weitere Studie von Ahlbom[7], diesmal hatte sein Team die Krankheitsdaten von 440.000 Schweden über den Zeitraum von 25 Jahren ausgewertet. Ergebnis: Kinder, die in unmittelbarer Nähe einer Hochspannungsleitung aufwuchsen, erkrankten drei- bis viermal so häufig an Leukämie oder Krebs des Zentralnervensystems wie Kinder, die mehr als 300 Meter davon entfernt wohnten. Ahlbom vermutet, dass elektromagnetische Felder auch für das Ansteigen von Brustkrebs- und Alzheimer-Erkrankungen mitverantwortlich sein könnten, und will seine Forschungen nun darauf konzentrieren.

Seit dem Erscheinen der ersten Ahlbom-Studie haben sich die wissenschaftlichen Arbeiten über die biologische Wirkung von Hochspannung vervielfacht. Heute dürften es mehr als 1.000 sein. Zahlreiche Untersuchungen liegen auch über das Erkrankungsrisiko von Menschen in elektrotechnischen Berufen vor. Nahezu alle diese Studien gehen von einem mindestens zweifach erhöhten Krebsrisiko aus, teilweise wird sogar ein erheblich höheres Risiko ermittelt.

Die Frequenz von Hochspannungsleitungen beträgt in Europa 50 Hertz (in den USA 60 Hertz) und ist damit meilenweit entfernt von den Frequenzen des Mobilfunks, die etwa zwischen 450 und 2200 Megahertz liegen. Näher dran sind schon die Wellen von Radio- und Fernsehsendern, die Kurz- und Ultrakurzwellen. Eine ganze Reihe von wissenschaftlichen Untersuchungen hat sich mit den Auswirkungen auf die menschliche Gesundheit bei einer Dauerbestrahlung in der näheren Umgebung des jeweiligen Senders befasst. Die bekannteste unter ihnen dürfte die so genannte »Schwarzenburg-Studie«[8] sein, benannt nach dem Ort im Schweizer Kanton Bern, in dem bis zum März 1998 ein Kurzwellensender von Schweizer Radio International mit besonders hoher Leistung internationale Programme nach Übersee ausstrahlte. Schwarzenburg wurde zum Symbol des Widerstands gegen Funkanlagen in der Schweiz; eine agile Bürgerinitiative kämpfte viele Jahre und letztlich erfolgreich gegen den Sender; auch wurde die Universität Bern mit einer Studie beauftragt, die deutliche Gesundheitsstörungen im Umfeld des Senders feststellte, obwohl die Wissenschaftler bei ihrer Arbeit teilweise behindert worden waren (eine ausführliche Darstellung findet sich im Kapitel »Der Senderwald im Alpenraum« ab Seite 217).

Amerikanische und australische Untersuchungen aus dem gleichen Zeitraum ergaben übrigens sogar noch drastischere Befunde. Häufig wird in der Diskussion auch die Hawaii-Studie[9] aus dem Jahr 1994 genannt. Sie ermittelte eine deutliche Erhöhung (209 %) von Leukämiefällen bei Kindern, die in der Nähe der Sendetürme von Radio Hawaii lebten. Ähnliche Zahlen ergab die »Nord-Sydney-Leukämie-Studie«[10] von 1996, die einen signifikanten Anstieg von Leukämiefällen bei Kindern und Erwachsenen sowie der Sterblichkeit im Umfeld von Radio- und Fernsehsendern im Norden Sydneys ergab.

Die Radarkrankheit

Der Bereich der Mikrowellen zwischen 3 und 300 GHz, der direkt oberhalb des Mobilfunks liegt, wird Radar genannt, ein Akronym für »Radio Detecting and Ranging«. Auch hier liegen bereits umfangreiche Untersuchungen vor. Mit am bekanntesten ist die Koreakrieg-Studie[11] des Forschers C. Dennis Robinette, der die Daten von 20.000 Marinesoldaten (und einer ebenso großen Vergleichsgruppe) untersucht hatte, die im Koreakrieg mehrere Jahre lang Radarstrahlung ausgesetzt waren. Robinette konnte einen Zusammenhang zwischen der Höhe der Strahlung und der Sterblichkeitsrate sowie der Entstehung von Tumoren des Atmungssystems nachweisen. Und zuvor hatte es bereits die Lilienfeld-Studie[12] gegeben, die die Angestellten der US-Botschaft in Moskau untersucht hatte (siehe auch Seite 137 ff.). Diese war in den Zeiten des Kalten Krieges zwischen 1950 und 1979 von den Sowjets mit Radar bestrahlt worden, mit Werten zwischen 20.000 und 80.000 $\mu W/m^2$. Die Auswertung der Lilienfeld-Studie durch John Goldsmith[13] ergab 1995, dass unter dem Personal der Botschaft zwei Menschen an Gehirntumoren erkrankt waren. Die statistische Wahrscheinlichkeit für diesen Personenkreis hätte eigentlich nur 0,1 betragen dürfen.

Schlagzeilen machten vor einigen Jahren Strahlenerkrankungen bei der Bundeswehr. 2001 wurde etwa der Fall des ehemaligen Zeitsoldaten Peter Rasch bekannt, der an der Technischen Schule der Luftwaffe in Kaufbeuren als Radartechniker eingesetzt war. Seit den sechziger Jahren, recherchierte das Fernsehmagazin *Länderspiegel* vom ZDF, war er erhöhter Strahlenbelastung ausgesetzt – so wie viele seiner Kollegen.

39mal innerhalb von nur vier Jahren Dienstzeit war er krank: Lungenentzündung, Fieberanfälle, Hautausschläge, Haarausfall, Nervenlähmung. Erst nach seiner Entlassung besserte sich sein Gesundheitszustand, bis dann doch die Diagnose kam: Krebs. Später stellte sich heraus, was die Ursache für seine Erkrankung sein könnte: drastisch erhöhte Belastung durch Röntgenstrahlung (die im unteren Bereich der radioaktiven Strahlung angesiedelt ist) an seinem Arbeitsplatz. Die hatte das bayerische Landesamt für Arbeitsschutz zwar bereits 1958 an seinem Kaufbeurer Arbeitsplatz festgestellt, doch gehandelt hat die Bundeswehr lange Zeit offenbar nicht. Erst Jahrzehnte später, nachdem Fälle von Strahlenkrankheit im Dienst öffentlich bekannt gemacht wurden, hat das Verteidigungsministerium bei der Universität Witten-Herdecke eine Studie in Auftrag gegeben, die die Strahlenbelastung der Radartechniker bei der Bundeswehr untersuchen sollte. 99 ehemalige Radarspezialisten mit schweren Gesundheitsproblemen haben die Wissenschaftler untersucht. Laut Ergebnis der Studie sind 69 von ihnen an Krebs erkrankt, 24 sind inzwischen gestorben, im Schnitt wurden sie nur 40 Jahre alt. Eduard David, Autor der Studie und Professor für normale und pathologische Physiologie in Witten/Herdecke, hat erschreckende Befunde gesammelt: Blutkrebs, Hautkrebs, Hirntumor, Knochenmarktumore, Lymphdrüsenkrebs – die ganze Palette an Karzinomen, die auffallend häufig nach hohen Strahlendosen auftreten.

Das Fazit laut *Länderspiegel*-Redaktion: Dokumente und Messunterlagen belegen, dass die Bundeswehr bereits seit Ende der fünfziger Jahre von der überhöhten Strahlenbelastung für ihre Techniker gewusst haben muss. Die Studie der Uni Witten-Herdecke aber ist bis heute nur teilweise bekannt, die Gesamtbewertung steht noch aus, weil Professor David noch eine unbelastete Kontrollgruppe analysieren und die Zahlen mit statistischen Werten in der Gesamtbevölkerung vergleichen will.

Das Problem der Mikrowellenforschung

In den vergangenen zehn Jahren ist – bedingt durch den flächendeckenden Ausbau des Mobilfunks – besonders der Bereich der Mikrowellen in das Blickfeld der Forschung gerückt. Das heißt nicht, dass es vorher keine Untersuchungen gab, im Gegenteil. In den Zeiten, als der Mobilfunk noch keinen Massenmarkt darstellte, erforschten hauptsächlich Mediziner und Industriewissenschaftler den Mikrowellenbereich, um neue Behandlungsmethoden und mögliche industrielle Anwendungen zu entwickeln. Insofern liegen Studien vor, zum Teil bereits aus den fünfziger Jahren, die deutliche Hinweise auf Strahlungswirkungen im Frequenzbereich des später eingeführten Mobilfunks geben. Es würde den Rahmen dieser Darstellung sprengen, sie hier aufzulisten. Der interessierte Leser sei auf das Buch *Cellular Telephone Russian Roulette* des ehemaligen amerikanischen Motorola-Technikers Robert C. Kane verwiesen, der diese Studien dort detailliert aufführt.

Das Interesse der medizinischen Forschung am Mikrowellenbereich rührte daher, dass bereits positive Auswirkungen der Strahlung bekannt waren: So heilen Knochenbrüche zum Beispiel schneller, wenn sie einer kurzfristigen Bestrahlung (und damit einer inneren Erwärmung des Gewebes) mit bestimmten Frequenzen ausgesetzt werden. Im Laufe verschiedener Forschungsarbeiten stellte man jedoch fest, dass diese positiven Wirkungen sich schnell in ihr Gegenteil verkehren konnten – je nachdem, wie lange, mit welcher Frequenz und mit welcher Dosis bestrahlt wurde. Es gab also offensichtlich so genannte »Fenstereffekte«: Was bei einer bestimmten Frequenz und kurzer Bestrahlung einen heilsamen Effekt hatte, führte bei nur geringfügig darüber oder darunter liegender Frequenz oder bei längerer Bestrahlung zu höchst unerwünschten biologischen Effekten wie beispielsweise Brüchen in der DNA-Struktur oder einer erhöhten Durchlässigkeit der Zellmembran. Ein klar erkennbares Muster ist hinter diesen »Fenstereffekten« beim heutigen Stand der Forschung noch immer nicht zu erkennen. Sie hängen auch entscheidend von der jeweiligen Beschaffenheit des bestrahlten Gewebes ab. Vereinfacht ausgedrückt: Ein Kind hat einen anderen Körperbau als ein Erwachsener, die Strahlung verteilt sich im Körper anders, wird von Knochen, Fett- und Muskelschichten anders abgelenkt und gebündelt.

Das zeigt bereits, dass es sehr schwierig ist, in der Mikrowellenforschung überhaupt auf annähernd vergleichbare Ergebnisse zu kommen und somit einen »wissenschaftlichen Beweis« nach den geltenden Standards zu erbringen. Es gibt aber eine Reihe von wegweisenden wissenschaftlichen Arbeiten und Studien, die in der Diskussion eine wichtige Rolle spielen[14] und die wir deshalb hier vorstellen.

Die Mäuse des Michael Repacholi

Die bekannteste unter ihnen ist wohl jene berühmte »Mäusestudie« des Wissenschaftlers Michael Repacholi, die im Auftrag der australischen Telefongesellschaft Telstra entstand und eigentlich die Unschädlichkeit des Mobilfunks beweisen sollte, aber das Gegenteil ergab. Repacholi, der heute Leiter der Arbeitsgruppe für elektromagnetische Felder der Weltgesundheitsorganisation WHO ist (siehe Seite 83), hatte die Studie bereits 1995 abgeschlossen, veröffentlicht wurde sie jedoch erst zwei Jahre später. Repacholi und seine Mitarbeiter hatten Mäuse, denen ein Krebsgen eingepflanzt worden war (so genannte »transgene« Mäuse), mit 900 Megahertz bestrahlt, und zwar zweimal täglich jeweils eine halbe Stunde lang mit elektromagnetischen Feldern von 2,6 bis 13 W/m^2. Das Ergebnis: Bei 38,9 Prozent der Tiere war ein Wachstum der Krebszellen festzustellen, normalerweise erkranken nur rund 21 Prozent transgener Mäuse tatsächlich an Krebs. Ihr Krebsrisiko hatte sich also faktisch fast verdoppelt.[15]

Repacholis Studie hatte 1,1 Millionen australische Dollar gekostet; eine Million davon hatte die australische Telefongesellschaft Telstra gezahlt, die sich vermutlich ebenso wie Repacholi, der als Mann der Industrie galt, ein anderes Ergebnis vorgestellt hatte. Jahrelang fand sich kein Geldgeber, der diese Studie wiederholen wollte, weshalb ihre Ergebnisse streng wissenschaftlich als nicht reproduzierbar galten. Im Sommer 2002 kam dann die Nachricht, der Forscher Tammy Utteridge habe Repacholis Studie wiederholt und dabei kein signifikantes Ansteigen der Krebshäufigkeit feststellen können. Kurz danach stellte sich freilich heraus, dass Utteridge Mäuse verwendet hatte, die aufgrund genetischer Veränderungen sowieso mit 75-prozentiger Wahrscheinlichkeit Krebs bekamen, bei Repacholi waren es nur 21 Prozent gewesen. Bei einem derart hohen Krebsanteil ist es natürlich nicht mehr möglich, seriöse Aussagen über die Wirkung von Mobilfunkstrahlen zu machen: Der Krebs entsteht ja sowieso bei drei Vierteln der Mäuse, ob bestrahlt oder unbestrahlt. Wissenschaftlich betrachtet handelte es sich also nicht um eine Reproduktion von Repacholis Arbeit.

Die Kritik des Neil Cherry

Der neuseeländische Wissenschaftler Neil Cherry ist eigentlich Meteorologe und Klimatologe an der Lincoln-Universität, Neuseeland. Seit 1994 beschäftigt er sich aber intensiv mit der Wirkung von elektromagnetischen Feldern und wertet dabei vor allem andere Forschungsarbeiten aus. International bekannt wurde er vor allem durch seine Kritik an den Richtlinien des ICNIRP, die weltweit für die Festlegung von Grenzwerten dienen (siehe Seite 99 ff.). Als Ende der neunziger Jahre in Neuseeland neue Grenzwerte nach den ICNIRP-Richtlinien beschlossen werden sollten, veröffentlichte er eine umfangreiche Literaturstudie, in der er das Expertengremium ICNIRP und dessen Bewertung der Quellenlage heftig angriff[16]. Insbesondere kritisierte Cherry, dass die ICNIRP lediglich die thermischen Wirkungen des Mobilfunks in Betracht zog, zahlreich vorliegende epidemiologische Untersuchungen weitgehend außer Acht ließ und wichtige Hinweise nicht wahrnehmen wollte. Cherry fordert wesentlich niedrigere Grenzwerte als die ICNIRP. In den letzten Jahren veröffentlichte er weitere Untersuchungen, mit denen er seine Forderungen noch untermauerte.

Das 27-Millionen-Projekt: George Carlos Forschungen

Das wohl bisher größte Forschungsprojekt über die elektromagnetischen Felder des Mobilfunks lief von 1993 bis 1999 in den USA und war bezahlt worden von der »Cellular Telecommunication Industry Association« (CTIA), dem Branchenverband der amerikanischen Mobilfunkindustrie, an dem 28 Telefonunternehmen beteiligt sind. Anfang 1993 hatte die amerikanische Mobilfunkbranche ein PR-Problem: Die ersten US-Bürger zogen damals vor Gericht, weil sie Gehirntumore bekamen und ihr Handy dafür verantwortlich machten, und die großen Fernsehstationen begannen, sich für diese Fälle zu interessieren und Betroffene in ihre Talkshows einzuladen – was in den USA den Aufmerksamkeitswert jeder Nachricht in Zeitungen und Zeitschriften weit überschreitet.

Um dem drohenden Negativimage entgegenzuwirken, beschloss die CTIA, ein sechsjähriges Forschungsprogramm für 25 Millionen Dollar in Auftrag zu geben (es wurde schließlich zwei Millionen

Dollar teurer als geplant). Untersucht werden sollte, ob Benutzer von Handys tatsächlich häufiger an Gehirntumoren sterben als Menschen, die nicht mobil telefonieren, und ob noch andere Gesundheitsrisiken bestehen. Als Leiter des Forschungsprogramms hatten sich die CTIA-Lobbyisten den Washingtoner Umweltmediziner und Epidemiologen George Carlo ausgesucht. Carlo galt und gilt als durchaus geschäftstüchtiger Wissenschaftler. Er hatte sich früh mit einem eigenen Forschungsinstitut selbstständig gemacht und vor allem Aufträge von Tabakkonzernen und aus anderen Industriezweigen angenommen; so hatte er unter anderem an Studien mitgearbeitet, die zeigen sollten, dass Rauchen gar nicht so schädlich ist, wie die breite Öffentlichkeit annimmt. Er galt als Mann der Industrie, und das hatte ihn offensichtlich auch für die Telekommunikationskonzerne interessant gemacht – hier war ein Wissenschaftler, der scheinbar die richtigen, brauchbaren Forschungsergebnisse für die Branche zu liefern bereit war.

Die Geschichte dieses Forschungsprogramms hat Carlo zusammen mit dem Journalisten Martin Schram von der *Washington Post* in seinem Buch *Cell Phones – Invisible Hazards in the Wireless Age* aufgezeichnet. Es liest sich wie ein Wissenschafts- und Wirtschaftskrimi in einem. Denn natürlich hatte der Branchenverband CTIA nur ein Ziel: Es sollte gezeigt werden, dass nichts zu beweisen ist, und das möglichst bald. George Carlo aber wollte diesmal nicht nur den *Industry Guy* spielen. Seine Wireless-Technology-Research-Gruppe (abgekürzt WTR) sollte unangreifbar sein, und deshalb bestand er auch auf der Überprüfung jedes einzelnen Forschungsergebnisses durch ein Gutachtergremium, das beim Harvard Center für Risikoanalyse – einer Privatfirma, die mit der berühmten Harvard University nichts zu tun hat – angesiedelt war.

Doch es dauerte eine Weile, bis mit der konkreten Forschung überhaupt begonnen werden konnte. Denn, so stellte Carlo bald fest, es mangelte schon am grundlegenden Handwerkszeug. Beispielsweise Tierversuche: Da waren etwa Ratten oder Mäuse bisher stets einer Ganzkörperstrahlung ausgesetzt worden, obwohl das nur ansatzweise Rückschlüsse auf die Entstehung von Gehirntumoren zulässt – ein Handybenutzer telefoniert ja schließlich auch mit dem Gerät am Ohr und nicht mit dem ganzen Körper. So mussten also Versuchsanordnungen entwickelt werden, die es erlaubten, nur die Köpfe von Versuchstieren zu bestrahlen. Ähnlich kompliziert war das Vorgehen bei der Bestrahlung von Zellkulturen in Reagenzgläsern und Petrischalen. Aber Carlo wollte sich diese Zeit nehmen, um alle Unwägbarkeiten möglichst auszuschließen: Niemand sollte nachher sagen können, die Untersuchungen seien wertlos, weil sie den wissenschaftlichen Standards nicht genügten. Allein für die Entwicklung neuer Versuchsanordnungen gab die WTR rund acht Millionen Dollar aus.

Der CTIA ging das zu langsam, und der Unmut steigerte sich noch, als Carlo nach den Jahren der Vorbereitungsphase erste Ergebnisse präsentierte, die keinesfalls Entwarnung bedeuteten, sondern vielmehr Besorgnis auslösen mussten. Da gab es zum Beispiel die WTR-Forschungen von Henry Lai an der Universität von Washington, der schon 1994 zusammen mit seinem Kollegen Narendrah Singh die Auswirkungen der elektromagnetischen Strahlung auf Ratten erforscht und dabei Chromosomen-Brüche festgestellt hatte[17]. Ray Tice und Graham Hook aus einem Forschungszentrum in North-Carolina erbrachten 1998 dann den Nachweis, dass Dauerbestrahlung zur Bildung von Micronuclei in Blutzellen und damit zu DNA-Schäden führen können. »Erstmals hatten wir einen schlüssigen Beweis, dass Mobiltelefone wirkliche genetische Schäden verursachen«, schreibt Carlo in seinem Buch.

Es gab noch eine Fülle weiterer Studienergebnisse – von Lennart Hardell (siehe Seite 79), seinem schwedischen Kollegen Leif Salford, der 1994 eine erhöhte Durchlässigkeit der Blut-Hirn-Schranke für Schadstoffe festgestellt hatte, und diverse andere Erkenntnisse, die sich für Carlo langsam zu einem erschreckenden Bild formten: »Es gibt ein definitives Risiko, dass die Strahlung, die von einer Handyantenne ausgeht, Krebs und andere Gesundheitsprobleme verursachen kann. Ein Risiko, das Hunderte von Millionen Menschen auf der Welt angeht.«

Carlo stellte der CTIA diese Ergebnisse im Februar 1999 vor und forderte Maßnahmen, die Gefahr zu beheben. Als nichts geschah, wandte er sich im Oktober noch einmal an Michael Armstrong, den Vorstandsvorsitzenden des großen Telefonkonzerns AT & T, und listete auf, was die Arbeit seiner WTR-Gruppe ergeben hatte:

- Die Anzahl der auf Gehirntumore zurückzuführenden Todesfälle war unter Mobiltelefonbenutzern höher als die Vergleichsziffer jener Benutzer, die ihre Telefone nicht mit der Hand direkt an den Kopf hielten.

- Das Risiko von Akusiticusneurinomen, einem gutartigen Tumor des Hörnervs, welcher innerhalb des Strahlungsbereichs der Telefonantenne liegt, war bei Menschen, die angaben, seit sechs Jahren oder länger Mobiltelefone zu benützen, um 50 Prozent höher. Außerdem schien die Beziehung zwischen der Häufigkeit von Handy-Benutzung und diesem Tumor einer Dosis-Wirkungs-Beziehung zu folgen.
- Das Risiko von seltenen neuroepithelialen Tumoren an der Außenseite des Gehirns hatte sich mehr als verdoppelt. Das ist eine statistisch bedeutsame Steigerung des Risikos bei Benutzern eines Mobiltelefons, verglichen mit Personen, die keines benutzten.
- Ein gewisser Zusammenhang zwischen Gehirntumoren auf der rechten Kopfseite und der Verwendung des Telefons an der rechten Kopfseite schien gegeben.
- Laborstudien, die untersuchten, ob die von der Telefonantenne ausgehende Strahlung funktionale genetische Schäden verursachten, waren eindeutig positiv und folgten einer Dosis-Wirkungs-Beziehung.[18]

Die CTIA hat die WTR-Ergebnisse begreiflicherweise nie veröffentlicht und das Forschungsprogramm nicht fortgeführt. Schließlich brach Carlo von sich aus das Schweigen und ging mit den Ergebnissen an die Öffentlichkeit. »Wir sind nun in einer Grauzone, in der wir nie zuvor waren«, so Carlo, »wenn wir in einer Grauzone sind, so ist es das Beste, die Öffentlichkeit über die Ergebnisse zu informieren, so dass sie sich ein eigenes Urteil bilden kann.«

George Carlo wollte es bei der eigenmächtigen Veröffentlichung seiner Studienergebnisse jedoch nicht belassen. Über eine komplizierte Konstruktion gelang es ihm 2002, Sponsorengelder in Höhe von 60 Millionen Dollar für ein neues Forschungsprogramm über die Wirkung elektromagnetischer Wellen aufzutreiben, an dem seine Firma »Health Risk Management Group« maßgeblich arbeiten wird[19]. Im Frühjahr 2002 startete er außerdem auf eigene Faust eine internationale Datenbank im Internet, in die jeder betroffene Handynutzer oder Anwohner eines Sendemasts seine Beschwerden eingeben kann. Die

Telefonkonzerne versuchten die Einrichtung der Datenbank zu verhindern, scheiterten damit aber vor Gericht. Carlo will nun die weltweiten Gesundheitsschäden durch Mobilfunk dokumentieren und später auswerten. Er scheint damit ein großes Bedürfnis zu befriedigen: Schon in den ersten beiden Wochen wurde die Webseite mit dem Namen »www.health-concerns.org« an die 100.000mal angeklickt. In einem ersten Zwischenbericht vom November 2002 wurden unter anderem auffällige Häufungen von Gehirntumoren an bestimmten Schulen in den USA und in Europa als erste Ergebnisse genannt, die nun genauer untersucht werden sollen[20].

Hardells Hirntumor-Studien

Lennart Hardell ist der Kopf einer schwedischen Forschergruppe eines medizinischen Instituts in der Nähe von Uppsala, das sich seit vielen Jahren mit der Erforschung von Krebsursachen beschäftigt und schon mit zahlreichen Warnungen an die Öffentlichkeit gegangen ist. Erhöhte Aufmerksamkeit aber fanden seine Handy-Studien, in denen er den Zusammenhang zwischen Mobiltelefonen und der Entstehung von Gehirntumoren untersuchte. Vorrangig bei analogen nach dem NMT-Standard; die GSM-Technik ist noch nicht lange genug eingeführt, als dass auf diesem Gebiet signifikante Ergebnisse zu erwarten wären. Schließlich stellt man auch bei Rauchern, die erst seit drei Jahren rauchen, erheblich seltener Lungenkrebs fest als bei solchen, die schon seit Jahrzehnten rauchen.

Hardell hatte bereits 1999 eine erste Studie veröffentlicht, die 270 Krebsfälle untersucht hatte. Ergebnis: ein schwacher Zusammenhang zwischen der Kopfseite, an der telefoniert wurde, und derjenigen, an der später ein Tumor entstand. Statistisch war die Studie noch nicht aussagekräftig genug, da die Zahl der erfassten Personen zu gering war. Hardell begann deshalb ein neues Forschungsprojekt, diesmal mit wesentlich mehr Personen: 1.617 Tumorkranken im Alter zwischen 20 und 80 Jahren. Es ergab, dass sich das Risiko der Entstehung gut- oder bösartiger Gehirntumore für Nutzer von Mobiltelefonen um etwa 30 Prozent, bei zehnjähriger Nutzungsdauer gar um knapp 80 Prozent erhöhte. Wie schon bei der ersten Studie fand Hardell auch hier heraus, dass das Tumorrisiko auf jener Kopfseite, an der normalerweise telefoniert wurde, höher war. Die Ergebnisse bezogen sich wieder in erster Linie auf die analoge NMT-Technik – die digitale Technik, so Hardell, sei ja erst später eingeführt worden.

Die wissenschaftliche Diskussion in Deutschland

Vor allem in der deutschen Mobilfunkdebatte spielen darüber hinaus eine Reihe von Untersuchungen und Literaturstudien eine Rolle, die wir in den folgenden Kapiteln genauer darstellen wollen. Berühmt geworden sind die Forschungen von Lebrecht von Klitzing, dem früheren Leiter der Klinisch-Experimentellen Forschungseinrichtung der Medizinischen Universität Lübeck. Er hat die Auswirkungen von hochfrequenter Strahlung auf die Hirnstromtätigkeit untersucht (siehe Seite 93). In jüngster Zeit wird auch die so genannte »Semm-Studie«, die Änderungen in der Melatoninproduktion und in der Gehirnstromaktivität bei Vögeln zum Thema hatte, angeführt[21] (siehe Seite 116).

Ebenfalls häufig erwähnt wird die bayerische »Rinderstudie«, die ab Seite 106 ausführlich dargestellt wird. Der im Jahr 2002 veröffentlichte Endbericht[22] ergab, dass es nicht nur zu vielen Missbildungen bei den Rindern gekommen war, sondern dass die Tiere auch Verhaltensstörungen entwickelten. Außerdem ließen sich abweichende Hormonspiegel bei Kortison und Melatonin beobachten.

Neben diesen Untersuchungen zu Einzelaspekten werden meist auch zusammenfassende Literaturstudien zitiert, die den Stand der wissenschaftlichen Forschung zusammenfassen sollen. Dazu zählen insbesondere die Berichte der deutschen Strahlenschutzkommission, aber beispielsweise auch der englische »Stewart-Report«, den wir im vorausgegangenen Kapitel bereits beschrieben haben.

Eine gewisse Bekanntheit hat im deutschsprachigen Raum vor allem die »Ecolog-Studie« erlangt, die im Auftrag der Deutschen Telekom entstanden ist (siehe Seite 123)[23]. Nachdem sich bereits während der Erstellung der Studie abzeichnete, dass das Ergebnis durchaus mobilfunkkritisch ausfallen würde, gab T-Mobil drei weitere Studien mit der gleichen Aufgabenstellung in Auftrag, und zwar beim Darmstädter Öko-Institut[24], bei Roland Glaser, emeritierter Professor der Berliner

Humboldt-Universität[25], und bei Professor Jiri Silny vom Forschungszentrum für Elektro-Magnetische Umweltverträglichkeit (FEMU) von der RWTH Aachen[26]. Die Ergebnisse sollten vom Forschungszentrum Jülich gesichtet und in einem Bericht der Öffentlichkeit vorgestellt werden. Das Verfahren läuft noch.

Die drei anderen Gutachter kommen erwartungsgemäß zu unterschiedlichen Einschätzungen, was nötige Vorsorgemaßnahmen angeht und auch zu der Frage, inwiefern Erkenntnisse als gesichert anzusehen sind. Dies geht schon aus der Auswahl der Forschungsarbeiten, die zur Argumentation herangezogen wurden, hervor. Jeder der Gutachter sollte die 100 wichtigsten Arbeiten für die Bewertung des Gesundheitsschutzes heranziehen. Insgesamt wurden 320 Arbeiten zitiert, aber nur 16 von allen vier Gutachtern und 232 jeweils nur von einem.

Das weist auf ein Problem hin, das die meisten Literaturstudien haben: die Auswahl der zu bewertenden Arbeiten. Je nachdem, ob man den Schwerpunkt streng auf eine durchgängige wissenschaftliche Beweiskette (Hinweis – Nachweis – Beweis) legt oder auf Untersuchungen, deren Ergebnisse im Widerspruch zur noch herrschenden Lehrmeinung stehen, wird man zu unterschiedlichen Einschätzungen kommen. Letztlich ist es dann eine Frage der persönlichen Entscheidung, ob man mögliche Gefahren bereits als »Hinweis« ernst nehmen will oder ob man erst abwartet, bis sie wissenschaftlich allgemein anerkannt sind.

Als Beispiel für eine Literaturstudie, die sich streng an das Muster Hinweis-Nachweis-Beweis hält, sei hier noch die so genannte »Silny-Entlastungsstudie« erwähnt. Im März 2002 legte der deutsche Verband der Elektrotechnik (VDE) eine Literaturstudie vor, die Jiri Silny von der Rheinisch-Westfälischen Technischen Hochschule Aachen in dessen Auftrag erstellt hatte[27]. Silny wertete hauptsächlich Studien aus, die die Wirkung von elektromagnetischen Feldern von 800 bis 2.450 MHz untersuchten. Das Ergebnis: Es gibt, so Silny, keine ausreichenden Hinweise auf eine Gesundheitsgefährdung durch Handys und Mobilfunk. Einzelne Studien deuteten zwar darauf hin, sie seien jedoch entweder nicht reproduzierbar, seien später widerlegt worden oder arbeiteten mit technischen Rahmenbedingungen, die sich stark von denen der normalen Mobilfunkstrahlung unterschieden. Die geltenden Grenzwerte seien deshalb ausreichend.

Laufende und künftige Forschungsprogramme

Die wachsende Diskussion in den westlichen Industriestaaten über mögliche Auswirkungen des Mobilfunks auf die Gesundheit lässt natürlich auch die Forschungsaktivität in diesem Bereich ansteigen. Und die Bereitschaft von Regierungen und überstaatlichen Organisationen, in diese Forschungen zu investieren, scheint mit dem zunehmenden Druck der Öffentlichkeit ebenfalls zu wachsen.

Noch im August 2002 dementierte beispielsweise das Bundesumweltministerium angebliche Pläne für eine groß angelegte bundesweite Studie, die Gesundheitsgefahren und Krankheitshäufungen im Umfeld von Mobilfunkanlagen zum Thema habe. »Das Bundesumweltministerium bleibt bei der Auffassung, dass mit einer epidemiologischen Untersuchung in der Umgebung von Mobilfunkmasten aufgrund methodischer Gegebenheiten etwaige Gesundheitsbeeinträchtigungen nicht aufgeklärt werden können«, erklärte Jürgen Trittins Pressesprecherin Frauke Stamer damals[28]. Gut drei Wochen später hatte sich diese Auffassung jedoch geändert. Kurz vor der Bundestagswahl kündigte das Umweltministerium überraschend an, es wolle nun doch ein umfangreiches Forschungspaket in Auftrag geben, zu dem neben einer Studie an Rindern und Mäusen auch die »Erfassung und Bewertung möglicher gesundheitlicher Beeinträchtigungen durch die Felder von Mobilfunkbasisstationen« gehören – und zwar beim Menschen. Bis zum Jahr 2006 sollen diese Studien abgeschlossen sein.

Etwa auch in diesem Zeitraum (bis 2007) bewegt sich das »Internationale EMF-Projekt« (EMF steht für elektromagnetische Felder) der Weltgesundheitsorganisation WHO, das von Michael Repacholi geleitet wird. An diesem Projekt nehmen mehr als 40 nationale Regierungen sowie zahlreiche internationale Organisationen teil. Ziel soll es sein, Wissenslücken aufzuzeigen, den weiteren Forschungsbedarf zu ermitteln, die gesundheitlichen Gefahren formell zu beurteilen, Anregungen für künftige internationale Standards zu geben, über Risikoerkennung zu informieren und nationale Programme und nichtstaatliche Institutionen zu unterstützen. Dazu dienen eine Reihe von Expertentagungen sowie die Veröffentlichung des laufenden Forschungsstands in einer speziellen Dokumentationsreihe der WHO[29]. Ende 2002 wurde darüber hinaus bekannt, dass die Weltgesundheitsorganisation im Rahmen ihres EMF-Projekts erstmals auch umfangreiche epidemiologische Studien über die Auswirkungen von Mobilfunk auf die Anwohner von Basisstationen durchführen wird[30].

Viele Studien, wenig eindeutige Erkenntnisse

Im Grunde lässt sich die öffentliche, aber auch die wissenschaftliche Diskussion derzeit auf einen Satz reduzieren: Es herrscht keine Gewissheit. Die Forscher, so scheint es, sind sich nur in einem Punkt einig: Es muss weiter geforscht werden, um ansatzweise Klarheit zu bekommen.

Dies mag erstaunen. Schließlich liegen ja, wie eingangs erwähnt, Tausende von Studien vor, und eine ganze Reihe von ihnen legt zumindest eine Gefährdung durch Hochfrequenzstrahlung nahe. Über die bereits erwähnten hinaus gibt es zahlreiche Untersuchungen aus der industriellen und medizinischen Forschungen, die sich mit Teilaspekten der Problematik befassen, und schließlich beschäftigt sich auch das Militär seit Jahrzehnten mit der Frage, wie sich Mikrowellen für seine Zwecke gebrauchen lassen und kam dabei zu interessanten Ergebnissen, die zumindest Rückschlüsse auf die zivile Nutzung zulassen. Wir werden dieses Thema im Kapitel »Der gegrillte Feind« (Seite 129 ff.) deshalb noch einmal gesondert aufgreifen.

Alle diese Erkenntnisse werden freilich von den Wissenschaftlern unterschiedlich bewertet. Die eher konservative Riege, wie zum Beispiel die deutsche Strahlenschutzkommission, beharrt auf einem streng naturwissenschaftlichen Formalismus (Hinweis–Nachweis–Beweis). Kritiker, wie der Umweltmediziner Ulrich Warnke von der Universität des Saarlandes in Saarbrücken, halten dieses wissenschaftliche Raster für unpassend, weil es für die Physik zwar zutreffen mag, nicht aber für belebte Materie: Beliebig reproduzierbare Studien seien in Bezug auf Menschen nicht möglich, weil die zahlreichen Einfluss nehmenden Parameter niemals konstant zu halten seien[31].

Das größte Manko ist aber, dass es vergleichsweise wenige Untersuchungen gibt, die sich tatsächlich ganz konkret und explizit mit der Erforschung der Auswirkungen des Mobilfunks, der speziell von dieser Technik verwendeten Frequenzen und der besonderen Pulsung dieser Trägerfrequenzen befassen. In einem Übersichtsbeitrag[32] schrieben Wissenschaftler des Instituts für Umwelthygiene der Universität Wien noch im Juni 2001: »Die bisher vorliegende Evidenz zur Frage des Langzeitrisikos reduziert sich auf einen Tierversuch und eine epidemiologische Untersuchung.« Das hat, abgesehen vom meist fehlenden Geld für dieses spezielle Forschungsgebiet, natürlich auch praktische Gründe: Mobilfunk ist eine noch sehr junge Technik, mögliche Spätfolgen wie Krebs lassen sich wegen dessen meist langer Entstehungszeit (außer bei Kindern) frühestens in einigen Jahren deutlich erkennen und nachweisen.

Aber die Hinweise verdichten sich, dass elektromagnetische Felder die Gesundheit massiv schädigen. Im August 2003 kamen erste Ergebnisse der sogenannten Reflex-Studie an die Öffentlichkeit[33]. 12 Forschergruppen aus sieben europäischen Ländern hatten unter der Leitung von Professor Franz Adlkofer von Februar 2000 bis August 2003 im Auftrag der EU untersucht, wie sich elektromagnetische Felder auf das menschliche Erbgut auswirken. Die Ergebnisse sind alarmierend. Der Einfluss von Magnet- und Hochfrequenzfeldern führte bereits unterhalb der geltenden Sicherheitsgrenze zu Doppelstrangbrüchen und Schäden im Erbsubstanzmolekül DNS. Auf verschiedene Zellsysteme haben die Felder in vitro eine gentoxische Wirkung ausgeübt. Ob diese gentoxischen Wirkungen auch in vivo nachgewiesen werden können, ist bis jetzt nicht ausreichend erforscht. Es besteht jedoch die Gefahr, dass die Strahlung bei der Entstehung von Krebs eine Rolle spielt. Eine Zwangsläufigkeit ergibt sich daraus zwar noch nicht, aber: »Zusammengefasst ist festzustellen, dass die REFLEX-Daten einen kausalen Zusammenhang zwischen einer RF-EMF Exposition und der Entstehung chronischer Erkrankungen oder auch nur funktioneller Störungen keineswegs belegen. Sie erhöhen jedoch die Plausibilität für eine solche Annahme.«[34]

Im Herbst 2003 hat noch eine weitere Arbeit auf die Beeinträchtigung der menschlichen Gesundheit durch die UMTS-Technologie hingewiesen. Die vom niederländischen Wirtschaftsministerium in Auftrag gegebene TNO-Studie hat festgestellt, dass Personen, die der UMTS-Strahlung ausgesetzt waren, unter Kopfschmerzen, Übelkeit und Gehörproblemen litten.[35]

Sonderbare Fälle
Vom Umgang mit der Wissenschaft

Der Motorola-Manager Norman Sandler, zuständig für weltweite Strategiefragen, winkte nur müde ab, als er im August 2000 gefragt wurde, ob er Unbill befürchte von den drohenden Milliardenklagen amerikanischer Tumoropfer gegen die Telekommunikationskonzerne: »Das ist doch ein Gebiet, das seit mehr als 50 Jahren ausführlich erforscht wird«, sagte er laut *CNN*, »die Themen sind nicht neu, die Forderungen sind nicht neu, die Behauptungen, die aufgestellt werden, sind aber schon in ihrem Kern grundlos und wissenschaftlich unhaltbar.«

So lautet die Argumentation der Mobilfunkbetreiber, seit es Zweifel an der Ungefährlichkeit dieser Technik gibt. »Nach dem derzeitigen Stand der Wissenschaft gibt es keinen Hinweis auf Gefahren durch Mobilfunk« ist ein anderer stereotyper Satz, den die Industrievertreter auf der ganzen Welt in der Manier einer tibetanischen Gebetsmühle aufsagen, sobald Kritik laut wird am immer weiter fortschreitenden Ausbau von Sendenetzen. Ein Satz, der immerhin schon die Einschränkung enthält: »Nach dem derzeitigen Stand« – das lässt die großen Konzerne jedenfalls auf der sicheren Seite stehen.

Die Strategie der Mobilfunkbetreiber orientiert sich formal an der naturwissenschaftlichen Hierarchie der Erkenntnis, die wir im vorausgegangenen Kapitel erläutert haben. Und dieses Instrumentarium von Verdacht, Hinweis, Nachweis und Beweis wird bis zum Exzess ausgereizt, um missliebige Forschungsergebnisse, die noch nicht Allgemeingut der Lehre geworden sind, zu diskreditieren: Ein Hinweis gilt der Mobilfunklobby nichts, solange er nicht durch zahlreiche andere Forschungen bestätigt ist. Mal sind kritische Forschungsergebnisse wertlos, weil die Kontrollgruppe zu klein gewesen sei, mal wurde im falschen Frequenzbereich geforscht, oder die Strahlung war entweder zu stark, zu lange oder zu kurz. Dann wiederum müsse die Studie erst unter exakt den gleichen Bedingungen wiederholt werden, bevor man sie anerkennen könne, was schon bei Tierversuchen schwierig ist. Gelingt das bei Tieren, so sind die Ergebnis angeblich in keiner Weise auf den Menschen übertragbar. Und schließlich kommt es auch immer wieder vor, dass Versuchsreihen nicht genügend dokumentiert und daher nicht wiederholbar sind. Das größte Zugeständnis in der Debatte ist meist die Aussage: »Es besteht sicher noch weiterer Forschungsbedarf.«

Mobilfunkgegner und kritische Wissenschaftler auf der anderen Seite fragen: Wie kann etwas sicher sein, wenn weiterer Forschungsbedarf besteht? Sie beziehen meist die Position derer in der Wissenschaftswelt, die neue oder abweichende Forschungsergebnisse als Aufgabe sehen, die herrschende Lehrmeinung zu überdenken, in Frage zu stellen und notfalls zu revidieren. Auch das ist eine wissenschaftliche Vorgehensweise und letztlich die Grundlage für jeden wissenschaftlichen Fortschritt. In der politischen Praxis der Mobilfunkbewegung werden jedoch gelegentlich gerne Einzelergebnisse so präsentiert, als wären sie schon der unumstößliche Beweis, als ginge es darum, einer ohnehin korrupten und gekauften Forschung die Maske vom Gesicht zu reißen durch einzelne, leuchtende Beispiele der Wahrhaftigkeit.

Beide Strategien – sowohl die der Betreiber als auch die der Gegner – sind natürlich legitime und übliche Methoden in der politischen Auseinandersetzung und bei öffentlichen Diskussionen. Wie zielführend sie sind, ist eine andere Frage. Der Laie sitzt meist ratlos vor den Streithähnen auf dem Podium und kommt zu dem Schluss, das alles sei vielleicht ein bisschen zu kompliziert für ihn, und letztlich handele es sich dann doch wieder um eine große Glaubensfrage: Ist Mobilfunk schädlich oder nicht?

Wer nicht gleich resignieren möchte, stellt sich vielleicht andere Fragen. Wie kommt es denn, dass zum Teil seit vielen Jahren beunruhigende Ergebnisse vorliegen, aber anscheinend kaum jemand ein Interesse daran zu haben scheint, ihre Stichhaltigkeit zu überprüfen? Warum stürzten sich die Forscher nicht auf diese offenen Fragen, um sie zu klären, warum legten Universitäten, ja Regierungen nicht schnellstens Forschungsprogramme auf? Schließlich geht es um schwere und tödlich verlaufende Krankheiten – und da möchte man doch wissen, ob die gefundenen wissenschaftlichen Hinweise begründet sind.

In der Tat ist in der Vergangenheit nicht genug passiert, um die kritischen Fragestellungen, die sich aus zahlreichen Studien ergeben haben, zu klären.

Es ist eine ebenso richtige wie banale Feststellung, dass Studien nicht vom Himmel fallen, sondern von jemandem in Auftrag gegeben werden. Sie werden in Auftrag gegeben, weil jemand etwas wissen will, und sie werden in Auftrag gegeben, weil jemand ein Ergebnis haben will. Das ist in vielen Fällen durchaus zweideutig zu verstehen.

Die Wahrheit kriegt man nicht zum Nulltarif. Forschung wird immer diffiziler und damit aufwändiger. Laboratorien wollen mit den neuesten Geräten ausgestattet sein, Wissenschaftler und Hilfspersonal bezahlt werden. Universitäten und Forschungseinrichtungen brauchen heute Sponsoren. Die kommen in der Regel aus der Wirtschaft, und die großen Unternehmen bezahlen verständlicherweise am ehesten für Forschungsvorhaben aus ihrem Wirtschaftsbereich. Warum sollte ein Automobilkonzern auch ausgerechnet eine Studie über das Paarungsverhalten der Fruchtfliegen finanzieren? Es sei denn, er sieht gar keine andere Möglichkeit mehr, hohe Gewinne abzuschreiben.

Wer eine Studie finanziert, will also auch etwas davon haben. Regierungen hätten sie gerne als Bestätigung für ihre Politik oder als verstärkenden Hinweis darauf, dass eine Änderung der Politik notwendig ist. Verteidigungsministerien vergeben Forschungsaufträge, um mehr über die Auswirkungen und Möglichkeiten neuer Waffentechnologien zu erfahren. Und die Industrie finanziert wissenschaftliche Arbeit, weil sie sich davon entweder neue Anwendungen verspricht, mit denen sich wiederum Geld verdienen lässt, oder weil sie der Kritik an bereits bestehenden Anwendungen oder risikobehafteten Technologien begegnen will. In der Tat wäre heute bereits ein Großteil der ganz normalen wissenschaftlichen Forschungstätigkeit ohne die Unterstützung der Industrie nicht möglich. Und es ist längst völlig normal geworden, dass sich die betroffenen Industriezweige auch an Forschungen beteiligen, die mögliche schädliche Auswirkungen ihrer Produkte untersuchen sollen. Im Gegenteil: Von den meisten Politikern wird diese finanzielle Beteiligung geradezu gefordert.

Beispiel Deutschland: Hier wird ein nicht unbeträchtlicher Teil der wissenschaftlichen Elektrosmog-Forschung über die 1992 auf Initiative des damaligen Ministers für Post und Telekommunikation, Christian

Schwarz-Schilling (CDU), gegründete »Forschungsgemeinschaft Funk« (FGF) abgewickelt. Pro Jahr gibt die Forschungsgemeinschaft im Durchschnitt rund eine Million Euro für neue Forschungsprojekte aus. Die FGF ist ein gemeinnütziger Verein, dem 2002, im Jahr seines zehnjährigen Bestehens, 55 Mitglieder angehörten. Ziel war es von Anfang an, die biologischen Wirkungen von elektromagnetischen Feldern auf Mensch und Umwelt zu erforschen und, so steht es in der Festschrift von 2002, »die aufkeimenden Diskussionen über Mobilfunk und die vermuteten biologischen Auswirkungen möglichst zu versachlichen«[1]. Zu den 16 Gründungsmitgliedern zählten neben Ministerialbeamten und Universitätsvertretern vor allem Netzbetreiber, Mobilfunkkonzerne und andere Unternehmen der Elektronikbranche. Inzwischen hat sich der Anteil der Universitäten erhöht – man darf vermuten, dass sie sich von einer Mitgliedschaft auch Forschungsaufträge für ihre Institute versprechen. Das Sagen im Verein hat freilich nach wie vor die Mobilfunklobby. Dem achtköpfigen Vorstand gehören drei Netzbetreiber (derzeit Vodafone, T-Mobile und E-Plus), drei Industrievertreter (Motorola, Bosch, Siemens), eine Rundfunkanstalt (Bayerischer Rundfunk) und ein Vertreter des Bundesministeriums für Wirtschaft und Technologie an. Ihre Stellvertreter kommen ebenfalls aus den gleichen Wirtschaftsbereichen. FGF-Vorsitzender ist Eike Bär, einer der vier Geschäftsführer von Motorola Deutschland. Motorola ist einer der bedeutendsten Hersteller von Handys weltweit. Eike Bär schreibt in der Festschrift zum zehnjährigen Bestehen des Vereins, maßgeblich für dessen Renommee sei das »strikt verfolgte Prinzip der Unabhängigkeit der Forschung«. Wieviel Unabhängigkeit von der Industrie mag sich ein Verein wohl leisten, dessen Vorstand zu überwältigender Mehrheit aus Industrievertretern besteht?

Die Unabhängigkeit der Forschung mag man vom Anspruch her noch am ehesten in den Hochschulen zu Hause wähnen. Die Realität sieht so aus: Universitäten und Wissenschaftseinrichtungen werden vom Staat finanziell ausgetrocknet. So genannte Drittmittel werden für die Forschungsarbeit immer wichtiger, Geld also, das von der Industrie gegeben wird. Dass diese Zuwendungen in einem Spannungsverhältnis zur Freiheit der Forschung stehen – um es einmal vorsichtig auszudrücken –, liegt auf der Hand. Dennoch bleibt den Forschungseinrichtungen nichts anderes, als um diese Drittmittel zu kämpfen. So genannte *fundraiser* buhlen für die Universitäten um den warmen Geldregen, den die Wirtschaft nach ihren Kriterien der Nützlichkeit ausschüttet. Lehrstühle werden danach beurteilt, wie viele dicke Drittmittel- und Sponsoren-Fische sie an Land ziehen konnten.

Dass die Forschung damit am Tropf der Industrie hängt, wird nicht nur geduldet, sondern ist politisch gewünscht. Reinhard Höpfl, Präsident der Fachhochschule Deggendorf, sagt zum Beispiel über Bibliotheken: »Da staatliche Mittel allein für eine zeitgemäße Ausstattung der Bibliotheken nicht mehr ausreichen, brauchen die Hochschulen das Engagement von Wirtschaft, Absolventen und Bevölkerung.«[2]

Was für Bibliotheken gilt, dürfte für Labors und Messeinrichtungen umso mehr gelten. Nur dass hier Absolventen und Bevölkerung eher wenig beitragen können, die Wirtschaft aber umso mehr. Natürlich wird zum Beispiel ein Professor, der ein besonders gut ausgestattetes Labor bekommen hat, nicht die Hand beißen, die ihn füttert. Mobilfunkkritiker haben immer wieder Wissenschaftler aufs Korn genommen, die offensichtlich mit der Industrie verbandelt sind. Zum Beispiel Professor Matthias Wuschek von der Fachhochschule in Deggendorf.

Dort ist ein »Kompetenzzentrum« zur Bewertung der Umweltverträglichkeit von Mobilfunk-Sendeanlagen eingerichtet worden. So zumindest wurde es von der Presseagentur ddp gemeldet: »Bei dem im Fachbereich Elektrotechnik angesiedelten Zentrum, das Professor Matthias Wuschek leitet, sollen Kommunen, Behörden, Betriebe und Privatpersonen unabhängige und kompetente Beratung bei der Errichtung von Sendeanlagen erhalten. Nach Angaben des Sprechers der Hochschule bietet das neue Zentrum Immissionsprognosen bei geplanten Mobilfunk-Anlagen und Hilfestellung bei der Standortsuche.«[3]

Fragt man bei der Fachhochschule in Deggendorf nach, erhält man die Auskunft, so ein Kompetenzzentrum existiere an der FH »eigentlich gar nicht wirklich«. Klaus Loibl, der stellvertretende Kanzler der FH, ist auch Sachgebietsleiter Haushaltswesen und für alle Drittmittelfragen zuständig. Er sagt, es handle sich bei dem »Kompetenzzentrum« um »kein eigentliches Hochschulinstitut«, die Messungen des

Professor Wuschek seien seine »Privatsache«, in genehmigter Nebentätigkeit. Die Gutachten werden auf jeden Fall nicht von der Fachhochschule erstellt. Auf die Frage, ob es denn vorkomme, dass Industriefirmen bestimmte Geräte zahlten oder zu Verfügung stellten, bekommt man von Loibl die Antwort: Ja, das komme schon mal vor. Veröffentlicht würden die Spender aber nicht, es gebe auch keinen Jahresbericht an der FH, und man wolle auch nicht am Telefon sagen, wer da was gespendet habe. Loibl bleibt allgemein: »Wir als Hochschulen müssen schauen, dass wir Geldgeber finden, weil die öffentlichen Zuwendungen immer geringer werden.« Gerade für eine junge Hochschule wie Deggendorf sei das wichtig. Auf die Frage, ob die Ausstattung des Professor Wuschek von Firmen mitfinanziert oder (teil-)gespendet worden sei, bekommt man vom stellvertretenden Kanzler der FH Deggendorf keine Antwort. »Ich hab jetzt keine Zeit mehr, bei mir stehen schon vier Leute im Büro.« Ein Termin zu einem anderen Zeitpunkt? Leider auch keine Zeit.[4]

Tatsache ist, dass Professor Wuschek »der« Mann der Bayerischen Staatsregierung für Messungen in Mobilfunkangelegenheiten ist. Und für Mobilfunkgegner ein steter Anlass zur Kritik, zum Beispiel für den Dachverband der Bürgerinitiativen, die Bürgerwelle[5]: »Professor Wuschek hat sich nach jahrelanger, treuer Begleitung und Unterstützung der so genannten ›Informationsveranstaltungen‹ der Mobilfunkindustrie zum ›neutralen Experten‹ und öffentlich bestellten und beeidigten Sachverständigen für das Fachgebiet Elektromagnetische Umweltverträglichkeit (EMVU) ›entwickelt‹, das heißt, er führte zum Beispiel auch für die Bayerische Staatsregierung die Messungen bei der so genannten Rinderstudie durch und ist zur Zeit derjenige, der von den Regierungsstellen zu den Messungen der Situation in den Gemeinden und Ländern dringendst anempfohlen wird.« Kritiker zweifeln an seiner Unabhängigkeit und Sachkompetenz. Zum Beispiel bei der so genannten »Rinderstudie«, für die Wuschek die Messungen gemacht hat. Der bayerische Landtagsabgeordnete Volker Hartenstein schrieb dazu: »Wie sehr Herrn Dr. Wuschek offensichtlich daran liegt, nachzuweisen, dass die bei Hof Nr. 32 aufgetretenen Fehlgeburten, Anomalien und Verhaltensstörungen nicht auf eine GSM-Exposition zurückgeführt werden können, zeigt sich ergänzend in einer ›Medienmitteilung der VIAG Euro Plattform AG und Mobilkom (Liechtenstein) AG‹ an das *Liechtensteiner Volksblatt,* veröffentlicht am 9. Dezember 2000: Zu gleichen Teilen wurden die Bauernhöfe ausgesucht, die sowohl nah als auch weiter entfernt von Mobilfunkmasten lagen. Laut Prof. Matthias Wuschek, Fachhochschule Deggendorf, wurden auch ›Problemfälle‹ untersucht, wie der Bauernhof von Josef Altenweger in Schnaitsee (Landkreis Traunstein). Er hatte in den vergangenen Jahren zahlreiche tote und missgebildete Rinder zu beklagen und machte zwei Mobilfunk-Sendeanlagen in der Nähe dafür verantwortlich. ›Der Verdacht der Schädigung durch Mobilfunk ist auszuschließen‹, so Wuschek. Die Rinder von Josef Altenweger waren in der Vergangenheit mehrmals Anlass für Spekulationen.«

Hartenstein wundert sich über diese Vorgehensweise und die damit verbundenen Aussagen des Professors, der ja eigentlich gar nicht der Ansprechpartner für diese Fragen ist: »Es ist schon bemerkenswert, dass die beiden Mobilfunknetzbetreiber einen Fachmann für Messtechnik mit einer Schlussfolgerung zitieren, die gegebenenfalls den beiden Wissenschaftlergruppen (LMU München, Uni Gießen) zustünde, von diesen jedoch gerade nicht ausgesprochen wurde.«

Im Gegenteil. Die Wissenschaftler kamen zu ganz anderen Ergebnissen (siehe Seite 106). Aber auf den Leiter des »Kompetenzzentrums« können sich Mobilfunkbetreiber und der Freistaat Bayern, der an der Viag AG beteiligt ist, anscheinend besser verlassen als auf die Wissenschaftler der Universitäten Gießen und München.

Recht eindeutig zuzuordnen ist auch Professor Jiri Silny, Leiter des »Forschungszentrums für Elektro-Magnetische Umweltverträglichkeit« der RWTH Aachen. Silny arbeitet eng mit dem »Forum Mobilkommunikation« (FMK), dem Interessenverband der Mobilfunkindustrie in Österreich, und mit der Forschungsgemeinschaft Funk zusammen. Er erstellt Gutachten für die Unbedenklichkeit von Mobilfunk, die zwar von unabhängigen Wissenschaftlern scharf kritisiert werden, aber dennoch den gewünschten Effekt haben. Sie werden nämlich vom Elektroindustrie-Verband VDE und den Betreibern gern als Signal zur Entwarnung verwendet und in diesem Sinn an die Öffentlichkeit weitergegeben. Silny arbeitet seit drei Jahrzehnten immer wieder für die Wirtschaft, tourt bei »Informationsveranstaltungen«

der Betreiber durch die Lande oder tritt vor Gericht als Sachverständiger der Industrie auf. Kritiker werfen ihm vor, alles wegzulassen, was seine industriefreundlichen Ergebnisse verwässern könnte. »Die Arbeitsgruppe von Herrn Professor Silny ist bekannt dafür, dass sie der Industrie seit Jahren ›Persilscheine‹ ausstellt und von dieser finanziert und gefördert wird.«[6]

Wie mit kritischen Wissenschaftlern umgegangen wird

Wissenschaftler, die im Umgang mit der Industrie nicht so flexibel sind, können durchaus Probleme bekommen. In Frankreich musste diese Erfahrung Roger Santini machen, ein Bioelektromagnetismus-Spezialist an der Universität Villeurbanne. Santini arbeitete 22 Jahre lang für sein Institut, gilt als Fachmann und ist einer der renommiertesten Kritiker des Mobilfunks in Frankreich. Er veröffentlichte Zahlen, die deutlich auf die Gesundheitsgefährdung durch Mobilfunk hinweisen. Professor Santini hatte zum Beispiel 530 Personen untersucht, die in verschiedenen Distanzen zu Mobilfunksendern wohnten: von unter 10 Metern bis zu über 300 Metern. Signifikant häufig traten die folgenden Symptome auf, und zwar meist bei Entfernungen von unter 200 Metern zum Sender: Müdigkeit, Irritationen, Kopfschmerzen, Brechreiz, Appetitverlust, Schlafstörungen, depressive Tendenzen, Konzentrationsstörungen, Befindlichkeitsstörungen, Erinnerungsverluste, Sehstörungen, Hörstörungen, Bewegungsstörungen, Schwindel, Herz- und Kreislauferkrankungen.

Die von Santini ermittelten Daten gelangten an die Öffentlichkeit. Und plötzlich wurde er vor die Wahl gestellt, seine Forschung zum Mobilfunk einzustellen oder das Institut zu verlassen. Im Herbst 2001 wurden dem Wissenschaftler die Forschungsmittel gestrichen. Der Direktor hatte Santini mitgeteilt, dass seine Arbeit über Mobiltelefone und Mobilfunk-Basisstationen nicht Thema seines Labors sei. Er soll dem Wissenschaftler Santini sogar verboten haben, seine Ergebnisse zu publizieren.[7]

Dass so etwas nicht nur in Frankreich vorkommt, zeigt der Fall des spanischen Arztes und Chemikers Dr. Claudio Gómez Perretta, der in Valencia als Leiter der Suchtabteilung im Krankenhaus arbeitet. Perretta hatte Untersuchungen über schädliche Wirkungen des Mobilfunks durchgeführt und war daraufhin zurückgepfiffen worden. Er sei nicht offiziell ermächtigt, hieß es. Wenn er damit nicht aufhöre, müsse er mit Sanktionen rechnen. In der Region waren in jüngster Zeit überdurchschnittlich viele Leukämie-Fälle bei Kindern aufgetreten (siehe Seite 52ff.). Aus der Region Valencia ist zu hören, dass jetzt nur noch eine Firma Messungen durchführt, die vom Elektrounternehmen Iberdrola finanzielle Zuwendungen erhält.

Frankreich, Spanien – weit weg? Auch in Deutschland gibt es Beispiele von Wissenschaftlern, die massiv unter Druck gesetzt wurden. Dr. Lebrecht von Klitzing leitete im Lübecker Universitätsklinikum die klinisch-experimentelle Forschungseinrichtung. Von Klitzing hat 1992 Untersuchungen an freiwilligen Testpersonen durchgeführt und sie einem 150-MHz-Feld ausgesetzt, das mit 217 Hz niederfrequent gepulst war. Die Leistungsflussdichte betrug dabei 1 mW/m^2 in sechs Zentimeter Tiefe im Gehirn. Von Klitzing stellte dabei eine deutliche Veränderung im EEG (Elektroenzephalogramm = Aufzeichnung der Hirnstromtätigkeit) fest[8]. Die Wirkungen blieben noch mehrere Stunden nach Abschaltung des Feldes erhalten und klangen nur langsam ab. Klitzing vermutet: »Es könnte sein, dass die intrazelluläre Kommunikation gestört wird.« Klitzings Forschungen werden ebenso heftig angefeindet, wie sie oft und gerne von den Mobilfunkgegnern als Belege zitiert werden. Die Betreiberseite wirft Klitzing vor, seine Ergebnisse seien von anderen Wissenschaftlern nicht nachvollziehbar und unzureichend dokumentiert. Abgesehen davon gibt es jedoch eine Reihe weiterer Studien, die eine Veränderung des EEG unter dem Einfluss von Hochfrequenzfeldern belegen, so zum Beispiel eine Untersuchung der Berliner Bundesanstalt für Arbeitsschutz und Arbeitsmedizin (BAuA)[9], die EEG-Veränderungen im rechten Scheitel- und im Hinterkopfbereich ergab. Eine Studie der Universitätsklinik Mainz ergab, dass periodisch gepulste Hochfrequenzfelder auf die Schlaf- und Traumphasen des Menschen wirken[10]. Auch Forschungen an schwedischen, britischen und amerikanischen Universitäten kamen zu ähnlichen Ergebnissen.

Ein Einfluss auf das Gehirn? Das passte den Mobilfunk-Betreibern natürlich nicht ins Konzept. Klitzing sollte mit seinen Erkenntnissen nicht an die Öffentlichkeit gehen. Als er im Juli 2001 eine Einladung bekam, vor dem Umweltausschuss des Bundestags über seine Forschungsarbeiten zu sprechen, wollte ihn der Dekan der Uni Lübeck nicht fahren lassen. Erst als Protest von verschiedenen Gruppen laut wurde, durfte der Wissenschaftler vor dem Deutschen Parlament sprechen.

Schließlich erhielt Klitzing vom Lübecker Dekan endgültig ein Publikationsverbot. Offenbar sah man an der Uni die Drittmittelförderung gefährdet, wenn kritische Forscher wie Klitzing nicht mundtot gemacht würden.

Weil ein Publikationsverbot für einen Wissenschaftler jedoch einem akademischen Exitus gleichkommt, hat sich Klitzing nicht an die Anweisung gehalten. Es kam sogar zu einem Disziplinarverfahren gegen ihn, das allerdings eingestellt wurde. Im Frühjahr 2002 ist Lebrecht von Klitzing nach 27 Jahren als Abteilungsleiter aus dem Universitätsdienst ausgeschieden. Heute betreibt er ein eigenes Labor in Neuss und eines in der Nähe von Würzburg. Dort untersucht er weiterhin, was ihm an einer deutschen Universität verwehrt wurde. »Die Universität verliert ihren Namen Universität, wenn sie sich so von der Industrie gängeln lässt«, sagt Lebrecht von Klitzing. »Das führt dazu, dass die Uni als unabhängige Institution für Forschung nicht mehr existiert. Das bedroht den Wissenschaftsstandort Deutschland und die Innovation.«[11]

Alles Einzelfälle und nicht repräsentativ? Der allzu willfährige, der allzu widerspenstige Wissenschaftler – kann schon mal vorkommen?

Es wäre schön, wenn es so einfach wäre. Es gibt freilich noch andere Beispiele. Von dem Mann, der seit Jahrzehnten nicht nur die deutsche Grenzwertdiskussion mitbestimmt. Und von Studien, die beinahe nie an die Öffentlichkeit gekommen wären. Und von Forschungen, die eigentlich nie für die Öffentlichkeit bestimmt waren, weil es um militärische Nutzanwendungen ging.

Ein Mann für alle Fälle: Jürgen Bernhardt und die Strahlen

Der ältere, etwas angegraute Herr im dunklen Sakko betritt das Podium. Er sucht sich seinen Platz, prüft das Namenskärtchen und nestelt an seinem Hörgerät herum. Unscheinbar wirkt er, und fast etwas linkisch, wenn er sich sorgfältig die Klarsichtfolien zurecht legt. Aber nervös ist Professor Dr. Jürgen Bernhardt bestimmt nicht mehr. Zu oft schon hat er solche Veranstaltungen bestritten, bei denen die mobilfunkkritischen Bürger meist in der Mehrheit waren. Und oft sind es weit mehr Menschen gewesen als hier, in der Stadthalle des oberbayerischen Weilheim. Knapp 100 Bürger sind an diesem Abend des 1. Oktober 2002 gekommen, weil sie wissen wollen, ob die neuen T-Mobile-Antennen in ihrer Stadt die Gesundheit gefährden. Sie wollen es auch von Professor Bernhardt wissen. Der legt seine Klarsichtfolien auf den Projektor, erzählt nüchtern von Wissenschaftlichkeit, von Hin- und Nachweisen, von Studien und Grenzwerten – und von der Unbedenklichkeit der Strahlung. Die Strahlenschutzkommission, der er angehört, habe eine Empfehlung ausgesprochen, nämlich dass die bestehenden Grenzwerte ausreichten und keine Vorsorgegrenzwerte erforderlich seien. Denn, sagt der Professor, es gebe keine neuen wissenschaftlichen Erkenntnisse, die eine solche Senkung erforderlich machen. Und überhaupt: Man habe ja auch empfohlen, die Exposition zu minimieren und bessere Informationspolitik zu betreiben. Doch das sei Sache der Politik. Sie trage die Verantwortung für die Risikoabschätzung. Der Professor packt seine Klarsichtfolien wieder ein, und es dauert nicht lang, bis der Vertreter der Mobilfunkgegner ihn mit Erkenntnissen und Ergebnissen aus Studien konfrontiert, die in ihren Augen belegen, dass Mobilfunk die Menschen krank macht. Die Gegner konfrontieren Bernhardt auch mit seinen eigenen Aussagen, zum Beispiel mit einem Zitat aus dem Nachrichtenmagazin *Focus:* »Ich halte den Grenzwert für ausreichend«, sagt SSK-Mitglied Jürgen Bernhardt. »Wir verdächtigen Magnetfelder zwar, Krebs zu erzeugen, aber wir kennen keinen biologischen Auslösemechanismus.« [12]

Wie, fragen sich die Mobilfunkgegner, kann man auf dieser Basis eigentlich behaupten, die Grenzwerte seien ausreichend? Bernhardts Antwort ist einfach, und sie bleibt einfach, auch wenn er sie in verschiedenen Variationen immer wieder darbietet: Es sei eben nichts wissenschaftlich bewiesen. Einwände weist der Professor kategorisch zurück: Das sei Quatsch, oder: Das sei ja nur ein Denkmodell, Zusammenhänge seien nicht belegt, die Studie sei nicht reproduziert worden. Wer nicht seiner Meinung ist, den kanzelt der Professor einfach ab, wie etwa in einer Fernsehsendung mit Franz Alt im August 2001[13], in der die Rede auf eine neue epidemiologische Studie der Kärntner Landesregierung gekommen war. »Auswirkungen von Mobilfunk-Basisstationen auf Gesundheit und Wohlbefinden« heißt die Arbeit von Professor Kundi von der Universität Wien, die zu diesem Zeitpunkt gerade erschienen war. Professor Bernhardt darüber vor laufender Kamera: »Diese Epi-Studie aus Kärnten kann nur Mist sein!« Allein der Name des Verfassers dieser Studie mache ihn schon besorgt. Auf die Frage des Moderators Franz Alt, ob er, Bernhardt, diese Studie denn kenne, antwortete der Professor: »Nein!«

Der Physiker und Biophysiker Jürgen Bernhardt, der seine Doktorarbeit über elektrische Eigenschaften biologischer Zellen geschrieben hat, ist die zentrale Figur in der ganzen Mobilfunkdebatte. So ist er zum Beispiel Mitglied und stellvertretender Vorsitzender der International Commission on Non-Ionizing Radiation Protection (ICNIRP). Von 1996 bis 2000 war er sogar der Vorsitzende dieser internationalen Kommission zum Schutz vor nichtionisierender Strahlung. Die ICNIRP wird häufig in einem Atemzug mit der Weltgesundheitsorganisation WHO genannt, so dass der Eindruck entsteht, sie sei Teil der WHO. Das ist nicht der Fall. Die ICNIRP ist ein gemeinnütziger Verein, der beim Amtsgericht München eingetragen ist. Sie besteht aus zwölf Mitgliedern, einem Vorsitzenden und einem stellvertretenden Vorsitzenden. Die Wissenschaftler kommen aus verschiedenen Ländern, sind überwiegend Physiker und Techniker, die zum Teil auch für die Industrie arbeiten. Wer Mitglied sein darf, bestimmt die ICNIRP selbst. Scheidet einer aus, wählen die übrigen Mitglieder einen Ersatzmann oder eine Ersatzfrau. Im Prinzip unterscheidet sich die ICNIRP darin also nicht von einem Kegel- oder Skatverein. Sie hat nur etwas weiter gehende Befugnisse. Denn die ICNIRP berät die WHO in Fragen der nichtionisierenden Strahlung. Zum Beispiel auch bei den Grenzwerten. Die werden dann nicht nur von der WHO übernommen, sondern auch von der Europäischen Kommission, von Frankreich oder der Bundesrepublik Deutschland. Der von der ICNIRP erarbeitete Grenzwert-Vorschlag wird vom Bundesamt für Strahlenschutz (BfS), das dem Bundesumweltministerium untersteht, bewertet. Abteilungsleiter der Bereiche »Medizinische Strahlenhygiene und Nichtionisierende

Strahlen« im BfS war von 1989 bis 1998 Professor Dr. Bernhardt. Er hat noch heute ein Büro im BfS. Zu guter Letzt wird der zu verhandelnde Grenzwert dann noch einmal von der Strahlenschutzkommission (SSK) begutachtet. Die dritte Instanz quasi. Die Strahlenschutzkommission berät laut Satzung das Bundesumweltministerium »in den Angelegenheiten des Schutzes vor Gefahren ionisierender und nichtionisierender Strahlen«. In der SSK arbeitet Professor Bernhardt als Vorsitzender des Ausschusses »Nichtionisierender Strahlen« von 1987 bis 1989 und von 1999 bis Ende 2002. In einer anderen Funktion segnet er also ab, was er vorher als »Grenzwert« selbst vorgeschlagen hat. Der Kontrolle und dem Anspruch der Bürger auf eine gewisse Sicherheit dient das nicht, das kann auch der Laie erkennen. Wie seriös und wie unabhängig ist also die Wissenschaft?

Wo massive finanzielle Interessen im Spiel sind, da ist auch mit dem massiven Einfluss der entsprechenden Interessenvertreter zu rechnen. Eine Erfahrung, die Professor Jürgen Bernhardt selbst früher schon einmal machen musste. Im Zusammenhang mit den Grenzwerten im Niederfrequenzbereich, also bei den Hochspannungsleitungen und Elektrogeräten. Bernhardt kritisierte Anfang der 90er Jahre die Industrie für ihre Blockadepolitik und forderte einen Vorsorgewert sowie ein unabhängiges Gremium, das niedrigere Grenzwerte festsetzen sollte. Auf Veranlassung des deutschen Umweltministers tagte 1994 eine neu gebildete Strahlenschutzkommission für elektromagnetische Felder, die später mit der Grenzwertfestsetzung beauftragt wurde. 1997 trat die Elektrosmog-Verordnung in Kraft: die niedrigeren internationalen Grenzwerte wurden übernommen, aber von Vorsorgewerten im Sinne des Gesundheitsschutzes war keine Rede mehr. Und auch mit der Neubesetzung der SSK im März 1999 durch den grünen Umweltminister Trittin und der grünen Umbesetzung im Bundesamt für Strahlenschutz kam keine Wende. »Das BfS hatte schon unter der Leitung von J. Bernhardt im Laufe der Jahre keine Senkung der Grenzwerte erreicht und auch offensichtlich nicht mehr für nötig gehalten. Anders ist es nicht zu verstehen, wenn Bernhardt, inzwischen Vorsitzender der Internationalen Strahlenschutzkommission, am 3.1.1996 in einem TV-Interview zum Elektrosmog sagt: ›Von Haushaltsgeräten geht keine Gefahr aus, das ist zu vernachlässigen, wir haben das geprüft.‹ Tatsache ist, dass von Haushaltsgeräten höhere Felder als von Hochspannungsleitungen ausgehen können, Herr Bernhardt kann also nichts wirklich geprüft haben.«[14]

Auch das BfS unter grüner Regie verteidigte tapfer die bestehenden Grenzwerte. Und die SSK schreibt in ihrer Empfehlung vom September 2001: »Auch für den Bereich der niederfrequenten Felder bieten die gegenwärtig geltenden Grenzwerte nach Ansicht der SSK einen ausreichenden Schutz von Mensch und Umwelt vor nachgewiesenen Gesundheitsbeeinträchtigungen.« Nach SSK-Auffassung enthalten nationale und internationale Studien zwar Verdachtsmomente, wonach von diesen elektromagnetischen Feldern auch unterhalb der Grenzwerte möglicherweise eine Krebsgefahr ausgehen könnte. Es handle sich aber in allen vorliegenden Fällen um epidemiologische Studien, die lediglich statistische Zusammenhänge feststellen können. Bislang sei jedoch kein Mechanismus bekannt, der einen ursächlichen Zusammenhang zwischen einem erhöhten Auftreten von Krebserkrankungen und elektromagnetischen Feldern erklären könne. So die SSK im Jahr 2001.

Auch wenn sich die Gremien ändern, der politische Einfluss der Industrie bleibt offenbar bestehen. Wie sonst könnte man den wundersamen Gesinnungswandel des Professor Bernhardt erklären? Vor zehn Jahren gab er sich noch industriekritisch. Und heute? Die SSK, allen voran Fachgebietsleiter Bernhardt, gab 2001 in der Empfehlung zu den hochfrequenten Feldern jedenfalls Entwarnung: »Die SSK kommt zu dem Schluss, dass auch nach Bewertung der neueren wissenschaftlichen Literatur keine neuen wissenschaftlichen Erkenntnisse im Hinblick auf nachgewiesene Gesundheitsbeeinträchtigungen vorliegen, die Zweifel an der wissenschaftlichen Bewertung aufkommen lassen, die den Schutzkonzepten der ICNIRP bzw. der EU-Ratsempfehlung zugrunde liegt.«[15]

Verstärkte Forschung ja, Minimierung der Exposition ja – aber die Grenzwerte müssen nicht gesenkt werden. Man spielt sich gegenseitig den Ball zu: Bernhardt und seine Kollegen sagen, wir können nur wissenschaftliche Aussagen machen, handeln muss die Politik. Die Politik sagt, wir sind keine Wissenschaftler und müssen uns auf die Experten verlassen. Wenn die sagen, es gebe keinen wissenschaftlichen Grund für eine Änderung, dann können wir auch nichts anderes entscheiden. Zumal die Wirtschaft dadurch belastet würde. So entsteht ein fast geschlossener Argumentations-Kreis, bei dem sich einer auf den anderen beruft.

Wie aber steht es mit den gültigen Grenzwerten, die von der ICNIRP und der deutschen SSK, also kurz: von Professor Bernhardt, für ausreichend befunden werden?

Der neuseeländische Wissenschaftler Neil Cherry kritisierte schon im Jahr 1999 die internationale Grenzwertpolitik der ICNIRP[16]. Er hat die ICNIRP-Bewertung durchgesehen und findet sie mit schwerwiegenden und verhängnisvollen Fehlern behaftet. Sie sei durchsetzt mit Voreingenommenheiten, gravierenden Fehlern, Weglassungen und absichtlichen Verdrehungen. Sie anzunehmen würde bedeuten, die Öffentlichkeit nicht vor möglichen und tatsächlichen Folgen für die Gesundheit zu schützen. Cherry geht sogar noch weiter: Solche Fehler seien fortlaufend, systematisch, offensichtlich und eklatant gemacht worden, »sodass wir nur darauf schließen können, dass hier ein unwissenschaftliches Motiv hinter den Bewertungen und Schlussfolgerungen steckt.«[17]

Diese Kritik zielt direkt auf den langjährigen ersten Vorsitzenden und jetzigen stellvertretenden Vorsitzenden der ICNIRP, Professor Bernhardt. Umweltminister Jürgen Trittin hat ihn dennoch Anfang 1999 in die deutsche Strahlenschutzkommission berufen und sein Mandat Anfang 2001 verlängert. Bernhardt ist als Leiter des Bereichs »Nichtionisierende Strahlen« wesentlich verantwortlich für die Mobilfunk-Grenzwerte in Deutschland.

Mobilfunkkritiker fordern daher am 22. Januar 2002 in einem offenen Brief an Bundesumweltminister Jürgen Trittin Professor Bernhardts Entlassung, weil dieser als eine zentrale Figur in der Mobilfunkdebatte nichts unternehme, um die Öffentlichkeit vor den Gefahren der elektromagnetischen Felder (EMF) zu schützen. In diesem Brief heißt es:

> Herr Prof. Bernhardt ist auch durch seine Empfehlungen an Ihr Ministerium im wesentlichen der Urheber der heutigen prekären Situation in Sachen Mobilfunk. Wir monieren, dass

1. er bis heute eine Beweislastumkehr im Bereich des Mobilfunks bei seinem Kenntnisstand nicht fördert! (Wer eine Mobilfunksendeanlage aus kommerziellen Gründen in Betrieb nimmt, hat die Beweispflicht für deren Unschädlichkeit.) Diese Umkehr müsste auch in dieser Sparte analog zum neuen Verbraucherrecht dringendst geschehen, zumal Prof. Bernhardt zahlreiche Hinweise auf eine Schädlichkeit des Mobilfunks für den Menschen vorliegen.
2. es eine Empfehlung der SSK, ausgearbeitet vom Ausschuss des Prof. Bernhardt an Ihr Ministerium gibt, die heutigen Grenzwerte nicht zu senken, obwohl

- es mehr als genügend Hinweise durch Studien international renommierter Forscher gibt, die sehr wohl negative biologische Wirkungen auf den Menschen, das Tier und lebende Zellkulturen nachgewiesen haben. Diese werden von Herrn Prof. Bernhardt ignoriert, oder so er einige wenige zur Kenntnis nimmt, in ihrer Aussage fahrlässig und unwissenschaftlich heruntergespielt! Er geht gar so weit, dass er in dieser Thematik andersdenkende und aufrichtig handelnde internationale Wissenschaftler öffentlich diffamiert (z.B. Prof. Kundi, Uni Wien).
- die Grenzwerte sich nachweislich und ausschließlich auf sogenannte thermische Wirkungen beziehen, nicht jedoch auf die tatsächlich nachgewiesenen schädlichen athermischen Wirkungen. Das nennt man Verfälschung der Tatsachen, diese Vorgehensweise ist wiederum höchst unwissenschaftlich!
- es durch seine Beratung der Regierung in die falsche Richtung eine jährlich steigende Anzahl von EMF-geschädigten Menschen gibt. So berichtete z.B. das Bayerische Umweltministerium offiziell im Jahre 1998 von 0,1 % Betroffenen, im Jahre 2000 bereits von 1 bis 2 %. Ältere Forschungsergebnisse in den USA sprechen bereits von 3,3 % (das wären bundesweit ca. 2.600.000 Menschen !!!). Berücksichtigt man die zurückliegenden Zeitpunkte der Erhebungen, die stetige steile Zunahme der Prozentsätze und die immense Dunkelziffer dieser medizinischen Tatsache, dann dürfen Sie heutzutage getrost von bereits 10 % EMF-Geschädigten, von ca. 8.000.000 im höchsten Maße leidenden Menschen allein in Deutschland ausgehen.

3. er unsachlich vorschützt, es gäbe 20.000 wissenschaftliche Studien als Begründung seiner Unschädlichkeitsaussage. Er ignoriert die übliche wissenschaftliche Beweissystematik!

4. er trotz erdrückender Schadensberichte vorerst weitere aufwendige und damit zeitraubende Forschungen befürwortet, ehe er einen eventuellen Handlungsbedarf sieht. Diese Forderung bei gleichzeitiger Unterlassung einer Empfehlung von drastischen Vorsorgemaßnahmen ist nicht nur unverantwortbar, sie ist eine reine Verzögerungstaktik aus ideologischen Gründen zu Lasten der Betroffenen.

5. er sich innerhalb seiner unabhängigen! nationalen Funktion in der SSK voll auf die Empfehlungen der ICNIRP abstützt, obwohl nicht nur bereits jedem interessierten Bürger die unwissenschaftliche Arbeitsweise dieses Privatvereins ICNIRP e.V., München zumindest durch die sicherlich auch Ihnen zugängliche Neil-Cherry-Studie *(Criticism of the health assessment in the ICNIRP guidelines for radiofrequency and microwave radiation – 1/5/2000)* bekannt ist.

Insgesamt kommt er in der für das gesundheitliche Wohl der Bevölkerung wichtigen wissenschaftlichen Schlüsselposition seiner persönlichen Verantwortung als Vorsitzender des Fachausschusses nicht nach. Er handelt mit seinen Empfehlungen und fachlichen Unterlassungen und Vernebelungen höchst fahrlässig![18]

Die Mobilfunkgegner beziehen sich vor allem auf den Wissenschaftler Neil Cherry, der kritisiert, dass die ICNIRP-Richtlinien von der Industrie rund um die Welt gesponsert seien. Die Bürgerwelle e.V. spricht gar vom Grenzwert-Betrug: »Mit der Arbeit von Dr. Neil Cherry wird nun klar, dass unsere Grenzwerte der 26. BImSchV. auf einem Wissenschaftsbetrug aufgebaut sind. Dr. Neil Cherry hat hervorragende Arbeit geleistet und die Manipulation der ICNIRP transparent aufgezeichnet. Mit Sicherheit erfüllt der Gesetzgeber in Deutschland mit der 26. BImSchV bei den gepulsten elektromagnetischen Feldern nicht das Vorsorgeprinzip!«[19]

Der Ingenieur Alexander Volger, Honorarprofessor an der Rheinisch-Westfälischen Technischen Hochschule in Aachen, hat es noch etwas drastischer formuliert: »Verordnung und Standortbescheinigung bieten keinen Schutz. Die Behauptung einer Schutzwirkung durch die zuständigen Behörden ist als wissenschaftliche Falschinformation anzusehen. Dies entspricht rechtlich schon allen Merkmalen des Betrugs und schließt grob fahrlässige bis absichtliche Gefährdung und Körperverletzung ein.«[20]

Und was sagt Professor Bernhardt zu all den Vorwürfen? Er spricht in öffentlichen Veranstaltungen[21] von einer regelrechten Hetzjagd, die Mobilfunkkritiker gegen seine Person veranstalteten. Und über den neuseeländischen Wissenschaftler Neil Cherry sagt er: »Ach, dieser Herr Neil. Der hat doch genau das gemacht, was er mir immer vorwirft. Er hat die Studien selektiv ausgewertet.« Kommt ihm jemand mit dem Hinweis auf die Erkenntnisse über Gesundheitsschäden aus den russischen Studien, die Professor Karl Hecht ausgewertet hat, winkt er nur verächtlich ab und schüttelt den Kopf. Wirkungen auf Moleküle, Zellen und Zellmembranen? »Wenig gesichert.« Wirkungen auf die Blut-Hirn-Schranke, die zu einer Durchlässigkeit für Gifte führen, die ins Gehirn gelangen? »Nicht bewiesen.« Zusammenhang mit Krebs? »Keine gesicherten Hinweise.« Die Liste lässt sich nahezu beliebig verlängern. Bernhardt mauert. Eine Einschätzung, die mittlerweile auch Wissenschaftskollegen des Strahlenkundlers teilen.

Professor Rainer Frentzel-Beyme vom Institut für Präventionsforschung und Sozialmedizin (BIPS) an der Universität Bremen schreibt in einem Brief vom Dezember 2001 über die Verzögerungstaktik des Professor Bernhardt. Er kommt zu dem Schluss, dass Bernhardt nur »ungern seine bisherigen Entscheidungen widerrufen müssen will, die er als jeweils Verantwortlicher immer wieder mit unbelehrbar erscheinender Penetranz von sich gibt. Es ist vor allem Eitelkeit, denn da ich an seiner Intelligenz nicht zweifeln möchte, hat er die Zusammenhänge längst selbst sehen müssen, denen er immer weniger entgegensetzen zu können scheint als lediglich seine selbstgestrickten, aber biologisch ungeeigneten Kriterien. Das sehen auch seine jüngeren Mitarbeiter inzwischen, die sich um ihn kaum noch kümmern. Von ihm, der wie ein absolutistischer Fürst im falschen Jahrhundert agiert, wird kein Nachgeben zu erwarten sein, da es sein Selbstverständnis, eben die absolutistische Denkweise, zerstören und damit eine persönliche Katastrophe bedeuten würde (übrigens Originalton von B. selbst). Neben der Eitelkeit ist aber auch ein besonderes Sendungsbewusstsein, dass die Industrie seinen fachlichen Rat und sogar Schutz dringend benötigt, ein Hauptmotiv, das er auch in Fernsehinterviews unverblümt äußert. Wie kann dann eine maßvolle Regulierung überhaupt zustande kommen.«[22]

Bernhardt handelt sich mit seiner Verteidigung der bestehenden Grenzwerte zahlreiche Vorwürfe ein, die von schwerwiegenden Fehldarstellungen, Halbheiten, Tatsachenverdrehungen und Fehlinterpretationen bis zu grober Fahrlässigkeit und Desinformation der Bürger reichen.

Bürgerinitiativen haben den Professor deshalb aufgefordert, selbst an einem wissenschaftlichen Experiment teilzunehmen. Die Bürgerwelle e.V. wollte eine von Sponsoren zugesagte Prämie von 20.000 Mark an denjenigen ranghohen Entscheidungsträger der Mobilfunkindustrie, Strahlenschutzbehörden, Politik und Wissenschaft auszahlen, der sich zehn Tage lang der Dauerimmission einer GSM-Mobilfunkstrahlung in Höhe des gesetzlichen Grenzwertes aussetzt. Voraussetzung ist, dass während oder kurz nach der Exposition keine gesundheitliche Beeinträchtigung nachzuweisen ist. Aber Professor Bernhardt wollte nicht an dem Experiment teilnehmen, zum Leidwesen der Mobilfunkgegner, die ihm einen offenen Brief schrieben: »Leider hatten Sie ein an Sie gerichtetes Angebot anlässlich des Elektrosmogforums in Bonn am 19./20.10.1999 mit den Bemerkungen abgelehnt: ›Ich würde das schon tun, aber für Geld mache ich es nicht.‹ Daraufhin wurden Sie aufgefordert, aufgrund Ihrer Position es ohne Geld zu tun. Ihre Antwort: ›Ich habe aber leider keine Zeit.‹« Angesichts der »Rufmordkampagne« gegen seine Person, schreibt Bernhardt im Antwortbrief an seine Kritiker, sei es doch zuviel verlangt, dass er an einem solchen Versuch teilnehme.

Der Professor hat dafür sicherlich noch andere Gründe. Schließlich hat er selbst schon eingeräumt, dass es Hinweise auf schwere gesundheitliche Schäden gibt. In einem Fernsehinterview sagte Bernhardt 1997: »Zweifelsfrei verstanden haben wir bei den hochfrequenten Feldern nur die thermische Wirkung, und nur auf dieser Basis können wir derzeit Grenzwerte festlegen. Es gibt darüber hinaus Hinweise auf krebsfördernde Wirkungen und Störungen an der Zellmembran.«[23] Auf die

Frage des Fernsehjournalisten, warum man die Grenzwerte ohne ausreichendes Wissen um die biologische Gefährlichkeit festgelegt und warum man diese nicht beim geringsten Anzeichen einer Gefahr vorsorglich senkt, hat Professor Bernhardt geantwortet: »Wenn man die Grenzwerte reduziert, dann macht man die Wirtschaft kaputt, dann wird der Standort Deutschland gefährdet.«[24] Nun könnte man eine solche Antwort begrüßen, nach dem Motto: Endlich sagt mal einer offen, worum es wirklich geht. Der zentrale Einwand dabei bleibt: Es ist nicht die Aufgabe des Strahlenschützers die Wirtschaft oder bestimmte Branchen zu schützen, sondern die Gesundheit der Menschen vor Strahlung.

WHO-Direktorin Brundtland – ein Opfer des Elektrosmogs

Sehr gut verstanden, was wirklich läuft, hat offenbar die WHO-Direktorin Gro Harlem Brundtland. Sie spürt es nämlich, wie viele andere Menschen auch, am eigenen Leib. Im März 2002 gab die ehemalige norwegische Ministerpräsidentin in einem Interview zu, Kopfschmerzen zu bekommen, wenn sie ein Mobiltelefon benutzt. Der Bericht in der norwegischen Tageszeitung *Dagbladet*[25] überraschte nicht nur Mobilfunkkritiker. Denn jahrein, jahraus berufen sich Betreiber und Politiker auf die WHO und auf jene Grenzwerte, die von Professor Bernhardt und seinen ICNIRP-Kollegen im Auftrag der WHO weitergegeben werden. Alle Welt sollte denken, dass sogar die Weltgesundheitsorganisation den Mobilfunk für unbedenklich hält, wenn die Grenzwerte eingehalten werden. Und dann plötzlich dieses Geständnis der WHO-Direktorin.

Brundtland hatte nie ein eigenes Handy, sagt sie, benutzte aber manchmal das eines Mitarbeiters. Heute bekommt die 62-Jährige sogar schon Kopfschmerzen, wenn Leute in ihrer Umgebung mobil telefonieren. Ihre Mitarbeiter müssen das Mobiltelefon abschalten, um die Chefin vor Beschwerden zu schützen. »Es ist nicht das Klingeln, sondern die Wellen, auf die ich reagiere. Meine Überempfindlichkeit ist schon weit fortgeschritten, dass ich sogar auf Mobiltelefone reagiere, wenn sie näher als vier Meter von mir entfernt sind«, sagte die WHO-Direktorin im Interview. »Am Anfang fühlte ich eine lokale Erwärmung rund um mein Ohr. Aber diese Schmerzen wurden schlimmer und verwandelten sich dann in starke körperliche Beschwerden und Kopfschmerzen jedes Mal, wenn ich ein Mobiltelefon benutzte.« Die Schmerzen dauern eine halbe bis eine Stunde nach der Bestrahlung. Erst dachte Brundtland, kürzere Telefonate würden das Problem lösen. Aber es half nichts. Sie hörte ganz auf, Handys zu benutzen. Doch rundherum wird damit telefoniert, und Brundtlands Problem wurde folglich immer stärker. Wie bei Allergien nimmt die Sensibilität für Elektrosmog im Lauf der Zeit zu. »Ich fühlte nach einer Weile, dass ich eine Überempfindlichkeit gegen die Strahlung entwickelt hatte. Und um sicherzugehen, dass ich nicht für hysterisch gehalten werde – oder wie manch einer glauben könnte, dass ich mir das nur einbilde – machte ich verschiedene Tests: Leute waren in meinem Büro mit ihrem Mobiltelefon, das sie in ihrer Tasche verborgen hatten. Ohne zu wissen, ob es ein- oder ausgeschaltet war, haben wir meine Reaktionen getestet. Ich habe immer reagiert, wenn es eingeschaltet war, niemals, wenn es ausgeschaltet war. Hier gibt es keinen Zweifel.« Auch auf schnurlose Haustelefone reagiert der Körper der WHO-Direktorin mit Schmerzen. Sie weiß also, wovon sie spricht, wenn sie im März 2002 eine indirekte Warnung ausspricht: »Wir haben keinen wissenschaftlichen Beweis, um mit einer Warnung herauszukommen. Es ist nicht erwiesen, dass die Strahlung zum Beispiel einen Hirntumor verursachen kann. Die WHO hat eine große Studie laufen, und in zwei bis drei Jahren von jetzt an werden wir bessere Antworten auf diese Fragen haben. Aber ich verstehe die Wissenschaftler, die warnen. Ich denke, wir haben allen Grund, vorsichtig zu sein und Mobiltelefone nicht mehr als nötig zu benutzen. Und je jünger Sie sind, desto ernster muss das genommen werden. Ich denke, wir sollten dem Vorsorgeprinzip folgen.«

Es scheint so, als komme langsam auch bei der UNO Bewegung in die Sache. Schweizer Mobilfunkkritiker wiesen darauf hin, dass sie ein gutes Jahr zuvor von den UNO-Direktionen in Genf und Wien noch abgewiesen wurden, als sie eine Petition an den Generalsekretär Kofi Annan übergeben wollten. Darin forderten sie, dass die WHO und ihre Unterorganisationen von Vertretern und Lobbyisten der Mobilfunkindustrie und der Stromhändler »gesäubert« werden sollen. Sie mussten damals, so berichten die Mobilfunkgegner, die Kiste mit den Unterschriften und Dokumenten direkt nach New York verfrachten. Dass jetzt die Direktorin der WHO in Genf selbst unter Elektrosmog leidet, sei kein Grund zur Schadenfreude, sagen die Kritiker. Aber sehr wohl ein Grund, nachzudenken und schnell zu handeln.

Rinder fantasieren nicht: Wie eine Studie manipuliert wird

Menschen, die unter elektromagnetischer Strahlung leiden, müssen sich immer wieder vorhalten lassen, dass sie hysterisch sind und nur Gespenster sehen. Um solche Vorwürfe zu entkräften, braucht es Studien, die das Verhalten von Tieren untersuchen. Denn bei Tieren – so darf man allgemein annehmen – ist es ausgeschlossen, dass sie sich kraft ihrer Fantasie irgendwelche Symptome einbilden, wenn sie einem elektromagnetischen Feld ausgesetzt sind. Sehnlich erwartet und in zweifacher Hinsicht aussagekräftig war daher die so genannte Rinderstudie, deren Ergebnisse bis heute für Wirbel sorgen. Denn zum einen zeigt diese Studie, welche gesundheitlichen Folgen selbst unterhalb von nur einem Promille der bestehenden Grenzwerte entstehen können. Zum anderen belegt sie auch, wie weite Teile der Politik mit dem Thema umgehen.

Zur Vorgeschichte[26]: Im oberbayerischen Ort Schnaitsee waren seit 1995 auf einem Bauernhof immer wieder Tiere erkrankt. Sie starben oder kamen missgebildet zur Welt, und zwar in einer Häufigkeit, die auffällig war. Bauer Josef Altenweger und seine Frau Erna machten dafür die gepulsten Hochfrequenzfelder eines Sendemastes in der Nähe ihres Hofes verantwortlich. Denn bevor die Sender da waren, gaben die Rinder einwandfreie Milch und waren gesund. Doch mit einem Mal kamen die Probleme. Bauer Altenweger machte das Naheliegende, er ging zum zuständigen Veterinäramt in Traunstein. Aber der Veterinäroberrat konnte auch nach mehreren Untersuchungen keine tiermedizinische Begründung finden. Weder die Haltung der Tiere noch das Futter waren die Ursache für das Siechtum im Stall. Dem Veterinär kam ein Verdacht, den er öffentlich aussprach: dass die Erkrankung der Milchkühe mit dem nur wenige hundert Meter entfernten Sendeturm zu tun haben könnte. Dieser war Anfang der achtziger Jahre errichtet und als Fernsehturm genutzt worden. 1992 waren dann das C-Netz, das D-Netz, E plus sowie Eurosignal und Richtfunk dazugekommen. Und nicht weit entfernt noch ein weiterer Mast, betrieben von der Firma Mannesmann.

Kurz nachdem die Masten errichtet worden waren, hatte auch Bauer Altenweger Kopfschmerzen und Herzbeschwerden bekommen. Er fühlte sich einfach schlecht. So schlecht, dass er zeitweise vom Hof wegziehen musste. Die Tiere aber blieben auf der Weide, bis 1995 die erste Kuh erkrankte. Sie hat – so beschreiben es die Altenwegers – förmlich durchgedreht und ist nach zwei Tagen einfach tot umgefallen. Tollwut – so stellte sich heraus – war es nicht. Dafür hat man im Gehirn des Tiers eine Schwellung festgestellt.

Das Veterinäramt Traunstein verfasste am 16. April 1997 einen Bericht, in dem alle Krankheitserscheinungen auf dem Altenwegerschen Hof aufgelistet werden: In fünfzehn Monaten traten bei einem Bestand von 23 Tieren fünf Verwerfungen, also Fehlgeburten, auf, ohne dass eine Ursache dafür festzustellen war. Die Tiere hatten plötzlich auch Fruchtbarkeitsstörungen – was vorher nie der Fall gewesen war. Sie magerten stark ab, vor allem nach den Verwerfungen, und mussten teilweise notgeschlachtet werden. Viele Kühe hatten Entzündungen rund um die Augen und rieben die Augen an Gegenständen. Manche Tiere drückten mit dem Kopf gegen den unteren Brustbereich der Nachbartiere, manche zogen einen Fuß an, andere trippelten dauernd auf der Stelle oder wiegten den Kopf hin und her. Der Tierarzt vom Veterinäramt dokumentierte die Verhaltenssauffälligkeiten auf Fotos und Video. Die Milchleistung sank 1997 von 7.300 Kilogramm auf 5.400 Kilogramm. Der Fett- und Eiweißgehalt der Milch sank, ebenso die Laktosewerte. Auffallend war auch die Zunahme der sonst sehr seltenen Zwillingsgeburten und der eindeutige Überschuss an männlichen Geburten. Die Neugeborenen waren oft unterernährt.

Altenweger musste sich zunächst gegen manchen Vorwurf wehren. Falsches Futter, schlechte Stallungen – doch die Untersuchungen des Veterinäramtes hatten ergeben, dass er leistungsgerecht und qualitativ hochwertig fütterte und dass bei den verendeten Tieren keine Hinweise auf Entzündungen oder Krankheitserreger gefunden worden seien. Deswegen habe man zwei besonders verhaltensauffällige Tiere in einen

20 Kilometer entfernten Betrieb gebracht – und die Symptome verschwanden. Sie traten erst wieder auf, als man die Tiere in den Altenwegerschen Stall zurückbrachte.

Im Sommer 1997 wandte sich Josef Altenweger in seiner Verzweiflung an verschiedene Politiker. Doch die interessierten sich nicht für den Fall. Nur der Abgeordnete Volker Hartenstein reagierte und brachte die Vorfälle vor den bayerischen Landtag. Hartenstein, damals noch Mitglied von Bündnis 90/Die Grünen, stellte am 2. Oktober 1997 einen Dringlichkeitsantrag, der am 16. Oktober den Fall vor den Ausschuss für Landesentwicklung und Umweltfragen brachte. Der Landtag beauftragte daraufhin die Bayerische Staatregierung, auf dem Hof der Familie Altenweger untersuchen zu lassen, ob und inwieweit die elektromagnetischen Felder für die Erkrankungen der Tiere verantwortlich seien. Doch erst einmal wurden Proben vom Trinkwasser genommen, die Wohn- und Schlafräume der Familie wurden nach Radonbelastungen untersucht – nur den einfachsten Test, nämlich die Sender für zwei Wochen abzuschalten, das hat man nicht gemacht. Die Mobilfunkbetreiber lehnten das ab. Dem verbeamteten Traunsteiner Veterinärmediziner, der den Fall Altenweger dokumentiert hatte, verordnete das Bayerische Sozialministerium ein Veröffentlichungsverbot, solange die Untersuchungen nicht abgeschlossen seien.

Die Vorkommnisse auf dem Hof der Altenwegers waren kein Einzelfall, wie oft behauptet wurde. Landwirtschaftliche Fachjournalisten und Mobilfunkgegner konnten bald schon andere Höfe in der Nähe von Sendemasten nennen, die unter Problemen litten.[27] Aber so gut dokumentiert wie der Fall Schnaitsee war keiner. Und würde auch keiner mehr werden, denn die zuständigen Veterinärmediziner sind als Beamte weisungsgebunden. Sie unterstehen in Bayern zum Beispiel dem Staatsministerium für Arbeit und Sozialordnung, Familie, Frauen und Gesundheit. Die Bayerische Staatsregierung aber ist seit jeher sehr engagiert beim Ausbau des Mobilfunks. Der Freistaat hielt in den neunziger Jahren zum Beispiel 28,8 Prozent Beteiligung an der Viag AG und war interessiert an lukrativen Veräußerungen von Firmenanteilen. Die Telekommunikationsbranche galt nicht nur bei Viag als Wachstumsmarkt. Da sollten kritische Studien natürlich nicht zu Unruhe auf dem Markt führen. Die Belastung für Mensch, Tier und Pflanzen in Schnaitsee aber blieb.

1998 gab das Bayerische Umweltministerium schließlich eine Studie[28] in Auftrag, die eine Klärung bringen sollte. Wissenschaftler von den Universitäten Gießen und München untersuchten auf 38 Höfen den Einfluss der Strahlung.

Zur Hälfte wurde die 800.000 Mark teure Studie von Mobilfunkbetreiberfirmen bezahlt, die daraufhin nicht nur bei der Auswahl der Testhöfe, sondern auch beim abschließenden Colloquium mitreden durften. Mobilfunkgegner kritisierten, dass die Auswahl der Höfe zu zwei Dritteln von Befürwortern der Technologie getroffen wurde, weil neben den Betreibern auch die Bayerische Staatsregierung sich eindeutig für Mobilfunk und für die dazu nötige Bereitstellung landeseigener Liegenschaften ausgesprochen hatte. Nur ein Drittel der Höfe sei letztlich nach rein wissenschaftlichen Kriterien ausgesucht worden.

Wichtig waren auch andere methodische Fragen im Vorfeld der Studie. Zum Beispiel die Einteilung in vier verschiedene Messgruppen. Die Betriebe sollten in etwa gleichen Teilen in unmittelbarer Nähe beziehungsweise in sehr weiter Entfernung zu Mobilfunksendeanlagen stehen. Zusätzlich aber sollten bei den Messungen auch die Feldstärkewerte der vor Ort wirksamen Rundfunk- und Fernsehsender berücksichtigt werden. So entstand die Einteilung in die vier Gruppen A, B, C und D. Die Mobilfunkgegner kritisierten, dass »durch Auswahl landwirtschaftlicher Betriebe, in deren Nähe sich auch andere Hochfrequenzanlagen befinden, Rückschlüsse auf den Mobilfunk deutlich erschwert werden«.[29]

Die kritischen Anmerkungen kamen nicht zu Unrecht, denn selbst im Abschlussbericht der Studie ist davon die Rede, dass man die Betriebe »sicherlich auch sorgfältiger hätte aussuchen können«. Der bayerische Landtagsabgeordnete Volker Hartenstein bemängelte die »unsachgemäße Einteilung« der Höfe in vier Gruppen. »Da werden nicht Höfe mit und ohne Exposition miteinander verglichen, sondern vier Gruppen aufgemacht, wodurch zum Beispiel der am stärksten bestrahlte Hof – bedingt durch Fernseh- und Rundfunk-Hochfrequenzfelder – in die Gruppe B und nicht in die Gruppe A fällt, wo er eigentlich hingehören sollte. Ein absolut fragwürdiges Vorgehen, das die Ergebnisse verfälscht.«

Trotz der methodischen Finessen enthält die Rinderstudie aber immer noch genug brisantes Material. Zu viel für die Auftraggeber vom Bayerischen Umweltministerium? Es gab Veränderungen an den Ergebnissen der Studie, die Endfassung ist schließlich eine geglättete Version. Das Umweltministerium hat im Nachhinein, am 15. März 2001, dazu geschrieben: »In den Fällen, in denen Änderungen im Entwurf des Schlussberichts vorgenommen wurden, geschah dies ausschließlich durch die Auftragnehmer selbst oder mit deren Billigung.« Und genau auf diese »Billigung« bezieht sich Hartensteins Hauptvorwurf. Er spricht von »politischer Einflussnahme der Auftraggeber auf Textpassagen mit kritischem Inhalt«.

Hartenstein hatte nämlich auch die ursprüngliche Fassung der Studie bekommen. Woher, will er nicht sagen. Aber ein Textvergleich, der den Autoren dieses Buches vorliegt, macht deutlich, dass wesentliche Aussagen in der »redigierten« Fassung nicht mehr zu finden oder abgeschwächt worden sind. Zum Beispiel: Mikronuklei. Das sind kleine Partikel, die während der Zellteilung entstehen und als Indiz für Chromosomen-Veränderungen dienen. Erhöhte Mikronukleus-Frequenzen, wie sie die Gießener Wissenschaftler bei den Tieren der ersten beiden Testgruppen feststellten, zeigen Chromosomen-Anomalien an. In der ersten Fassung war dieses Ergebnis noch zu lesen. In der Endfassung nicht mehr. Zweites Beispiel: Schwesterchromatid-Austausche. Mit ihrer Hilfe wird das Risiko vererbbarer Schäden erfasst. Die Gießener Wissenschaftler fanden »statistisch hoch absicherbare Unterschiede« zwischen den Testtieren der strahlenbelasteten A-Gruppe und den Kontrolltieren. In einigen Betrieben lag die »SCE-Frequenz weit über dem Mittelwert«. Im offiziellen Endbericht kein Wort mehr davon. Allerdings spielt in diesem Zusammenhang auch die Viruserkrankung BVD eine Rolle, die auf einigen Höfen gefunden wurde.

Von Viren war in der Diskussion dann besonders viel die Rede. Oft wurde in der Öffentlichkeit der Eindruck erweckt, die Schäden der Rinder seien nur auf diese Viren zurückzuführen, der Mobilfunk habe gar nichts damit zu tun. Eine Aussage, die nicht haltbar ist. Zum einen wurden auf dem Hof des Bauern Altenweger, der am stärksten betroffen und Auslöser für die ganze Studie war, keine Viren gefunden. Und zum zweiten kann es sehr gut einen Zusammenhang geben zwischen den

Mobilfunkstrahlen und dem Auftreten von Viruserkrankungen. Dazu hat Professor Herzog von der Tierärztlichen Fakultät der Universität Gießen, der als Wissenschaftler die Rinderstudie geleitet hat, später vor dem Hessischen Landtag folgendes gesagt: »Ich wäre gern bereit, unsere Untersuchung zu wiederholen, vielleicht unter etwas anderen Bedingungen. Eine Hypothese könnte sein: Durch die Immunsuppression sind die Tiere zu der Virusinfektion gelangt, und Magnetfelder plus Virus verursachen dann die Misere. Zu klären wäre auch, ob sich die Wirkung des Virus mit der des elektromagnetischen Feldes irgendwie potenziert, ob es synergetische Wirkungen gibt. Das sollte man immer untersuchen, wenn man Umweltwirkungen untersuchen will.«[30]

In der ursprünglichen Fassung der Rinderstudie war von »Herz- und Gehirnmissbildungen, die sicherlich auch vorhanden waren«, die Rede, die dann »keine Erwähnung finden«. Im Endbericht ist die Passage gestrichen. Die ursprüngliche Fassung vermerkt, dass ein »Einfluss der Gruppenzugehörigkeit« der geschädigten Tiere »erkennbar« war. Das deutet klar darauf hin, dass Schäden in Zusammenhang mit der Strahlenexposition stehen. Am Ende hieß es dann aber: »Ein Einfluss der Expositionsgruppenzugehörigkeit lässt sich nicht zweifelsfrei ableiten.«

Die Veröffentlichung von Fotos missgebildeter Tiere wurde vom Ministerium abgelehnt. Offenbar wollte man kein Gruselkabinett, das den Mobilfunk in ein schlechtes Licht bringen könnte. Andere Einflussgrößen auf die Studie wurden hingegen »stark« hervorgehoben, obwohl beim Abschlusscolloquium die Formulierung vereinbart wurde, dass diese die Ergebnisse »beeinflusst haben können«. Auch haben Colloquiumsteilnehmer dem Abgeordneten Hartenstein bestätigt, dass die wesentliche Aussage der Studie in der veröffentlichten Fassung einfach weggelassen wurde: »Wegen dieser Ergebnisse besteht kein Anlass, bezüglich des Einflusses elektromagnetischer Felder Entwarnung zu geben.«

Genau das aber tat die Bayerische Staatsregierung. In einer Pressemeldung des Bayerischen Umweltministeriums vom 30. November 2000 heißt es lapidar: keine neuen Aussagen, Gefährdungsszenario nicht erkennbar. Der bayerische Umweltminister Werner Schnappauf (CSU) sagte am 28. Februar 2001 im ZDF: »Es gibt nach dem heutigen

Stand der Wissenschaft keinen Anlass, einen direkten Zusammenhang zu vermuten zwischen den Auswirkungen einer Mobilfunkantennenanlage und der Gesundheit.« Zuvor hatte er schon in einer Radiosendung des Bayerischen Rundfunks behauptet: »Im Ergebnis haben die Forscher keinen Zusammenhang, keine Kausalität festgestellt, zwischen der Strahlung, die von Mobilfunkantennenanlagen ausgeht, und einem veränderten Verhalten, lassen Sie mich allgemein sagen, der Gesundheit von Rindern.« Der Veterinär Christoph Wenzel, damals noch an der Universität München beschäftigt und als Forscher an der Rinderstudie beteiligt, widersprach dieser Behauptung: »Die Interpretation ist falsch. Es besteht im Prinzip genau das Gegenteil. In unserem Bericht in einer achtstündigen Expertenrunde im November im Bayerischen Umweltministerium haben wir uns auf einen Kernsatz verständigt, nämlich es darf keine Entwarnung gegeben werden. Dieser Kernsatz findet sich nun nicht in dem Resümee des Bayerischen Umweltministeriums, das man im Internet nachlesen kann. Wir haben einen Zusammenhang zwischen der Strahlung, die von Mobilfunksendeanlagen ausgeht, und dem Verhalten der Tiere gefunden.«[31]

Der Landtagsabgeordnete Volker Hartenstein kritisiert die Vorgehensweise der Bayerischen Staatsregierung scharf: »Obwohl eindeutige Ergebnisse vorliegen, wird quasi Entwarnung gegeben. Aus meiner Sicht besteht eine zu große Nähe der Bayerischen Staatsregierung zu den Mobilfunkbetreibern. Das erinnert schon stark an den BSE-Skandal. Da spielte eine ähnliche Nähe zur Bauernlobby mit.«

Das Bayerische Umweltministerium hat Hartensteins Vorwürfe zurückgewiesen. Einfluss auf die Wissenschaftler sei nicht genommen worden. Diese hätten unabhängig ihre Untersuchungen gemacht.

Aber die Wissenschaftler waren keineswegs einverstanden mit der Art, wie die Ergebnisse gedeutet und der Öffentlichkeit verkauft wurden. Der Tiermediziner Christoph Wenzel, Mitverfasser der Studie, stellt fest: »Das Resümee des Ministeriums stimmt nicht mit der Realität, mit dem, was wir produziert haben, überein. Insofern möchte ich den Umgang des Ministeriums mit unseren Ergebnissen als fragwürdig bezeichnen.« Wenzel sah Handlungsbedarf: »An sich reichen die Ergebnisse, nicht nur unserer Studie, zur Zeit aus, um handeln zu können.«

Missbildungen, chronischer Stress, Mikrokerne im Blut – die Ergebnisse lassen ganz andere Deutungen zu, als dem bayerischen Umweltministerium offenbar lieb war. Professor Wolfgang Löscher von der Tiermedizinischen Fakultät Hannover sieht das auch so: »In der Rinderstudie gab es signifikante Hinweise darauf, dass bei diesen Rindern möglicherweise eine erbgutschädigende Wirkung durch hochfrequente Sendeanlagen stattgefunden hat.« Und: »In der Gesamtheit der Beobachtungen, die alle in Richtung eines Effektes gehen, zeigt die Rinderstudie Besorgnis erregende Tendenzen in Richtung einer möglichen Gesundheitsgefährdung.« Bestätigung bekam Löscher von seinem Kollegen Wolfgang Klee, Universität München. Nach dessen Meinung »sind die Ergebnisse so zu interpretieren, dass von einer Entwarnung nicht die Rede sein kann«. Klarere Worte von der bayerischen Regierung hätte sich auch Professor Jürgen Unshelm von der Universität München gewünscht. Von einer Nichtgefährdung könne nämlich keinesfalls gesprochen werden.

Der Umgang mit wissenschaftlichen Ergebnissen ist höchst fragwürdig. Schnaitsee ist ein Musterbeispiel für die Art, wie die Politik beim Thema Mobilfunk vorgeht. Die Ergebnisse sind da, allein es fehlt der politische Wille zum Handeln. Nicht nur in Schnaitsee lassen sich Beispiele finden, die deutlich machen, wie sehr elektromagnetische Felder die Gesundheit von Tieren beeinträchtigen. Dabei lassen sich diese Störungen leicht beheben. Der Journalist und gelernte Hochfrequenztechniker Karl Schweinberger vom *Bayerischen Landwirtschaftlichen Wochenblatt* in München berichtet von einem Fall in Österreich, wo sich ein Bauer auf seinem Hof eine Richtfunkanlage für Mobilfunk hat aufstellen lassen. Binnen vierzehn Tagen haben die Tiere nicht mehr richtig gefressen, es kam zu ähnlichen Problemen wie im Betrieb der Familie Altenweger. Der Bauer ließ in Zusammenarbeit mit Tierarzt und Universität alles untersuchen, die Blutbilder, das Futter – es wurden keine Auffälligkeiten festgestellt. Zuletzt ist man draufgekommen, dass die Probleme existieren, seit die Richtfunkanlage installiert ist. Der Betreiber der Anlage hat sich kooperativ gezeigt – die Anlage wurde abgeschaltet. Bereits einen Tag später haben die Tiere wieder gefressen. Bald gab es auch keine Probleme mehr bei Geburten, wie sie während der Bestrahlung gehäuft aufgetreten waren.[32]

Auch Professor Alexander Volger hat vor dem Hessischen Landtag ein solches Beispiel vorgetragen[33]: »Die Pferde der Polizeistaffel von Kassel sind krank geworden, seitdem der Sendemast auf dem Polizeigebäude steht. Das kränkste Pferd ist untersucht und in einen Stall gebracht worden, der von solchen Sendemasten relativ weit weg war. Das Pferd hat sich erholt; nach vierzehn Tagen war es gesund – ohne weitere Medikamentierung. Als man es zurückbrachte, war es innerhalb eines Tages wieder krank.« Tiere bilden sich nichts ein.

Im Frühjahr 2002 veröffentlichten die drei Forscher Anna-Caroline Wöhr, Jürgen Unshelm (beide Universität München) und Christoph Wenzel (mittlerweile Universität Gießen) ihre Ergebnisse der zweijährigen Rinderstudie noch einmal. Noch präziser, noch deutlicher wurde herausgearbeitet, wie das Verhalten der Milchrinder auf den 30 Höfen in Bayern und Hessen durch die unmittelbare Nähe von Mobilfunksendern beeinträchtigt ist. Die Tiere sind einer »chronischen Stressbelastung« ausgesetzt. Sie legen sich auffällig häufig auf die linke Seite. Frühere Untersuchungen zum Liegeverhalten belegen, dass Rinder gewöhnlich die linke und rechte Körperseite nahezu gleichmäßig belasten. Anders im elektromagnetischen Feld: In der Ruhephase legten sich die Tiere entweder überdurchschnittlich lange oder gar nicht hin, weil »die Kühe das Aufstehen und Niederlegen scheuten«, heißt es in dem Forschungsbericht, der in der Fachzeitschrift *Der praktische Tierarzt* veröffentlicht wurde. Dazu kommen Fressstörungen, die Häufigkeit und die Dauer des Wiederkäuens lagen klar unter dem Durchschnitt. Das Wiederkäuen ist Teil der Verdauung und ein Zeichen des Wohlbefindens. Parallel zu den Verhaltensbeobachtungen konnten die Forscher abweichende Hormonspiegel beim Kortison und Melatonin messen, letzteres regelt die Schlaf-/Wachphase. Das bedeutet, dass die gepulsten Mobilfunkstrahlen auf die Hirnanhangdrüse und Nebennierenrinden wirken.

Verhaltensstörungen und Hormonveränderungen lassen sich durch die Rinderstudie also eindeutig nachweisen. »Mit den Erkenntnissen hätte man eigentlich sofort politisch reagieren müssen«, meint Christoph Wenzel: »Und man hätte gleich noch weitere Studien dranhängen müssen. Aber geschehen ist nichts.«

Der Auftraggeber, die Bayerische Staatsregierung, hat die Besorgnis erregenden Forschungsergebnisse einfach ignoriert. Weder Bundesumweltminister Trittin noch der bayerische Umweltminister Schnappauf haben gehandelt. Die Strahlenschutz-Kommission unter Professor Bernhardt hielt offenbar nicht viel von den Ergebnissen der Rinderstudie. Kein Wunder, ihre Ergebnisse kommen einer dringenden Aufforderung zum Handeln gleich. Aber auf Dauer lässt sich die Sache nicht aussitzen.

Nachdem lange Zeit abgestritten wurde, dass von der Bundesregierung weitere epidemiologische Untersuchungen geplant seien, wurde es im Herbst 2002 dann endlich amtlich. Bis 2006 soll eine ganze Reihe von Untersuchungen zu den Auswirkungen von Mobilfunkstrahlen durchgeführt werden. Viele Bereiche sollen untersucht werden, für die es bereits beängstigende Hinweise gibt. Krebsbildung, Blut-Hirnschranke, Veränderungen bei Rindern und vieles mehr. Mobilfunkkritiker begrüßen diese Untersuchungen, wundern sich aber auch, dass diese jetzt erst in Auftrag gegeben werden:

»Beruhigend klingt diese große Zahl geplanter Untersuchungen für Anwohner von Mobilfunksendern/Handynutzer nicht gerade. Zumal die Schwerpunkte gerade bei den Punkten liegen, auf die von kritischen Wissenschaftlern seit langer Zeit immer wieder hingewiesen wurde, ohne dass es Konsequenzen gab. Diese Untersuchungen hätte man vor der flächendeckenden Einführung des Mobilfunks durchführen müssen und nicht erst Jahre danach. Ein großer Teil der Bevölkerung nimmt nun unfreiwillig an diesem hochriskanten Feldversuch teil.«[34]

Josef Altenweger wohnt immer noch auf seinem Hof. Zumindest zeitweise. Dauernd würde er es gar nicht aushalten, sagt er, denn vor allem im Winter sind die Beschwerden auch bei ihm besonders schlimm. An solchen schlechten Tagen muss der 46-Jährige noch gar nicht im Stall gewesen sein, um zu wissen, wie es seinen Tieren geht. Sie fressen nicht, sind nervös. Seine Existenz, sagt Altenweger im September 2002 bei einem Telefonat, sei ruiniert. Seit drei Jahren muss er in der Fabrik arbeiten, weil er seine Familie mit dem Hof nicht mehr ernähren kann. Er hat nur noch ein Viertel seines früheren Viehbestandes, insgesamt noch zehn Milchkühe. »Die Kuhfamilien sind etwas stabiler, aber ihre

Lebenserwartung ist wesentlich geringer. Und es gibt so gut wie keine Fortpflanzung mehr.« Bei der vorletzten Geburt in seinem Stall war das Kalb nur Haut und Knochen. »Ein echter Kümmerer. Da mag man sich gar nicht mehr drauf freuen, wenn ein Tier auf die Welt kommt, weil immer irgendwas nicht in Ordnung ist.« Die Antennen, erzählt der Bauer, sind alle noch da. Bis auf eine Mobilfunkantenne, in 150 Meter Entfernung, auf dem Nachbarhaus – da sei die Firma Pleite gegangen, den Vertrag habe sie natürlich nicht eingehalten, der Nachbar müsse jetzt den Antennen-Schrott selber entsorgen. Für Altenweger hat sich die Situation nicht verändert. Die Tierärzte können seinen maroden Kühen längst nicht mehr helfen. Und juristisch lässt sich nichts machen, denn die Grenzwerte werden eingehalten.

Das Siechtum aber geht weiter. In der Nachbarschaft, erzählt Altenweger, sei unlängst die Tochter an einem Kopftumor gestorben. Sie war 37 Jahre alt. Von den vier Höfen in der Gegend seien jetzt noch drei bewohnt. Und auf jedem habe es einen Fall von Hörsturz gegeben. Auch Josef Altenweger hat es getroffen. Dennoch, er ist und bleibt ein ruhiger Typ. Trotz zerstörter Existenz, trotz Krankheiten, trotz des Ärgers, trotz der zahlreichen Unterstellungen, die man ihm schon entgegengebracht hat. Er kenne keine Wut, keinen Hass, keine Trauer, sagt er: »Denn wenn du solche Gefühle wie Wut zulässt, dann bist du schnell sehr gefährdet, dass du vom Leben ausscheidest.« Nach sechs Jahren Kampf hat Josef Altenweger die Hoffnung nicht aufgegeben, dass sich politisch doch noch etwas bewegen wird. Denn immerhin gibt es einige Studien, die deutlich zeigen, wie gefährlich das Mobilfunk-Experiment sein könnte. Darunter sind auch Studien, die von der Industrie in Auftrag gegeben wurden, wie die folgenden Beispiele belegen.

Die Vögel pfeifen's von den Dächern: die Semm-Studie

Professor Peter Semm ist ein renommierter Wissenschaftler. Schon vor über 20 Jahren entdeckten er und seine Kollegen bei elektrophysiologischen Untersuchungen, dass die Zirbeldrüse von Meerschweinchen auf Magnetfelder empfindlich reagiert. Die Zirbeldrüse ist der zentrale Regler im Organismus und produziert Melatonin. Das Hormon steuert eine ganze Reihe von lebenswichtigen Funktionen – den

Schlaf-Wach-Rhythmus, die jahreszeitlichen Rhythmen, die Sexualität. Semm, Neurobiologe am Zoologischen Institut der Universität Frankfurt am Main, berichtete Anfang der neunziger Jahre auf einem Kongress der Deutschen Forschungsgemeinschaft (DFG) über den Einfluss elektromagnetischer Felder auf Vögel. Daraufhin meldete sich die Telekom bei Semm und bot ihm einen Forschungsauftrag an. Semms Heisenberg-Stipendium lief gerade aus, und so nahm er das Angebot an. Das war im Jahr 1994. Fortan bestrahlte der Forscher im Auftrag der Telekom Tauben mit gepulsten Mobilfunk-Frequenzen. Alle halbe Stunde nahm er Blutproben und untersuchte die Melatoninproduktion. Das Ergebnis war eindeutig messbar: Die nächtliche Produktion des Hormons wurde durch die Bestrahlung unterdrückt. Nur in einem einzigen Versuch der Reihe gab es einen Ausreißer in der Kontrollgruppe, was bei Tierversuchen normal ist. Es hätte die Statistik, aber nicht das Ergebnis verändert. Semm wollte aber wissenschaftlich exakt arbeiten und deshalb die ganze Reihe wiederholen. Das allerdings durfte er nicht. Der Auftraggeber sah das Ergebnis wohl schon kommen: Veränderungen bei der Melatoninproduktion sind ein besonders heikles Thema. So genau wollte man es lieber nicht wissen.

Aus Peter Semms Forschung haben sich noch andere Erkenntnisse ergeben. Im Labor wurden auch Zebrafinken bestrahlt, mit einer Leistungsflussdichte, die weit unterhalb des Grenzwerts für Handys liegt. Auch hier war eine eindeutige Auswirkung auf die Zellen der Vögel nachweisbar. Normalerweise ändern Zellen von Zebrafinken die Frequenz ihrer Nervenimpulse um bis zu zehn Prozent. Bei einer Befeldung mit Mobilfunkstrahlen (900 MHz, 217 Hz getaktet) reagierten sie völlig unerwartet mit einer Abweichung um 60 Prozent. Ein Besorgnis erregendes Ergebnis.

Peter Semm hatte diese Untersuchungen nicht allein ausgeführt. Fünf Mitarbeiter der Telekom waren bei etwa einem Dutzend Versuchen anwesend und haben genau verfolgt, was Semm tat und was am Ende dabei herauskam. Die Versuchsergebnisse waren eindeutig und reproduzierbar; sie waren zudem von einem amerikanischen Wissenschaftler nachvollzogen worden. Die Telekom-Fachleute mussten die Ergebnisse anerkennen, aber veröffentlicht werden sollten sie nicht. Herr Kühn vom Forschungszentrum der Telekom teilte dies dem Wissenschaftler Semm mit. Semm war empört, aber Kühn berief sich auf den Arbeitsvertrag und erinnerte den Forscher an seine Schweigepflicht. Semm wehrte sich und bekam mehrere Abmahnungen. Bald darauf erhielt er die Kündigung und ein Hausverbot bei der Forschungsgemeinschaft Funk.

Bei der Telekom war man sich offenbar bewusst, wie brisant die Ergebnisse von Semms Untersuchungen waren. Das Hormon Melatonin hemmt das Wachstum bestimmter Tumore. Wenn der Melatonin-Spiegel sinkt, steigt unter Umständen das Risiko für Brust-, Gebärmutter und Prostatakrebs. Die Veränderung des Melatoninhaushalts kann sich auch auf die Schlafgewohnheiten, den Blutdruck und das Immunsystem auswirken. Außerdem kann sie zu Depressionen führen.

Spätestens seit 1996 musste den Betreibern der Telekom also klar sein, wie gefährlich die Strahlung sein kann. Aber weil die Studie nicht veröffentlicht wurde, musste sie auch nicht zur Kenntnis genommen werden. Der Mobilfunkkritiker Gerd Ernst Zesar hat Anfang 2001 mit einem Vertreter der deutschen Strahlenschutzkommission telefoniert und ihn darauf angesprochen: »Ein Industriewissenschaftler und Mitglied im bundesdeutschen Ausschuss für nichtionisierende Strahlungen äußerte auf meinen Hinweis auf die Telekom/Semm-Forschung voller Freude, die Arbeit sei ja noch nicht publiziert.« Zesars Einwand, dass die Ergebnisse der Studie auf der Telemetrie-Konferenz 1996 in Garmisch von der Telekom autorisiert vorgetragen wurden, fruchteten nicht. Die Zusammenfassung dieser Studien waren sogar im Programmheft zur Telemetriekonferenz unter dem Titel »Neurale Antworten auf schwache elektromagnetische Felder« abgedruckt worden. Aber die Studie selbst war eben nicht veröffentlicht und konnte somit erfolgreich ignoriert werden.

Im Jahr 2001 hatte Peter Semm der deutschen Strahlenschutzkommission und dem Bundesumweltministerium vorgeschlagen, den Versuch öffentlich zu wiederholen. Beide Institutionen haben höflich, aber bestimmt ihr Desinteresse bekundet.

Erst im Herbst 2002 konnte die Studie endlich doch noch publiziert werden. Zusammen mit dem amerikanischen Forscher Robert C. Beason hat Peter Semm den Aufsatz in den *Neuroscience Letters* veröffentlicht.[35] Die Aussage der Studie ist eindeutig: »Such responses indicate a potential health risk for humans using hand-held cellular phones.« In einem Gutachten vom März 2001 schreibt Peter Semm: »Modulierte elektromagnetische Felder, die von Mobiltelefonen und Sendeanlagen ausgehen, rufen in biologischen Systemen Reaktionen hervor, die es wahrscheinlich machen, dass es im Falle des Menschen zu gesundheitlichen Störungen kommt. Besonders im Bereich des Zentralnervensystems ist die Empfindlichkeit für eine solche Einflussnahme stark ausgeprägt. Es kommt zu Störungen des Hormonhaushaltes, insbesondere des Pinealhormons Melatonin, und der vegetativen Balance (Schlafstörungen, Nervosität, Unwohlsein, Kopfschmerzen). Auch speziellere Einwirkungen, wie zum Beispiel beim Tinnitus (akustisches System), sind wahrscheinlich, da die entsprechenden Hirngebiete direkt unter der Schädeldecke lokalisiert sind und somit durch die Felder direkt beeinflusst werden können.«[36]

Für Peter Semm ist das Vorgehen der Telekom und der Behörden unverantwortlich. »Vor allem in Bezug auf die Gesundheit der Bevölkerung. Unverantwortlich ist es auch in Bezug auf die Freiheit der Wissenschaft. Vor allem aber hat man nichts gelernt aus den Fehlern der Vergangenheit. Denn bei der Vergabe der UMTS-Lizenzen wurde wieder vorher nicht ausgetestet, welche Gesundheitsgefährdung für die Menschen entsteht.«

Im Osten viel Neues: Karl Hecht und die russischen Studien

Auch das nächste Beispiel zeigt, dass die Verantwortlichen über die Gesundheitsschäden durch Mobilfunk informiert sind. In der Sowjetunion hatten Forscher seit langem die Wirkungen elektromagnetischer Felder untersucht. Die zahlreichen Ergebnisse waren in der einschlägigen Literatur der westlichen Welt aber selten oder gar nicht aufgeführt. Deshalb hat das Bundesinstitut für Telekommunikation in Mainz, Vorläufer der Regulierungsbehörde für Telekommunikation und Post, Anfang der neunziger Jahre eine Untersuchung der relevanten russischen Studien zum Thema in Auftrag gegeben. Professor Karl Hecht war der geeignete Mann dafür. Er spricht Russisch und ist ein medizinischer Fachmann – als Direktor des Instituts für Pathologische Physiologie an der Berliner Charité und später in seinem eigenen Institut für Stressforschung in Berlin. Der Zusammenhang zwischen Strahlung und Schlafstörungen war Hecht schon früher aufgefallen. Patienten, die unter Schlafstörungen litten und in der Nähe von Funkanlagen wohnten, schliefen im abgeschirmten Schlaflabor der Klinik trotz zahlreicher Kabel und Elektroden bestens. Sobald sie aber nach Hause zurückkehrten, war ihr Schlaf wieder gestört. Auch Menschen, die unmittelbar neben Radioweckern und Fernsehern geschlafen hatten, wurden ihre Beschwerden los, sobald sie die Geräte entfernten. Professor Hecht zog aus seinen Beobachtungen den Schluss, dass es Menschen gibt, die empfindlich auf »Elektrosmog« reagieren.

Die russischsprachige Fachliteratur zu den gesundheitlichen Auswirkungen von elektromagnetischen Feldern bekräftigten diese Folgerungen. Professor Hecht und sein Kollege Hans-Ullrich Balzer zogen etwa 1.500 Untersuchungen aus den Jahren 1960 bis 1996 heran. Zur detaillierten Auswertung kamen 878 Aufsätze, die wesentliche Ergebnisse über Langzeitwirkungen elektromagnetischer Felder aus der ehemaligen Sowjetunion vermitteln. Dort, beziehungsweise im heutigen Russland, liegt der gesetzliche Grenzwert übrigens um den Faktor 10 niedriger als in Deutschland. Mitarbeiter, die verstärkt elektromagnetischen Feldern am Arbeitsplatz ausgesetzt sind, werden dort ein- bis zweimal jährlich arbeitsmedizinisch untersucht. Hecht fand 60 Studien, die als Langzeitfeldstudien mit einer großen Zahl untersuchter Personen und entsprechender Kontrollgruppen gelten dürfen. Als entscheidender Faktor für die gesundheitsschädigende Wirkung der EMF erwies sich die Dauer der Einwirkung. Die Auswertung dieser Befunde ergab, dass der Organismus in den ersten drei Jahren mit gesteigerter Aktivität reagiert, im dritten bis fünften Jahr gab es eine »stille« Phase. Dann aber zeigten sich mit zunehmender Stärke Symptombilder, die dem chronischen Müdigkeitssyndrom entsprechen. Vergleichbar dem Erschöpfungsstadium beim Stress.

Richtiggehend erkrankt waren den Studien zufolge 20 Prozent der untersuchten Personen – sogar bei den geringeren russischen Grenzwerten. Bei einer Einwirkungsdauer von über zehn Jahren manifestierten sich die Veränderungen im Körper bis hin zur Krankheit. Mit zunehmender Einwirkzeit verstärkten sich die Symptome – sie wurden intensiver und kamen häufiger. Die russische Literatur führte als

Symptome zum Beispiel an: Neurasthenie, neurotische Symptome, arterielle Hypotonie (verminderter Blutdruck), Bradycardie (Verlangsamung der Herztätigkeit) und Tachykardie (Herzrasen), vagotone Verschiebung des Herz-Kreislaufsystems, EEG-Veränderungen, Überfunktion der Schilddrüse, Potenzstörungen, Störung im hypothalamischen-hypophysären Nebennierenrindensystem, Verdauungsstörungen, Schlafstörungen, Verlangsamung der Sensomotorik, Ruhetremor der Finger, Haarausfall.

Als subjektive Beschwerden werden in den russischen Studien angegeben: Erschöpfung, Mattigkeit, Konzentrationsschwäche, Kopfschmerzen, Schwindelgefühl, Schweißausbrüche, spontane Erregbarkeit aus hypotoner Reaktionslage, Herzschmerzen.

Auch über Tierexperimente wird in der ausgewerteten Literatur ausführlich berichtet. Hier zeigt sich die Dauer der Bestrahlung als wichtigster Faktor. In Langzeitstudien habe sich zum Beispiel gezeigt, dass die Föten von Ratten geschädigt waren und Missbildungen aufwiesen, berichtet Professor Hecht.

Die Auswirkungen auf das Tier sind denen beim Menschen ähnlich, »wobei sich eine annähernd lineare Zunahme der Intensität der biologischen Aktivität mit zunehmender Wellenlänge abzeichnet. Die Symptomatik der bioaktiven EMF-Langzeitwirkung ähnelt sehr derjenigen des Chronic Fatigue Syndrom (CFS).«

Hecht ist überzeugt, dass auch bei längerer Einwirkung von Mikrowellen Symptome wie chronische Erschöpfung auftreten. Ein brisantes Ergebnis, wie offenbar auch die Regulierungsbehörde fand. Hecht sollte den ersten Teil des Honorars für sein schriftliches Gutachten, den zweiten Teil nach einem mündlichen Vortrag im Bundesumweltministerium bekommen. Das Honorar hat er irgendwann tatsächlich erhalten, auf den Vortrag aber verzichtete die Behörde.

Hecht hat nachgefragt, was denn damit sei. Terminschwierigkeiten, hieß es daraufhin immer. Hecht fragte öfter nach, aber »irgendwann wird man müde und hört auf damit«. 1999 hat er sich bei der Behörde erkundigt, ob er die Ergebnisse anderweitig publizieren dürfe. Die Antwort war unklar: Jein. Hecht hielt 1999 beim internationalen Stress-Kongress in Montreux einen Vortrag über seine Ergebnisse. 2001 hat er Kurzfassungen in zwei wissenschaftlichen Zeitschriften veröffentlicht.[37] Die Ergebnisse haben großes Interesse in Teilen der Fachwelt und der Bevölkerung geweckt.

Interessierte Bürger erkundigten sich bei der Regulierungsbehörde nach der Studie. Sie bekamen zur Antwort, man habe diese Studie gar nicht und kenne sie auch nicht. Erst nach Vorlage der Auftragsnummer 4231/630402 fand sich das Forschungsmaterial doch noch. Man übergab es an Professor Hecht zum weiteren Verbleib. Eine Präsentation im Bundesumweltministerium hat bis heute nicht stattgefunden.

Der heute 78-jährige Wissenschaftler lacht erst einmal und antwortet dann sehr vorsichtig, wenn man ihn fragt, wie er denn die Vorgehensweise der Regulierungsbehörde einschätze: »Das ist sehr ungewöhnlich und keine korrekte Art, mit Untersuchungen umzugehen. Das ist mir zum ersten Mal passiert.«

Tatsache ist für Karl Hecht aber, dass wir in einer elektromagnetisch verschmutzten Umwelt leben. »Diese Tatsache wird aber nicht ernst genommen, und die Folgen für die Zukunft können wir nicht absehen.«

Die elektromagnetische Belastung des Menschen ist heute umfassend, vielfältig und wohl auch mit Grenzwertsenkungen allein nicht mehr zu verhindern, meint Hecht. Die in den russischen Studien gefundenen Symptome wie chronische Müdigkeit und Stress bis zur Erschöpfung sind heute auch bei uns oft diskutierte Themen. Die Zeitschrift *Psychologie heute* hatte den Stress im Juli 2000 und im Februar 2002 als Titelthema. Im Oktoberheft 2002 stand auf dem Cover zu lesen: »Müde, lustlos, ausgebrannt – wie Sie der Erschöpfung entkommen.« Die große Müdigkeit sei eine Folge des immer größer werdenden Termin- und Leistungsdrucks in unserer Arbeitswelt, lautet die These der Autoren. Mag ja gut sein, dass dies eine Rolle spielt, sagt der Stressforscher Karl Hecht, aber man sollte auch an die Belastung durch elektromagnetische Felder denken: »Man muss beides zusammen sehen.« Für Hecht ist die gesundheitsschädigende Wirkung von elektromagnetischen Feldern durch seine eigenen und die weltweiten Forschungsergebnisse jedenfalls erwiesen.[38]

Gewarnt werden müsse vor allen elektrischen Geräten und Einrichtungen, besonders aber vor Handys, DECT-Telefonen und Mobilfunksendern. Elektromagnetische Felder verursachen jenen Stress, der verstärkt wird durch andere Einflussfaktoren wie Lärm, Hitze, ungünstiges Klima und stimulierende Substanzen. Entscheidend ist dabei die Dauer der Strahleneinwirkung. Und besonders gefährdet sind junge Menschen. Oft ist heute die Rede vom ADS-Syndrom, also von Kindern, die als so genannte Zappelphilipps oder Hyperaktive gelten, und immer häufiger werden Psychopharmaka bei solchen Kindern eingesetzt. »Ritalin heißt die Wunderwaffe gegen hyperaktive und aufmerksamkeitsgestörte Kinder. Allein in Deutschland stieg die Absatzmenge des Psychopharmakons von 1995 bis 1999 um das Vierzigfache. Inzwischen werden aber die warnenden Stimmen immer lauter.« [39]

Die Kinder sind einfach überfordert. Doch wovon? Gesellschaftlicher, familiärer, schulischer Druck sind gewiss eine denkbare Antwort. Doch wie steht es mit dem Stress aus elektromagnetischer Strahlung? Wie steht es mit Handys in Kinderhand? Oder mit Schlafzimmern in der Nähe von Sendeanlagen?

Professor Karl Hecht wurde von besorgten Eltern in Überlingen gefragt, was sie tun sollen. Er empfahl ihnen, zum Schutz ihrer Kinder aus dem Umfeld eines Mobilfunksenders wegzuziehen. »Betroffene müssen sich, wie bereits allerorten geschehen, zu Initiativen zusammenschließen und die Verlegung der Sender an ungefährlichere Standorte fordern. Man muss von den Anlagenbetreibern und Geräteherstellern fordern, dass sie die Unschädlichkeit ihrer Einrichtungen beweisen, so, wie es bei Medikamenten eine Selbstverständlichkeit ist.«

Die Ecolog-Studie: »Runter mit dem Grenzwert«

Im September 1999 wurde das Ecolog-Institut[40] in Hannover nach längeren Vorgesprächen von der T-Mobile beauftragt, den derzeitigen wissenschaftlichen Kenntnisstand zu möglichen Auswirkungen der Felder des Mobilfunks auf die Gesundheit auszuwerten.[41] Dazu sollte die relevante Literatur zum Thema gesichtet und mit Hinblick auf den vorsorgenden Gesundheitsschutz bewertet werden. Die 100 wichtigsten Studien mit dem Aspekt Vorsorge sollte Ecolog sichten. Anschließend sollte das Ergebnis mit einem wissenschaftlichen Gremium eingehend diskutiert werden. Dieses Gremium sollte freilich der Auftraggeber benennen. Eine kleine Kontrollinstanz kann ja nie schaden, dachten sich wohl die Auftraggeber. Der Geschäftsführer des Ecolog-Instituts, der

Physiker Dr. Horst-Peter Neitzke, hat vor dem Hessischen Landtag diese Auswahl-Methode der Telekom jedenfalls so bewertet: «Es war ursprünglich geplant, dass wir diese Untersuchung machen und dann unsere Ergebnisse – da bitte ich, jetzt aufzuhorchen – einem von T-Mobile zu benennenden wissenschaftlichen Gremium vorstellen müssen. Das hat natürlich etwas von einem gewissen Disziplinierungsinstrument. Ich glaube nicht, dass es bei uns im Institut nötig gewesen wäre. Aber Sie gehen dann an eine solche Arbeit ganz sicher nicht so heran, dass Sie sich da Blößen geben.«[42]

Das Ecolog-Institut führte also seine Untersuchung durch und übergab die Studie im Mai 2000 dem Auftraggeber. In der Zwischenzeit aber hatte die T-Mobile auch noch andere Gutachter beauftragt: Professor Glaser von der Humboldt-Universität in Berlin, Professor Silny von der Rheinisch-Westfälischen Technischen Hochschule Aachen und das Öko-Institut in Darmstadt. Während Silny und Glaser eindeutig der mobilfunkfreundlichen Wissenschaftlerriege zuzuordnen sind, ist das Öko-Institut unverdächtig, hatte aber bis dato noch wenig zu dem Thema gearbeitet. Bei T-Mobile wusste man natürlich, dass vom Ecolog-Institut eine kritische Bewertung zu erwarten war. So beeilte man sich also, Institute, die als weniger mobilfunkkritisch einzuschätzen waren, mit einzubeziehen, um die zu erwartenden Ecolog-Ergebnisse auf diese Weise etwas zu relativieren. Dazu kommt, dass diese Institute ganz andere Studien auswerten sollten als Ecolog. Sie sollten einfach die hundert Studien nehmen, die ihnen am wichtigsten erschienen. Da waren dann welche über Herzschrittmacher darunter oder über Hochspannungsleitungen, auch zahlreiche aus den siebziger Jahren. Am Ende lagen völlig verschiedene Datensätze vor, die man so gut miteinander vergleichen konnte wie Äpfel und Birnen. Das aber verwässert die vorsorgeorientierten Daten. Ecolog-Geschäftsführer Neitzke ist sicher, dass diese Verfahrensänderung der Telekom aus einem klaren Kalkül heraus entstand: »T-Mobile hat noch drei andere Studien in Auftrag gegeben. Wie sie gewusst hat, welche Position wir grundsätzlich einnehmen – wir nehmen eine sehr vorsorgeorientierte Position ein –, hat sie auch gewusst, welche Positionen die anderen Institute haben. Sie hat auf diese Weise durch die Auswahl der anderen Institute auch versucht, ein Gegengewicht zu schaffen.«[43]

Die Ergebnisse der Studien der anderen Institute lagen zum Teil erst im Herbst 2000 vor. Es gingen mehrere Monate ins Land, in denen die T-Mobile versuchte, einen Träger für die wissenschaftlichen Diskussionsrunden zu finden. Nachdem das Bundesumweltministerium abgewunken hatte, wurde die Gruppe Mensch-Umwelt-Technik (MUT) am Forschungszentrum Jülich von der T-Mobile damit beauftragt, die wissenschaftlichen Diskussionsrunden zu organisieren. Doch es dauerte und dauerte. Landesbehörden, Kommunen, Verbraucher- und Naturschützer und nicht zuletzt die Bürger wollten endlich wissen, was los ist. Die Ergebnisse der Ecolog-Untersuchung waren eindeutig, also beschloss das Institut, sie zu veröffentlichen, ohne die wissenschaftlichen Diskussionsrunden abzuwarten.

Deutliche Aussagen

Neben den wissenschaftlich nicht umstrittenen thermischen Effekten hat die Sichtung der Literatur zahlreiche andere Hinweise und Nachweise auf gesundheitsschädliche Effekte unterhalb der thermischen Wirkung zu Tage gefördert. Dazu zählen:

- Schäden an den Molekülen der Erbsubstanz und an Proteinen
- gentoxische Effekte
- Schwächung des Immunsystems
- Beeinflussungen des Zentralen Nervensystems
  (Die Blut-Hirn-Schranke wird durch geringe nichtthermische Intensitäten hochfrequenter Felder durchlässiger für Fremdstoffe)
- Beeinträchtigungen des Hormonsystems
- Krebserkrankungen
- Infertilität und teratogene Wirkungen (Unfruchtbarkeit und Missbildungen)

Aufgrund der wissenschaftlichen Befunde kommt die Studie des Ecolog-Instituts zu folgenden Ergebnissen:

Krebserkrankungen

Untersuchungsergebnisse für alle Ebenen der Krebsentwicklung von der Schädigung der Erbsubstanz über die ungehemmte Vermehrung von

Zellen und Schwächungen des Immunsystems bis zur Manifestation der Krankheit belegen Wirkungen bei Leistungsflussdichten von weniger als 1 W/m², für einzelne Stufen der Entwicklung der Krankheit sind möglicherweise bereits Intensitäten von 0,1 W/m² und weniger wirksam.

Schwächung des Immunsystems

Experimente an Versuchstieren belegen nachteilige Einflüsse auf das Immunsystem ab 1 W/m², bei 0,2 W/m² sind beim Menschen erhöhte Ausschüttungen von Stress-Hormonen nachweisbar.

Einflüsse auf das Zentrale Nervensystem und kognitive Funktionen

Einflüsse hochfrequenter elektromagnetischer Felder auf das Zentrale Nervensystem sind für Menschen und Tiere bei Intensitäten deutlich unter den geltenden Grenzwerten belegt. Messbare physiologische Veränderungen wurden für Intensitäten von 0,5 W/m² nachgewiesen. Beeinträchtigungen kognitiver Leistungen treten bei Tieren ab 2 W/m² auf.

Die Ecolog-Aussage ist mehr als deutlich: »Die derzeit in Deutschland geltenden Sicherheitsgrenzwerte liegen für die beim Mobilfunk genutzten Frequenzen zwischen 30 und 60 V/m beziehungsweise 2 und 9 W/m². Diese Grenzwerte sind aus Sicht der Autoren zu hoch und mit der Zielsetzung eines vorsorgenden Gesundheitsschutzes nicht vereinbar.«

Für Anwohner von Mobilfunksendeanlagen (Basisstationen) empfiehlt die Ecolog-Studie einen Vorsorgegrenzwert von 0,01 W/m². Dieser sollte bei dem Betrieb von Mobilfunksendeanlagen in der Nähe von Wohngebieten, Schulen, Kindergärten, Spielplätzen, Krankenhäusern und allen anderen Orten, an denen sich Menschen regelmäßig für mehr als vier Stunden aufhalten, unbedingt eingehalten werden. Der Vorsorgegrenzwert 0,01 W/m² wird unabhängig von der Trägerfrequenz empfohlen.

Für die Nutzung von Mobiltelefonen empfiehlt die Ecolog-Studie eine Absenkung auf maximal 0,5 W/m². »Ein besonderes Problem in dieser Expositionsgruppe stellen Kinder und Jugendliche dar, da sich zum einen ihr Organismus in der Entwicklung befindet und deshalb besonders empfindlich ist, zum anderen weil mittlerweile viele Heranwachsende zu den regelmäßigen Nutzern von Mobiltelefonen gehören. Diese Bevölkerungsgruppe sollte deshalb zumindest nicht direkt beworben werden.«

Die Grenzwertempfehlungen der Ecolog-Studie sind zahlreichen Mobilfunkkritikern immer noch viel zu hoch. 0,01 W/m^2 entspricht 10.000 $\mu Watt/m^2$. Nervenzellen geben aber schon bei 2000 $\mu Watt/m^2$ falsche Signale, wie Professor Semm festgestellt hat. Die Blut-Hirn-Schranke wird schon bei 1000 $\mu Watt/m^2$ durchlässig, wie Professor Salford gezeigt hat. Hormonstörungen, verminderte Reaktion, DNA-Schäden und erhöhte Missgeburten bei Tieren wurden schon bei unter 250 $\mu Watt/m^2$ beobachtet. Die Ecolog-Werte reichen also bei weitem nicht aus, sagen die Kritiker.

Entscheidend aber ist, dass die Wirkungen der elektromagnetischen Felder (EMF) in der Forschungsarbeit eindeutig formuliert sind. Dies ist als Argument besonders schlagkräftig, weil die Ecolog-Studie von Betreiberseite in Auftrag gegeben wurde. Auch wenn diese versucht hat, die Ergebnisse zu relativieren, indem sie andere Institute mit anderen Literaturstudien beauftragte, die zu keinen eindeutigen Ergebnissen kamen. Ecolog spricht eine deutliche Sprache: Im Vergleich zum Niederfrequenzbereich ist die Zahl der epidemiologischen Untersuchungen im Hochfrequenzbereich zwar noch gering. »Dennoch sind die Ergebnisse insgesamt als ernstzunehmende Hinweise auf ein erhöhtes Krebsrisiko zu sehen«, heißt es in der Studie. Insbesondere Leukämie und Gehirntumore sind als Folge elektromagnetischer Hochfrequenz-Expositionen zu werten. Ecolog fordert daher das Vorsorgeprinzip, wie es in der europäischen Umweltpolitik und im Grundlagenvertrag der Europäischen Gemeinschaft von 1992 festgelegt ist. Und darüber hinaus empfiehlt Ecolog ein Minimierungsgebot für Belastungen durch elektromagnetische Felder, wie es etwa in Neuseeland gilt.

Auch wenn noch nicht alle Wirkungsmechanismen und Zusammenhänge im einzelnen geklärt sind, muss also gehandelt werden. Die Ergebnisse des Ecolog-Instituts haben ein wenig Bewegung ins Spiel gebracht. Im Bundesamt für Strahlenschutz haben sich mit dem neuen

Vorsitzenden Wolfram König die Positionen leicht verschoben. Der Vorsorgegedanke wird dort jetzt nicht mehr als ganz so exotisch betrachtet wie früher. Aber für eine Senkung der Grenzwerte hat es trotzdem noch nicht gereicht.

Dabei liegen längst schon einschlägige Forschungsergebnisse über die Strahlen vor. Denn nicht nur in der früheren Sowjetunion wurde viel geforscht, wie im Kapitel »Im Osten viel Neues: Karl Hecht und die russischen Studien« gezeigt wurde. Auch im Westen ist das elektromagnetische Spektrum seit Jahrzehnten Untersuchungsgegenstand für Militärs. Natürlich kann man die militärischen Möglichkeiten, die dieses Spektrum bietet, nicht in allen Wirkungsweisen mit der spezifischen Strahlung des Mobilfunks vergleichen. Aber die Hinweise, die sich aus zahlreichen Studien ergeben, hätten Anlass sein können, etwas vorsichtiger mit der neuen Technologie umzugehen. Seit Jahrzehnten weiß man um verschiedene Gefährdungen durch elektromagnetische Felder. Schon zu Zeiten des Kalten Krieges waren die Forscher auf der Suche nach waffen- und militärtauglichen Frequenzen – zum Abhören des Feindes, aber auch zum Bestrahlen. Unmittelbar nach dem ersten Golfkrieg gab es zahlreiche Gerüchte über elektromagnetische Strahlen, die auf Seiten der US-Armee im Einsatz gewesen sein sollen. So genannte E-Bomben sollen auch 1999 während des Nato-Einsatzes gegen Serbien verwendet worden sein, um Radarsysteme lahm zu legen.[44] Aber unabhängig von der Frage, ob solche Waffen tatsächlich schon eingesetzt werden – die Möglichkeiten, die mit einem großen elektromagnetischen Puls geschaffen werden, sind enorm. Man kennt diese Nebenwirkung von Nuklearwaffen. In den vergangenen Jahren versuchte man solch einen kräftigen Puls zu erzeugen, ohne Atombomben einsetzen zu müssen. In einer Welt, die nahezu vollständig von Elektrizität abhängig ist, sind Stromkreisläufe die Achillesferse des Systems. Mit einem Schlag ließe sich durch einen Energieblitz aus Radio- oder Mikrowellen die Elektronik des Gegners außer Kraft setzen. Kommunikations- und Transportsysteme, Finanzmärkte, Computeranlagen, Krankenhäuser, aber auch die Bordelektronik von Flugzeugen – plötzlich bricht überall der Betrieb zusammen. Panik und Chaos sind die Folge. Die so genannten Kollateralschäden wären dennoch vergleichsweise gering, zumindest fürs erste. Und noch ein militärischer Vorteil:

Der Einsatz solcher Waffen ist nicht leicht nachzuweisen. Denn anders als Sprengstoff oder Raketen hinterlassen sie so gut wie keine Spuren. Nicht auszudenken also, wenn Terroristen oder einfache Kriminelle in den Besitz dieser Technik kämen und zum Beispiel die elektronischen Sicherungssysteme von Banken ausschalteten. Und auch gleich noch die Kommunikationssysteme der Polizei. Fachleute gehen davon aus, dass dies schon passiert sein könnte.[45]

Es ist klar, dass militärische Projekte, die sich mit solchen Technologien beschäftigen, nicht unbedingt an die große Glocke gehängt werden. Dennoch ist in den vergangenen Jahren und Jahrzehnten einiges davon bekannt geworden. Es wird seit langem fleißig gearbeitet an Mikrowellenwaffen, bestätigen Wissenschaftler. Und geforscht wird in diesem Bereich noch viel länger. Die so genannte friedliche Nutzung des Mobilfunks ist in gewisser Weise nämlich auch ein Produkt des Kalten Kriegs.

Der gegrillte Feind: Die militärische Nutzung

Sommer 2001, Kirtland Airforce Base, Albuquerque, New Mexico: Die amerikanische Armee testet eine neue Waffe, die in einigen Medien als der größte militärtechnologische Wurf seit der Erfindung der Atombombe dargestellt wird. Der Feldversuch findet an Ziegen und Soldaten statt. Das Ergebnis soll bestätigen, was die Militärs hoffen – effektiv und ungefährlich soll dieses neue Gerät sein, das im Forschungsprogramm unter dem Stichwort »Non Lethal Weapons« läuft. Unter solchen »Nichttödlichen Waffen« versteht man alles, was den Gegner lahm legt, verwirrt, außer Gefecht setzt, aber nicht – zumindest nicht unmittelbar – tötet: Laser-Pistolen, Infrasound, Mikrowellen und so weiter. Schon zu Beginn der neunziger Jahre wurde darüber berichtet, dass das US-Militär eine Mikrowellenpistole entwickelt, die »schwere körperliche Störungen und Herzstillstand« verursacht.[46] Kein Wunder also, dass der Begriff *non lethal* höchst umstritten ist, weil er gar so harmlos klingt, obwohl alles andere als sicher ist, welche Schäden mittel- und langfristig bei den Opfern entstehen. Kritiker sprechen in diesem Zusammenhang auch gern vom »killing me softly«, von der sanften Art des Tötens. Die amerikanische Armee jedenfalls hat eine eigene Abteilung für solche Forschungsprojekte eingerichtet – das Joint Non-Lethal Weapons Directorate (JNLWD), das beim United States Marine Corps angesiedelt ist. Im März 2001 hatte das JNLWD auf ihrer Basis in Quantico, Virginia, die jüngste nichttödliche Waffe enthüllt. Das Vehicle Mounted Active Denial System (VMADS) besteht aus einem Radarschirm, der auf ein Fahrzeug montiert wird und einen starken elektromagnetischen Energie-Strahl emittiert.[47]

Im dritten Forschungsbericht über Non Lethal Weapons der University of Bradford vom August 2001 steht zum Thema »Electromagnetic Pulse Technology« über die neue Wunderwaffe der Amerikaner: »VMADS arbeitet mit einem speziellen Transmitter, der zwei Sekunden lange Salven gebündelter Mikrowellen-Energie abfeuert, die bei Menschen in Entfernungen bis zu 650 Meter ein brennendes Gefühl auf der Haut verursachen. Der Strahl dringt weniger als einen Millimeter unter die Haut, heizt die Hautoberfläche auf, hinterlässt aber keine Verbrennungsspuren. Dieses Gefühl löst beim Körper Abwehrmechanismen aus: Schmerz ebenso wie eine gewisse Verwirrung über die Ursache des Schmerzes. Wenn sich der Getroffene aus dem Strahl herausbewegt, hört der Schmerz auf.«[48] Er soll vergleichbar sein mit dem Gefühl, das man hat, wenn man eine heiße Glühbirne auf die Haut gedrückt bekommt. Allerdings hinterlässt VMADS dabei keine Spuren. Ideal also für begrenzte militärische Operationen gegen Menschenmengen, die man ein wenig aufmischen will, ohne ein Blutbad anzurichten. Verbirgt sich der Gegner in einer unübersichtlichen Menge, kann man ihn gezielt aufhalten, ohne direkt Menschenleben zu gefährden. Ein geeignetes Gerät also für den »low intensity war« der Zukunft.[49] Allerdings kein unumstrittenes. Im britischen Forschungsbericht heißt es: Einige Wissenschaftler hätten ernsthafte Befürchtungen bei dieser Waffe, weil sie vermuten, die Mikrowellen könnten im Nahbereich die Augäpfel eines Menschen förmlich zum Kochen bringen. Grauer Star und Krebs gehören zu den möglichen Langzeitfolgen dieser Art von Erfindung, sagen Forscher am Medizinischen Institut der Loma Linda Universität in Kalifornien. Ross Adey, ein international höchst renommierter Forscher im Bereich der Radiofrequenzen, lehnt die Unbedenklichkeitserklärungen der US Army rundweg ab: »Wir wissen von zahlreichen Formen von Mikrowellen, dass sie auf längere Dauer bereits unter dem Erhitzungsniveau signifikante Gesundheitsschäden verursachen können.«[50]

Die Debatte um solche Mikrowellen-Waffen ist auch für die Diskussion über Handys sehr interessant. Beim Mobilfunk wird gern argumentiert, es sei nichts bekannt über athermische Wirkungen der Strahlung. Im militärischen Bereich wird aber schon lange über solche Wirkungen geforscht und geschrieben. Natürlich kann man nicht das gesamte Frequenzspektrum in einen Topf werfen und davon ausgehen, dass die Folgen, die bei einer Bestrahlung mit einer bestimmten Frequenz und Intensität entstehen, auch zwangsläufig bei anderen Frequenzen und Intensitäten auftreten. Die Tatsache aber, dass es solche Wirkungen gibt, hätte die Anwender der Mobilfunktechnologie vorsichtig machen müssen.

So hat sich bereits im Jahr 1986 der Wissenschaftler Paul E. Tyler von der Maxwell Airforce Base mit dem Thema des elektromagnetischen Spektrums in militärischen Konflikten auseinandergesetzt.[51] Tyler bezieht sich darin auf schon vorhandene Forschungsergebnisse und nennt als Effekte elektromagnetischer Felder zum Beispiel:

- Stimulation der Knochenregeneration bei Brüchen
- Heilung normaler Brüche
- Behandlung von angeborener Pseudoarthrose
- Wundheilung
- Elektroanästhesie
- Elektrokrampftherapie
- Verhaltensmodifikation von Tieren
- Verändertes Elektroenzephalogramm bei Tieren und Menschen
- Veränderte Morphologie bei Tiergehirnen
- Akupunktureffekte
- Behandlung von Drogensucht
- Elektrostimulation zur Schmerzbehandlung
- Verändertes elektrisches Verhalten von Nervenzellen.

Das klingt nicht unbedingt besorgniserregend. Die Tatsache, dass unterhalb der thermischen Wirkung Effekte auftreten, ist aber durchaus nicht harmlos. Vor allem, wenn man eine Technologie flächendeckend einführt, ohne sich über ihre Auswirkungen im Klaren zu sein.

Tyler zitiert eine Übersicht über Biotechnologie bei der Luftwaffe, die bereits aus dem Jahr 1982 stammt: »Neue Daten erlauben den Schluss, dass Felder mit besonders aufbereiteter Radiofrequenzstrahlung eine schwere und revolutionäre Bedrohung für militärisches Personal darstellen kann. Elektroschocktherapie zeigt die Möglichkeit, durch elektrischen Strom die Funktion des Gehirns für kurze Zeit komplett zu unterbrechen, die Aufmerksamkeit für einige Zeit herzustellen und emotionales Verhalten über größere Zeiträume zu verändern. Erfahrungen mit Elektroschocktherapie, Experimente mit radiofrequenten elektromagnetischen Feldern und das steigende Verständnis des Gehirns als elektrisch arbeitendes Organ legten ernsthaft nahe, dass aufgezwungene elektromagnetische Felder absichtsvolles Verhalten verhindern können und es möglich wird, solches Verhalten zu steuern und/oder zu untersuchen. Weiterhin kann die Durchleitung von 100 Milliampere durch den Herzmuskel zu Herzstillstand und Tod führen, wodurch ein Waffeneffekt mit Lichtgeschwindigkeit erreicht werden kann. Ein das Zielgebiet schnell überstreichender Radiofrequenzstrahler kann über eine große Fläche effektiv töten oder kampfunfähig machen. Die Effektivität des Waffensystems hängt von Wellenform, Feldstärke, Pulslänge, Wiederholrate und der Trägerfrequenz ab. Ein solches Waffensystem kann durch Experimente an Gewebe und im Tiermaßstab bei gleichzeitiger Erforschung der zugrunde liegenden Mechanismen und der Effekte der verschiedenen Wellenformen entwickelt werden. Durch den Einsatz relativ schwacher radiofrequenter Strahlung könnte es möglich sein, dass man große militärische Verbände für geringe Mengen biologischer oder chemischer Kampfstoffe sensibilisiert, während unbestrahlte Personen nicht betroffen sind.«

Aber es gibt auch noch andere Erkenntnisse über die Wirkungen elektromagnetischer Strahlen. Nämlich Schädigungen bei lebenden Organismen, wie sie bereits vor Jahrzehnten festgestellt wurden. Tyler zählt auf:

– chaotisches Verhalten bei Zellen von Hühnerherzen, die mit elektrischen Signalen bestimmter Frequenzen und Amplituden stimuliert wurden.

- Einfluss auf die Atmung: Tiere bekamen bei bestimmten Frequenzen schwere Atemprobleme.
- sowjetische Studien, in denen mit Tönen, Licht, Wärme und elektromagnetischer Strahlung nicht organisch bedingte neuropsychische und somatische Störungen wie Neurosen, Psychosen, Schlaflosigkeit und Bluthochdruck erfolgreich behandelt worden sein sollen.
- Einfluss auf den Tagesrhythmus von Katzen; insbesondere die Schlafphasen wurden durch die elektromagnetischen Felder verlängert.
- Einfluss der Pulsform eines magnetischen Feldes auf die Entwicklung von Hühnerembryos.

Und weiter heißt es in der Studie von 1986: »Es ist nicht schwer, sich vorzustellen, dass elektromagnetische Felder auf die elektrischen Signale des Herzmuskels einwirken. Wenn die richtigen Parameter benutzt werden, kann man verschiedene Resultate erzielen. Dazu gehören Herzkammerflimmern und Herzstillstand mit tödlichem Ausgang. Untersuchungen haben verändertes Verhalten bei Tieren und verändertes Elektroenzephalogramm (EEG) bei Tieren und Menschen gezeigt.«

Auch die Störung neuronaler Wege wird 1986 bereits diskutiert. Sie kann zu einer Vielzahl von Effekten führen: das Zeitempfinden oder die kognitive Fähigkeit können beeinträchtigt werden. Effekte, die Tyler aus der Sicht des Militärs betrachtet und auf mögliche Waffentauglichkeit hin befragt. Klar ist, dass es sich um einen äußerst vielschichtigen Komplex handelt. Aber für jeden gewünschten Zweck könne man sich passende Effekte auswählen.

All diese Wirkungen, die weit unterhalb der Grenze entstehen, die heute als thermische bezeichnet wird, sind also bereits seit Jahrzehnten in der Diskussion. Trotzdem wird heute noch gern argumentiert, man wisse nichts über solche biochemischen und neurologischen Folgen. Wer aber die ältere Literatur sichtet, findet viele Hinweise und Erkenntnisse, die auf die Gefährlichkeit der elektromagnetischen Strahlung schließen lassen. Und Wissenschaftler weisen ja auch längst darauf hin. Professor Ross Adey von der Loma-Linda-University, California, einer der renommiertesten Forscher im Bereich der elektromagnetischen Strahlen, warnte bereits 1975: »Schon minimale Temperaturerhöhungen des Gehirns durch Feldeinflüsse von unter 0,1 °C ziehen eine Palette physiologischer und neuraler Reaktionen nach sich.« Adey war es auch, der bereits 1970 auf die Gefahren gepulster Mikrowellen hingewiesen hat: »Wir wissen sehr gut, dass gepulste Signale auf den Menschen stärker einwirken als ungepulste. Gepulste Mikrowellen greifen tief in biologische Prozesse ein.« Fünf Jahre später berichtete Adey bereits von konkreten Wirkungen: »Gepulste Felder verändern das EEG und das zentrale Nervensystem.«[52]

Zahlreiche Entdeckungen im Bereich der elektromagnetischen Felder waren militärischen Ursprungs. Die Entwicklung des Radars zum Beispiel, die auf den Verlauf und den Ausgang des Zweiten Weltkriegs entscheidenden Einfluss hatte. Man konnte in den vierziger Jahren plötzlich weit höhere Radiofrequenzen als vorher erzeugen, was nicht ohne gesundheitliche Folgen blieb. Das Bedienungspersonal der Radaranlagen klagte über Körpererwärmung, wie sie auch schon früher bei geringeren Frequenzen aufgetreten waren. 1942 und 1945 stellte die Navy erste Langzeituntersuchungen an, bei denen Radartechniker medizinisch untersucht wurden. Man fand die üblichen Symptome, die auf thermische Effekte zurückzuführen waren. Doch gleich nach dem Krieg haben Forscher der State University in Iowa herausgefunden, dass ein Zusammenhang zwischen Mikrowellenbestrahlung und dem Auftreten von Grauem Star bestand. Allerdings stellten sich die Symptome bei den Versuchstieren erst drei Tage nach der Bestrahlung ein. Voll ausgeprägt war die Linsentrübung des Auges dann nach 42 Tagen. So lange hatten die Navy-Untersuchungen freilich nicht gedauert. Jedenfalls verstand man die Ergebnisse nicht als Aufforderung zum Handeln, sondern als Hinweis auf die Notwendigkeit weiterer Forschung. Denn das eherne Gesetz der Physiker lautete, dass zwischen unsichtbaren Feldern und lebenden Organismen keine Wechselwirkung stattfinden könne. Und so dauerte es noch Jahrzehnte, bis doch sein konnte, was eigentlich nicht sein durfte. »Erst in den frühen siebziger Jahren wurden genügend valide Untersuchungen ohne militärische Gelder durchgeführt. Sie wiesen eindeutig nach, dass chronische Bestrahlung durch Mikrowellen in Dosen, die nicht zu einer Wärmewirkung führen, zu beginnendem Grauen Star führte. Offenbar richteten sich die lebenden Organismen nicht nach den fixen Ideen der Physiker und Ingenieure.«[53] Als Forscher 1988 herausfanden, dass nichtthermische Mikrowellenstrahlung die lichtempfindlichen chemischen Bestandteile der Netzhaut verändern können und die Strahlung dabei vollständig absorbiert wird, nutzten Militärforscher das gleich für ihre Zwecke. Man kam auf die Idee, die Stealth-Flugzeuge mit ähnlichen Chemikalien zu beschichten, damit sie für das Radar des Feindes unsichtbar bleiben.

Schon 1953 waren Meldungen über schwerste Gesundheitsstörungen durch Mikrowellen laut geworden. Der Arzt einer amerikanischen Flugzeugfabrik hatte bei Arbeitern, die mit Mikrowellen von schwacher Leistung zu tun hatten, zwischen 75 und 100 Fälle von unerklärlicher Blutungsneigung und gehäuftem Auftreten von Leukämie und Gehirntumoren festgestellt. Forscher berichteten in den fünfziger Jahren auch von Chromosomen-Abnormitäten bei Pflanzen, die kurzzeitig mit gepulsten Feldern der 27-MHz-Radiofrequenz bestrahlt wurden.

Das Militär aber blieb bei seiner Haltung: Wirkung kann nur bei Wärme auftreten. Das amerikanische Militär hatte aufgrund theoretischer Berechnungen eine Hypothese aufgestellt und 1957 für die Mikrowellenexposition einen Höchstwert von 10 Milliwatt pro Quadratzentimeter eingeführt. 1966 wurde diese Norm in das zivile Leben der USA übernommen. Wer als Wissenschaftler auf Gesundheitsschädigungen unterhalb dieses Wertes hinwies, »wurde ignoriert oder der Lächerlichkeit preisgegeben, und man strich ihnen die Forschungsgelder«.[54]

Dennoch gab es reichlich Widerspruch von Forschern. Die Militärs konterten mit eigenen Studien. So zahlte in den frühen achtziger Jahren die US Airforce eine kostspielige Untersuchung der University of Washington unter der Leitung von Dr. Arthur W. Guy. Darin wurden Ratten über 25 Monate dauernd mit Hochfrequenz-Mikrowellen von 2,45 Gigahertz bei ungefähr 0,5 mW/cm^2 bestrahlt. Das ist weit unter dem thermischen Niveau. Die Ergebnisse zeigten nur geringe Unterschiede zwischen den bestrahlten Tieren und den unbestrahlten der Kontrollgruppe. Allerdings hatten sich bösartige Primärtumoren bei 18 bestrahlten und nur fünf unbestrahlten Ratten entwickelt. Dennoch, so erklärte man, sei die Krebshäufigkeit niedriger, als man normalerweise erwartet hätte. Es folgte im September 1986 ein Aufsatz im *Scientific American*, wo die Ergebnisse publiziert wurden und anschließend viel Aufsehen in der Publikumspresse erregten. Worauf dabei nicht hingewiesen wurde, ist der entscheidende Umstand, der zu diesem Ergebnis führte. Dr. Guy verwendete nämlich Versuchs- und Kontrolltiere, die gnotobiotisch waren, das heißt sie waren in einem sehr aufwändigen Verfahren keim- und virusfrei gemacht worden. Dies war absolut nicht notwendig für die Versuchsreihen, es war teuer und auch nicht zweckmäßig, denn normalerweise leben weder Ratten noch Menschen ohne Viren und Bakterien. Wer also Ergebnisse mit einer Relevanz fürs alltägliche Leben wollte, wäre nicht auf die Idee verfallen, solche gnotobiotischen Tiere zu verwenden. Außer, er wollte damit ein bestimmtes Ergebnis erreichen. Es war seinerzeit schon bekannt, dass mindestens 20 Prozent der menschlichen Krebserkrankungen auf Virusinfektionen zurückgehen. Bei Tieren ist der Anteil sogar noch höher. Durch den Stress, der bei elektromagnetischer Strahlung entsteht, sinkt auf Dauer die Abwehrkraft des Immunsystems. Die Zahl der Infektionserkrankungen und von Krebs steigt. Aber nicht bei gnotobiotischen Tieren, weil ja Viren und Bakterien fehlen. Der amerikanische Arzt Robert O. Becker schreibt dazu: »Es drängt sich der Schluss auf, dass der Washingtoner Versuch vorsätzlich so angelegt wurde, dass die Häufigkeit von Krebs und Infektionskrankheiten bei den exponierten Tieren stark herabgesetzt wurde. Es kann keinen anderen Grund für die Forderung nach gnotobiotischen Tieren geben.«[55]

Umso erstaunlicher ist es, dass trotz dieses geschickten Schachzugs bei den mit Mikrowellen bestrahlten Tieren die Krebshäufigkeit immer noch viermal höher lag als bei den unbestrahlten. Und zwar vor allem der Hypophysen-, Schilddrüsen- und Nebennierenkrebs, was nach Becker darauf schließen lässt, dass die Strahlen besonders viel Stress erzeugten und die genannten Drüsen überaktiv und somit krebsanfällig wurden. Darauf deuten auch die biochemischen Daten der Studie hin.

Die Hinweise, dass Mikrowellen gefährlich sind, mehrten sich. Schon 1965 berichteten Ärzte von häufigeren Anomalien bei Kindern, deren Väter als Radartechniker beim Militär arbeiteten. Man vermutete einen Zusammenhang zwischen Mikrowellenbestrahlung und dem Down-Syndrom. Die Vermutung hat sich gut zwei Jahrzehnte später verdichtet. In der 25.000 Einwohner zählenden Stadt Vernon im nördlichen New Jersey kam das Down-Syndrom um 1.000 Prozent häufiger vor als im US-Landesdurchschnitt. Vernon lag bei der Zahl der Mikrowellensender an fünfter Stelle der USA – hinter New York, Chicago, Dallas und San Francisco.

Auch beim Zusammenhang zwischen Mikrowellen und Gehirntumoren hatte man bei der US-Armee Erfahrungen gemacht. Nach dem Koreakrieg wurde in Untersuchungen der US-Marine dieser Zusammenhang diskutiert. Man hatte die Zahl der Gehirntumoren bei Radartechnikern mit denen bei anderen Marineangehörigen verglichen und war auf keinen Unterschied gestoßen. Dreißig Jahre später, 1985, wertete Dr. Ruey Lin vom Maryland Department of Health für eine eigene Studie die Marine-Ergebnisse noch einmal aus und kam drauf, dass die Marine geschummelt hatte. Denn die Kontrollgruppe war damals genau so belastet wie die bestrahlte Gruppe. Es konnte also gar kein Unterschied bei der Tumorhäufigkeit deutlich werden. Lin berechnete die Marinedaten neu, nahm eine einwandfreie Kontrollgruppe und stellte fest, dass die Zahl der Gehirntumore bei den bestrahlten Marineangehörigen in Wirklichkeit deutlich erhöht war.

Zahlreiche folgende Studien haben später gezeigt, dass Kinder, deren Väter elektromagnetischen Feldern ausgesetzt waren, deutlich öfter Gehirnkrebs bekamen. Und zwar in einem Alter von unter zwei Jahren und obwohl sie selbst nie bestrahlt wurden. Es war zu Genveränderungen bei den Vätern gekommen, die wiederum zu Krankheiten bei den Kindern führten.

Die Lilienfeld-Studie

Wie aus einem James-Bond-Film klingt auch das, was in Zeiten des Kalten Krieges in Moskau geschehen ist. Dort litten die Angehörigen der amerikanischen Botschaft unter Beschwerden und Erkrankungen, die in der russischen Literatur als Radiowellenkrankheit bezeichnet wurden. Die US-Botschaft in Moskau war tatsächlich von den Russen bestrahlt worden, und zwar ganze 22 Jahre lang, von 1953 bis 1975. Die Sowjets wollten ihre Mikrowellenwaffen erproben.

1978 hat Abraham Lilienfeld, Epidemiologe an der John-Hopkins-

Universität, in einem 450-seitigen Buch im Auftrag des State Departments bestätigt, dass Moskauer Botschaftsangestellte häufiger krank waren als Angestellte von Botschaften anderer östlicher Länder. Sie litten hauptsächlich an Augenproblemen, Schuppenflechte, Blutarmut, Depression, Verwirrtheit, Konzentrationsschwierigkeiten und Vergesslichkeit.[56]

Am häufigsten zeigten sich die Symptome bei den Angestellten, die den niedrigsten Levels von Mikrowellen ausgesetzt waren. Lilienfeld schloss daraus, es gebe keine Mikrowelleneffekte. Und so erlosch das Interesse des Westens wieder. Die so genannte Radiowellenkrankheit wurde als psychisches Problem abgetan. Die wissenschaftlichen Berichte der Sowjets wurden nicht gelesen, oder man wollte ihren Ergebnissen nicht glauben. Dabei hätte man in den epidemiologischen Studien nachlesen können, dass die auf Strahlung zurückzuführenden Krankheitsschäden bei niedrigen Expositionen häufiger auftraten als bei den höchsten Expositionen.[57]

Erst in den neunziger Jahren zeigten wissenschaftliche Arbeiten[58] eine erhöhte Anzahl von Mutationen und Krebsfällen bei den Angestellten der amerikanischen Botschaft in Moskau, die über Jahre hinweg chronisch einem Radarsignal im Bereich von 20.000 bis 80.000 Mikrowatt/Quadratmeter ausgesetzt waren. 1998 bestätigte eine amerikanische Publikation[59], dass diese auch als Mikrowellensyndrom bezeichnete Funkfrequenzenkrankheit eine medizinische Realität sei, die mit der Exposition zusammenhänge und deren Technologie die Basis des heutigen Mobilfunks sei.

Bestrahlung der US-Botschaft in Moskau durch die Russen, zwecks Erprobung von Mikrowellenwaffen während 22 Jahren, von 1953–1975 Studie Lilienfeld (Quelle EPA-Nr.600/8-83-026F)

verwendete Frequenzen	600MHz bis 9.5GHz	IGW=43V/m (900MHz)
Feldstärke an Fassade aussen	4.3V/m	10% IGW
Feldstärke im Innern	0.14V/m	0.35% IGW

IGW = Imissionsgrenzwert für die Schweiz und die meisten europäischen Länder. Empfohlen von der ICNIRP (internationale Strahlenschutzkommission für nichtionisierende Strahlung) Quelle: http://www.gigaherz.ch/37/

Untersuchte Personenzahl = 4800 unbestrahlte Referenzgruppe = 7500	
Todesursachen	**vorwiegend Krebs**
Infektionskrankheiten	**3 mal höher**
Blutarmut Frauen	überdurchschnittlich
Depressionen Männer	überdurchschnittlich
Konzentrationsschwierigkeiten Männer	überdurchschnittlich
Gedächtnisschwäche Männer	überdurchschnittlich
Reizbarkeit Männer	überdurchschnittlich
Augenprobleme beide Geschlechter	überdurchschnittlich
Schuppenflechten beide Geschlechter	überdurchschnittlich

Was aber hat das mit der Mobilfunkdiskussion zu tun? Sehr viel, sagen renommierte Wissenschaftler wie Professor J.G. Hyland vom Institut für Physik an der University of Warwick. Hyland hat über die Ergebnisse der Lilienfeld-Studie im Jahr 2001 gesagt:

»Zur Unterstützung der Tatsache gesundheitsschädlicher Auswirkungen von Mikrowellen, wie sie heute speziell beim Mobilfunk benutzt werden, sollten wir uns an folgendes Ereignis erinnern: Während des ›Kalten Krieges‹ in den 50er und 60er Jahren war die Mikrowellenbestrahlung westlicher Botschaften in Moskau, die durch die Sowjetunion mit der erklärten Absicht durchgeführt wurde, Gesundheitsschäden zu verursachen, sehr erfolgreich. Die hierfür eingesetzten Mikrowellenstärken lagen zwischen der eines Handys und einer Basisstation.«[60]

Im Rückblick auf viele Jahrzehnte der Forschung, die es zu elektromagnetischen Feldern gab, schreibt der Wissenschaftler Robert O. Becker bereits im Jahr 1994: »Die wissenschaftlichen Daten, über die wir gegenwärtig verfügen, bezeugen, dass Mikrowellen schon bei Stärkegraden weit unter dem thermischen Niveau bedeutsame biologische Wirkungen haben. Die meisten dieser Wirkungen führen bei exponierten Personen und ihren nichtexponierten Nachkommen zu verschiedenen Krankheitszuständen, vor allem zu Krebs und genetischen Defekten.«[61]

Kritiker sagen seit langem, dass unabhängig von den jeweiligen Frequenzen Schäden auftreten. Dennoch zogen die Verantwortlichen daraus keine Konsequenzen, denn es handelt sich um Erkenntnisse, die weder für die Militärs noch für zivile Betreiber auf Seiten der Industrie angenehm sind. Elektromagnetische Felder werden also weiterhin weltweit und immer häufiger genutzt. In der Mobilfunktechnik zum Beispiel, aber auch im militärischen Bereich.

Wie aktuell die Diskussion um den Einsatz elektromagnetischer Strahlen als Waffe ist, zeigt das erwähnte Beispiel VMADS. Es gibt aber auch noch andere. Zum Beispiel jene Versuche mit extrem niedrigen Frequenzen (ELF), um die sich viele (Verschwörungs-) Theorien ranken. Es kann hier nicht diskutiert werden, wie viel dran ist an den diversen Thesen über das sogenannte HAARP-Projekt, das die USA in der Wildnis von Alaska betreiben. Dort wird mit einem extrem leistungsstarken Hochfrequenzsender die Ionosphäre erhitzt, damit diese einen Teil der Strahlung mit extrem niedrigen Frequenzen zur Erde zurückschickt, wodurch unterirdische Verstecke aufgespürt werden und Kommunikation mit tief tauchenden U-Booten ermöglicht wird. So zumindest die offizielle Darstellung des Projekts.[62] HAARP soll aber auch und vor allem – so zumindest wollen es Kritiker und Verschwörungstheoretiker sehen – noch ganz andere Ziele verfolgen. Es soll damit eine Art groß angelegte Mind-Control-Waffe entwickelt werden. Ähnliche Versuche mit Mikrowellen soll es auch schon in der früheren Sowjetunion gegeben haben. Die Bandbreite der möglichen HAARP-Wirkungen, die in solchen Theorien behauptet werden, reicht von tiefgreifender Bewusstseinsmanipulation großer Teile der Erdbevölkerung über die elektromagnetische Induktion von Krankheitsmustern in biologischen Systemen, von massiver Manipulation von Ökosystemen bis zu globaler Wettermanipulation und effektiver Abschirmung großer Gebiete vor Interkontinentalraketen und anderen ballistischen Flugkörpern.[63]

Dass ELF-Strahlung im Bereich von 60-Hertz-Stromfrequenz äußerst wirksam ist, ist schon länger bekannt. Sie erhöht zum Beispiel die Triglycerid-Werte im Blut. Das weiß die US-Marine seit 1973, weil sie damals in Clam Lake, Wisconsin, schon einmal ein riesiges Antennensystem unter dem Codenamen Sanguine betrieben hat. Die Marine untersuchte ihre Mitarbeiter und stellte erhöhte Blutwerte fest. Triglycerid-Werte stiegen bei erhöhtem Stress, was auf die Einwirkung von ELF-Feldern von 45 und 75 Hertz zurückgeführt wurde.[64]

Von niederfrequenten Feldern spricht man auch bei Starkstromleitungen und elektrischen Hausgeräten. Hier gibt es zahlreiche nachgewiesene Auswirkungen auf den Organismus: Ratten zeigten höhere Säuglingssterblichkeit und geringeres Geburtsgewicht. Menschen unter Hochspannungsleitungen litten gehäuft an seelischen Störungen und begingen eher Selbstmord. Weiterhin wurde beobachtet: Erhöhtes Vorkommen von Krebs bei Kindern; gesteigertes Wachstum von Krebszellen um 1.600 Prozent; erhöhte Häufigkeit von Gehirntumoren bei Arbeitern; Lernstörungen; gesunkene Serotonin- und Dopaminwerte (zwischen niedrigem Serotonin und Suizidhäufigkeit besteht ein Zusammenhang).[65]

Dass man mit ELF-Strahlen-Waffen also auch auf die körperliche, geistige und seelische Befindlichkeit von Menschen zielen könnte, scheint also gut möglich zu sein. Im Internet findet man eine Liste von US-Patent-Nummern, die den Bereich von elektromagnetischen Feldern und Biomanipulation umfassen. Die Patente reichen von Apparaten und Methoden, um Gehirnwellen aus der Distanz zu überwachen und zu beeinflussen (Patent Nummer 395 11 34), bis zu Gehirnwellen, die ein Apparat erzeugt (Patent Nummer 533 04 14). Oder Methoden und Vorrichtungen, die gewünschte Bewusstseinszustände hervorrufen (Patent Nummer 535 63 68). Und vieles mehr.[66]

Was auch immer damit gemacht wird, klar ist, dass elektromagnetische Strahlen ein hohes Potenzial zur Schädigung von Menschen, Tieren und Pflanzen besitzen. Im Zusammenhang mit dem Mobilfunk fragt man sich, warum eine Technologie flächendeckend ausgebaut wird, ohne dass vorher genauer geforscht wurde, obwohl aus militärischen Untersuchungen bekannt sein müsste, wie gefährlich die Strahlung wirken kann. Auch wenn nicht alle Ergebnisse eins zu eins auf den Mobilfunk übertragbar sind – ernst zu nehmende und durchaus vergleichbare Resultate bei sehr ähnlichen Frequenzen, Strahlungsstärken und ebenfalls bestehender Pulsung sind – wie gezeigt – vorhanden. Es hätte also nicht bedeutet, Äpfel mit Birnen zu vergleichen, wenn man vor der Einführung des Mobilfunks die Frage gestellt hätte: Sind die

Erkenntnisse aus der militärischen Forschung nicht eine ernst zu nehmende Warnung vor dem Einsatz dieser neuen zivilen Technik? Der Vermerk »Hier besteht noch Forschungsbedarf« ist zwar richtig, reicht aber allein nicht, wenn man zugleich den Mobilfunk im Eilverfahren ausbaut, bevor nähere Erkenntnisse auf dem Tisch liegen. Denn das, was bereits vor Jahren bekannt war, hätte gereicht, um äußerst vorsichtig an die Sache heranzugehen.

Machtworte
Was tut die Politik?

Die Polit-Poesie von Wahlkampfplakaten hat ihren eigenen Charme. Und manchmal erweist sie sich als unbeabsichtigt doppeldeutig. So warb zum Beispiel die SPD im Wahlkampf 2002 mit dem bildungspolitischen Slogan: »Wieviel ein Mensch lernt, ist seine Sache. Dass er die Möglichkeit dazu hat, unsere.« Auf dem Bild war Bundeskanzler Gerhard Schröder zu sehen, der sich im Auto ein Telefon ans Ohr drückt. Auch eine Telefonschnur war auf dem Plakat zu erkennen, es war also offenbar kein Handy. Denn gerade im Auto sind Handytelefonate nicht sonderlich gesund, im quasi Faradayschen Käfig eines Fahrzeugs wird die Strahlung, die an den Kopf dringt, bis zu viermal höher als normal. Hatte der Kanzler also gelernt? Das wäre seine Sache. Aber hatte er auch dafür gesorgt, dass andere erfahren, wie gefährlich Handys sind? Hat die Regierung die Bevölkerung ausreichend informiert? Wohl kaum.

Zahlreiche wissenschaftliche Studien wiesen auf mögliche Probleme hin. Die Diskussion um niedrigere Grenzwerte war längst entbrannt, unabhängige Wissenschaftler, Bürgerinitiativen und Betroffene forderten sie schon seit Jahren. So zum Beispiel der Tiermediziner Christoph Wenzel, der bei der Rinderstudie in Schnaitsee mitforschte: »Meiner Ansicht nach ist eine sofortige Grenzwertdiskussion anzustreben, mit allen beteiligten Sachkundigen, das heißt, dass der aktuell gültige Grenzwert neu diskutiert wird, in Frage gestellt wird. Dann sollte man darüber nachdenken, ob man nicht im Bereich von bewohnten Gebäuden auf die Installation von Mobilfunksendeanlagen verzichtet und dort entsprechende Auflagen schafft, um einfach im Sinne einer Vorbeugung tätig zu werden.« Solch klare Worte kamen 2001 von mehreren Seiten. Wohl auch deshalb gab es politische Kräfte innerhalb des rot-grünen Kabinetts, die sich für eine Senkung der Grenzwerte einsetzten. Der grüne Bundesumweltminister Jürgen Trittin plädierte zunächst für eine Reduzierung um den Faktor 10 – also für den Schweizer Grenzwert. Ob das wirklich schon ein Vorsorgewert ist, bezweifeln die meisten Mobilfunkgegner. Aber immerhin, ein politisches Signal wäre es gewesen. Auch Wolfram König, der Präsident des Bundesamtes für Strahlenschutz, das dem Umweltminister unterstellt ist, hatte sich in der *Berliner Zeitung* für eine Politik ausgesprochen, die stärker an Vorsorge orientiert ist. König begründete das mit möglichen, bisher nicht ausreichend erforschten schädlichen Wirkungen von Mobilfunk auf die Gesundheit. Bundestagsabgeordnete aus allen Parteien forderten ebenso schärfere Elektrosmog-Regeln.

Die Senkung der Grenzwerte schien im Sommer 2001 quasi abgemachte Sache zu sein, da zog im November Bundeskanzler Gerhard Schröder die Notbremse und erklärte den Mobilfunk zur Chefsache. Zeitungsberichten zufolge hatten Schröder und sein sozialdemokratischer Staatsminister im Bundeskanzleramt, Hans Martin Bury, alle Vorstöße aus den Reihen der Regierungskoalition in Richtung einer Absenkung von Grenzwerten blockiert, um Unruhe in der Wirtschaft zu vermeiden. »Im Kanzleramt werde alles daran gesetzt, die angespannte Konjunkturlage nicht noch durch zusätzliche, die Industrie belastende Maßnahmen zu verschärfen«, schrieb die *Berliner Zeitung* und berief sich mit dieser Aussage auf Regierungskreise. Eine Regierungssprecherin dementierte diese Angaben nicht.[1] Sie erklärte lediglich, dass »die Meinungsbildung innerhalb der Bundesregierung« zum Thema Vorsorgewerte »noch nicht abgeschlossen« sei. Offenbar waren wieder die klassischen Fronten aufeinandergeprallt – der industriefreundliche Kanzler und sein Wirtschaftsministerium gegen den grünen Umweltminister. Wie diese Duelle ausgehen, konnte man vorher schon ein paar mal erleben: beim so genannten Atomausstieg oder bei der Altautoverordnung. Und jetzt beim Mobilfunk. Ob die Mobilfunkbetreiber in letzter Sekunde antichambriert haben wie seinerzeit die Autolobby? Des Kanzlers Machtwort war jedenfalls gesprochen. Und wie sehr er sich in der Pflicht der Mobilfunkindustrie sieht, zeigte Schröder im September 2002, als sich mitten im Wahlkampf die Mobilcom-Pleite abzeichnete und er eine ordnungspolitisch fragwürdige Rettungsaktion unternahm. Was übrigens die Union nach eigenem Bekunden auch nicht anders gemacht hätte, wenn Mobilcom in Bayern ansässig gewesen wäre. [2]

Jedenfalls wurde einmal mehr deutlich, dass die Regierung

schlecht erst 50,8 Milliarden Euro für die UMTS-Lizenzen kassieren konnte, um dann eine ohnehin schon schwächelnde Branche noch mit Grenzwert-Debatten zu traktieren. Die Betreiberfirmen forderten Planungssicherheit, und der Kanzler saß in der Zwickmühle. Denn was würde passieren, wenn man den zahlreichen Hinweisen auf eine Gesundheitsgefährdung in aller Konsequenz nachginge? In einer kleinen Anfrage wollte die FDP von der Bundesregierung wissen, wie hoch sie die Wahrscheinlichkeit von Regressforderungen der UMTS-Lizenzinhaber einschätzt, sollten die Lizenzbedingungen aufgrund neuer Grenzwerte geändert werden? Die Antwort lautete: »Durch die Lizenzen haben die Betreiber u.a. das Recht, Mobilfunknetze aufbauen zu können. Nur falls durch Rechtsänderung das Recht zum Netzaufbau eingeschränkt würde, wäre zu prüfen, ob Regressforderungen eine rechtliche Grundlage finden. Davon kann aber auch nach einer Einführung von Vorsorgewerten zum Beispiel nach dem Schweizer Modell, die den Aufbau der Netze nach wie vor erlauben, nicht gesprochen werden.« Was aber, wenn sich herausstellte, dass die Schweizer Grenzwerte nicht ausreichen, dass Vorsorge eigentlich bedeuten müsste, den Betrieb vorerst ganz einzustellen, um genau zu prüfen, was den Menschen zuzumuten ist? Es wäre eine volkswirtschaftliche Katastrophe. Die Lizenzmilliarden, die zur Tilgung der Staatsschulden verwendet wurden, müssten zurückgezahlt werden.

Die Forderung ist auf internationalem Parkett bereits laut geworden. Allerdings nicht aus gesundheitlichen, sondern aus ökonomischen Gründen. Hintergrund dafür war die Pleite des Mobilfunkbetreibers Quam im Sommer 2002. Dieser kleinste deutsche Lizenzinhaber gehörte der spanischen Firma Telefónica Móviles und dem finnischen Staatsbetrieb Sonera. Deshalb forderte der finnische Kommunikationsminister im Sommer 2002 vom deutschen Staat eine Rückzahlung der Lizenzgelder, weil sich die finnische Telefonfirma Sonera beim Mitsteigern verhoben hatte. Die UMTS-Auktion sei der »größte industriepolitische Fehler seit dem Zweiten Weltkrieg«, kritisierte der Minister die deutsche Regierung.

Bleibt bei so viel ökonomischem Sprengstoff noch Raum für gesundheitspolitische Erwägungen? Oder hat sich der Staat selbst kastriert? Die Stimmung bei den Tausenden von Mobilfunkgeschädigten im Land ist eindeutig. Manche Bürgerinitiativen haben vor der letzten Bundestagswahl die Parteien zum Thema befragt und daraufhin eindeutige Wahlempfehlungen ausgesprochen. Denn trotz einzelner engagierter Abgeordneter in den etablierten Parteien kam richtiges Engagement für die Sache der Mobilfunkgegner nur von den Rändern des politischen Spektrums. Im Bundestag hatte im linken Lager nur die PDS kritische Anfragen gestellt und eindeutige politische Vorschläge gemacht. Im eher konservativen Spektrum hat sich die Ökologisch Demokratische Partei eindeutig positioniert, wenngleich ohne größere Chance, ins Parlament einzuziehen.[3]

Bündnis 90/Die Grünen verloren sich einmal mehr im opportunistischen Pragmatismus des Regierens. Im Wahlprogramm 2002–2006 beschränkt man sich auf die gängigen Formeln: »Die Sorgen um mögliche Schäden durch Elektrosmog nehmen wir ernst. Deswegen begrüßen wir, dass die Forschung in diesem Bereich intensiviert worden ist. Die Belastung der Bevölkerung muss kontinuierlich überprüft werden. Wir werden darauf achten, dass die abgeschlossene Selbstverpflichtung von der Industrie umgesetzt wird.« Messkataster, Transparenz, Bürgerbeteiligung, Label für strahlungsarme Handys und schließlich die Senkung des Grenzwerts – viel ist versprochen. Aber in der Praxis sieht es anders aus. Während die Partei eine Senkung der Grenzwerte um den Faktor 1000 an sogenannten »sensiblen Standorten« fordert, hat Umweltminister Jürgen Trittin andere Vorstellungen. Mobilfunkkritiker berichten von Gesprächen mit dem grünen Minister, in denen er die bestehenden Grenzwerte verteidigt und beteuert, er habe nichts in der Hand, um die Grenzwerte zu senken. Die Strahlenschutzkommission habe sämtliche Studien überprüft und nicht einmal für eine vorsorgliche Absenkung einen Grund gefunden: »Wir haben jeden Stein umgedreht, aber nichts gefunden. Wir haben alles ausgewertet, was vorliegt, da können Sie sicher sein. Es liegt kein Grund zur Grenzwertsenkung vor – vielleicht in einem halben Jahr.« Allerdings ist bei diesem Gespräch ein anderer interessanter Aspekt aufgetaucht. Trittin hält Handys für höchst bedenklich: »Ich verstehe die Bürgerinitiativen nicht. Die regen sich auf wegen einem Sender – aber das Handy in meiner Tasche ist viel gefährlicher. Daher haben wir ja das mit dem Öko-Siegel verabschiedet. Wenn Sie in einem öffentlichen

Verkehrsmittel fahren und nur drei haben da ein Handy – und das in einem geschlossenen Raum – da brauche ich ihnen nicht zu sagen, was los ist.« [4]

Natürlich muss man sich spätestens da fragen, warum Handytelefonate in öffentlichen Verkehrsmitteln und Gebäuden nicht längst verboten sind. Und warum es immer noch keine Warnhinweise auf Handys gibt, die von Ärzteverbänden und Verbraucherschützern in Deutschland schon längst gefordert werden. Warum wird nicht über die großangelegten Werbefeldzüge bei Sport- und Popveranstaltungen gesprochen, die vor allem Kinder und Jugendliche ansprechen? Warum gibt es hier keine Warnhinweise, wie sie auf jeder Zigarettenschachtel und -werbung zu finden sind? Reicht es wirklich aus, wenn das Bundesumweltministerium und das Bundesamt für Strahlenschutz im Internet davor warnen, dass Kinder Handys verwenden? Wie viele Menschen erreicht diese Botschaft?

Nach wie vor gilt die Devise: Geheiligt sei, was der Industrie nicht schadet. Weshalb sich die regierenden Sozialdemokraten gegen eine Grenzwertsenkung aussprechen, obwohl der Bundesregierung bekannt ist, dass das Vorsorgeprinzip bei der Festsetzung der geltenden Grenzwerte nicht berücksichtigt wurde. Was sie auch nicht bestreitet.

Erstaunlicher ist aber die politische Zahnlosigkeit der Grünen. Zur Verteidigung grüner Orts- und Landesverbände sei gesagt, dass auf dieser Ebene verschiedene Gruppen immer wieder sehr aktiv für einen vorsorgeorientierten Umgang mit Mobilfunk kämpfen. Und natürlich gibt es auch auf Bundesebene – wie übrigens in allen Parteien – vereinzelt engagierte Politiker. Aber insgesamt haben die in Regierungsverantwortung stehenden Bundesgrünen nicht sonderlich viel bewirkt. Das Thema hat keine Priorität. Reiner Opportunismus? Oder soll man es Pragmatismus nennen, eine Art politischer Mischkalkulation, bei der der Posten Mobilfunk nur Manövriermasse ist? Ist es Überanpassung, weil man sich endlich vom miesepetrigen Image der Neinsager verabschieden will? Oder der Versuch, fortschrittlich zu wirken und beim Lieblingsspielzeug der neuen Mitte keine wahltaktischen Fehler zu machen? Wahrscheinlich wirkt hier alles zusammen. Die Grünen sind eben längst angekommen in der Republik der Verbands- und Firmenspenden. Unter Lobbyisten hat es sich herumgesprochen, dass sie ein weitaus unverkrampfteres und unproblematischeres Verhältnis zur Wirtschaft haben als Teile der SPD.[5]

Und so lassen sich die Grünen ihre Parteitage auch schon mal von VW und Reemtsma sponsern und nehmen auch gern die Spenden von Dresdner Bank und Bertelsmann. Interessant ist in diesem Zusammenhang auch die Meldung, die auf der Internetseite der bayerischen Grünen[6] mit dem Datum 29.1.2002 zu lesen ist. Unter der Überschrift »Bericht über Parteifinanzen: Thierse lobt bayerische Grüne« steht zu lesen, dass die Grünen im Jahr 2000 eine Spende der Bayerischen Metall- und Elektroindustrie in Höhe von 25.000 Mark zurücküberwiesen haben. Die Partei habe den Interessensverband gebeten, eine Spende, die der Verband zunächst über die Bayerische Staatsbürgerliche Vereinigung abgewickelt hatte, unmittelbar an die Partei zu leisten. Die Grünen wollten damit Transparenz im Umgang mit Spendengeldern beweisen, damit kein Verdacht aufkomme, ihre Politik sei käuflich. Dennoch ist es interessant zu sehen, wer hinter dem zahlungsfreudigen Verband der Bayerischen Metall- und Elektroindustrie (VBM)[7] steckt. Nach eigenen Angaben sind in dem Arbeitgeber- und Berufsverband rund 600 Unternehmen der Metall- und Elektroindustrie in Bayern organisiert. »Mitglied kann jedes Unternehmen der Metall- und/oder Elektroindustrie werden, sowie verwandte oder verbundene Wirtschaftszweige. Dies gilt insbesondere auch für Unternehmen aus dem Dienstleistungsbereich, wie Vertriebsgesellschaften, Software- und Telekommunikationsunternehmen, die ihren Firmensitz in Bayern haben.« Siemens oder Bosch gehören also genauso dazu wie kleinere Firmen. Vorsitzender des VBM in der Region Südostbayern ist Professor Dr. Anton Kathrein, Chef der Kathrein-Werke KG in Rosenheim. Kathrein ist nach eigenen Angaben »Weltmarktführer im Bereich Feststationsantennen für Mobilfunk mit einer Monatsproduktion von über 50.000 Antennen.« Kathrein-Kunden sind alle großen Systemhersteller sowie über 240 Netzwerkbetreiber weltweit.

Natürlich stehen die bayerischen Grünen nicht an oberster Stelle der VBM-Spendenliste. Laut *Süddeutscher Zeitung*[8] erhielt die CSU im Jahr 1999 ihre größte Einzelspende vom Verband der bayerischen Metall- und Elektroindustrie: 450.000 Mark.

Die FDP erhielt 1997 vom bayerischen Verband 75.000 Mark und vom Metall- und Elektroindustrie-Verband in Düsseldorf 83.000 Mark.[9] Die Liberalen wurden auch sonst großzügig bedacht. Im Rechenschaftsbericht der Partei für 2000 steht zu lesen, dass sie von der Robert Bosch GmbH (die ihren Mobilfunkbereich 2000 an Siemens verkaufte) 100.000 Mark bekommen habe. Des weiteren 40.000 Mark vom Verband der Bayerischen Metall- und Elektroindustrie e.V., 103.000 Mark vom Verband der Metall- und Elektroindustrie NRW e.V. und 170.000 Mark vom Verband der Metallindustrie Baden-Württemberg e.V.[10]

Natürlich wird auch die SPD nicht vergessen. Um beim – gewiss nicht einzigen – Beispiel VBM zu bleiben, sei hier das *Handelsblatt* zitiert, das über die Spendenpraxis des Jahres 2000 berichtete: »Klar auch die Präferenzen des Verbandes der Bayerischen Metall- und Elektroindustrie, aus dessen Kassen zwar 35.000 DM an die Sozialdemokraten flossen, zugleich aber 700.000 an die seit über 40 Jahren mit absoluter Mehrheit im Freistaat regierende CSU.«[11]

Bei diesen Zahlen fällt einem unwillkürlich das schöne Zitat des CSU-Politikers Erwin Huber ein, der als Leiter der Bayerischen Staatskanzlei auf der Technologiemesse Systems im Oktober 2002 über die Einführung von UMTS gesagt hat: »Wir werden alles dafür tun, was uns Gott erlaubt, und auch manches, was er verbietet, um diese Innovation voranzubringen.«[12] Man darf nun gespannt sein, welches der Zehn Gebote Edmund Stoibers Kanzleichef für UMTS brechen will. Ehebruch wird da wohl nicht viel bringen, Lug und Betrug vielleicht schon eher, und an Schlimmeres wagt man gar nicht erst zu denken.

Natürlich kann man sich für 25.000 Mark noch keine Partei kaufen. Und für 700.000 Mark wohl auch noch nicht. Aber die eine oder andere kleine gedankliche Anregung bei der Entscheidungsfindung in recht komplizierten technischen Angelegenheiten? Die ist nicht ganz auszuschließen. Auch bei all der lobenswerten Spenden-Transparenz der bayerischen Grünen nicht.[13] Vor allem, wenn die viel zitierten und strapazierten Sachzwänge der Wirtschaftspolitik ohnehin nahe legen, eine industriefreundliche Entscheidung zu treffen. Und der VBM ist bekanntlich nicht der einzige Spender in Deutschland. Das Geflecht von Interessen ist dicht. Vielleicht liegt es ja auch daran, dass es in

Deutschland zu keiner Grenzwertsenkung im Sinne der Vorsorge kommt. Die Lobby- und Netzwerkarbeit, die von der Industrie betrieben wird, wirkt tief in das politische System der Bundesrepublik Deutschland hinein.

Das Netzwerk
Mobilfunk-Lobbyisten im Bundestag

Lobbyismus gehört zum Regierungssystem der Bundesrepublik wie das Öl zum Getriebe. Anders als in den USA, wo seit dem Watergate-Skandal den Abgeordneten jede Nebentätigkeit verboten ist, hat man in Deutschland keine Konsequenzen aus der Flick-Affäre, dem CDU- oder dem SPD-Parteispendenskandal gezogen.[1] Deshalb tummeln sich heute Vertreter von Firmen und Interessenverbänden in den Gängen des Bundestags, und Parlamentarier, die dem Gemeinwohl verpflichtet sind, haben lukrative Posten bei Firmen, die ihre wirtschaftlichen Interessen verfolgen. Aus fast allen Parteien sitzen Abgeordnete in Aufsichtsräten, Beiräten und Vorständen von Industriebetrieben fast aller Branchen. Inwieweit die Parlamentarier bei solchen Kontakten ihre Unabhängigkeit wahren können, wird seit Jahren heftig diskutiert. Tatsache ist, dass die Kontakte im großen Stil gepflegt werden und Transparenz nicht eben zu den ersten Tugenden in diesem Spiel gehört. Und dass dabei natürlich auch immer Geld fließt. Zum Beispiel für die Tätigkeit im Aufsichtsrat einer Firma. In neuen Wirtschaftsbereichen ist das Interesse der Unternehmer besonders groß, ein gedeihliches Verhältnis zur Politik herzustellen. Schließlich herrscht in solchen Branchen oft Goldgräberstimmung. Wer einen guten Draht zur Politik hat, ist vorne mit dabei, wenn es darum geht, die Claims abzustecken. Und in der Mobilfunk-Branche schienen die Claims riesig zu sein.

Staat und Unternehmen haben scheinbar gleiche Interessen, nämlich einen potenziellen Wachstumsmarkt anzukurbeln. Wenn der Finanzminister dann noch sehr viel Geld einnehmen kann, wie beim Verkauf der Lizenzen für die UMTS-Technologie, treten alle politischen Bedenken in den Hintergrund. Aber kann der Staat seine Pflichten zum Schutz der Bevölkerung wirklich wahrnehmen, wenn er selbst im unternehmerischen Boot sitzt? Können die Lizenznehmer noch über gesundheitlich vertretbare Technologien und Grenzwerte verhandeln, wenn sie von vornherein ökonomisch angeschlagen sind, weil der

Staat sie in ein Meistbietenden-Verfahren treibt? Ein Verfahren, das die Unternehmen wider alle ökonomische Vernunft zu einer massiven Verschuldung führt, noch bevor eine einzige Mark verdient ist. Staat und Mobilfunkbetreiber haben angesichts einer drohenden volkswirtschaftlichen Katastrophe nur noch wenig Spielraum, auf gesundheitspolitische Einwände angemessen zu reagieren. Auch die personelle Verzahnung zwischen Politik und Unternehmen ist ganz offensichtlich. Bei der Deutschen Telekom ist der Bund über die Bundesanstalt für Post und Telekommunikation mit 31 Prozent und über die Kreditanstalt für Wiederaufbau (KfW) mit 12 Prozent beteiligt. Er ist damit der größte Aktienbesitzer und finanziell abhängig von einem günstigen Telekom-Kurs. Allein der Kursverfall der Aktien droht die Einnahmen durch die UMTS-Lizenzen wieder aufzufressen. Für die Regierung sitzt ein Staatssekretär des Bundesfinanzministeriums im Aufsichtsrat der Telekom. Die Interessen der KfW nimmt deren Chef wahr. Aber nicht nur im Fall der Telekom gibt es enge personelle und geschäftliche Kontakte auf den verschiedensten Ebenen der Politik. Dafür einige Beispiele.

Der Diplomchemiker, Professor, Unternehmensberater, und Bundesminister a. D. Heinz Riesenhuber von der CDU ist seit 2001 Vorsitzender des Bundestagsausschusses für Wirtschaft und Technologie.[2] Riesenhuber sitzt in zahlreichen Aufsichtsräten, unter anderem beim Mobilfunkbetreiber Vodafone, ehemals Mannesmann. Die Firma ist neben der Telekom der führende Anbieter auf dem Telekommunikationsmarkt in Deutschland und in ganz Europa aktiv. Heinz Riesenhuber war an der Erfolgsgeschichte der Firma wesentlich beteiligt. Von 1982 bis 1993 war er Bundesminister für Forschung und Technologie. In seiner Amtszeit wurde die neue Mobilfunktechnik eingeführt und der Markt neu geordnet. Susanne Päch schreibt in ihrem Buch *Die D2-Story*[3]: »Zwar hatte schon 1969 der damalige Bundespostminister Georg Leber einen Versuch unternommen, die Verselbstständigung der Post einzuleiten, doch der 1971 in den Bundestag eingebrachte Gesetzesentwurf scheiterte an der Gewerkschaftsforderung nach paritätischer Mitbestimmung im Aufsichtsrat. Es sollte mehr als ein Jahrzehnt dauern, ehe der nächste Anlauf gewagt wurde. Auslöser war eine von Heinz Riesenhuber, damaliger Bundesminister für Forschung und Technologie, erarbeitete ›Konzeption der Bundesregierung zur Förderung der Entwicklung der Mikroelektronik, der Informations- und Kommunikationstechniken‹.«

Anfang bis Mitte der achtziger Jahre ging es also darum, jene politischen Entscheidungen zu treffen, die die Wirtschaft fördern und die neue Technologien auf den Markt bringen sollten. »Obgleich die Firma Siemens und die Post 1983, als das C-Netz noch nicht in Betrieb war, starke Verfechter eines analogen Funknetzes waren, setzten sich der Bundespostminister Dr. Christian Schwarz-Schilling und der Forschungsminister Dr. Heinz Riesenhuber persönlich für die Förderung eines digitalen Telefonkonzepts ein. 1984 verkündete Helmut Kohl am Rande eines Gipfeltreffens mit François Mitterand, dass man sich auf die Einführung eines digitalen Autotelefons geeinigt habe, das in den Jahren 1988/89 in beiden Ländern, Deutschland und Frankreich, in Betrieb genommen werden sollte. Damit waren die entsprechenden politischen Weichen gestellt.«[4]

Heinz Riesenhuber ist zwar im Bundestag nicht unbedingt dafür bekannt, lange und flammende Reden zu halten, aber wenn es um die Zukunft der Informationstechnologien geht, taucht sein Name unter Anfragen zu UMTS-Lizenzen auf, die vielleicht bald schon zwischen den verschiedenen Betreiberfirmen frei gehandelt werden sollen. Riesenhuber setzt seinen persönlichen Einsatz, den er als Minister in den achtziger Jahren leistete, heute auf anderer Ebene fort, als Vodafone-Aufsichtsrat und Forschungspolitiker. Nicht eben ein Paradebeispiel für den unabhängigen Abgeordneten, aber eben deutsche Parlamentswirklichkeit. Der Parteienforscher Professor Erwin K. Scheuch sagt über Riesenhubers mannigfache Engagements in der Biotechnologie, aber auch in der Telekommunikation: »Das ist ein klarer Konflikt der Interessen, der im Falle Riesenhuber gegeben ist. Im Ausschuss, als Vorsitzender des Ausschusses zumal, macht er nicht nur Forschungs- und Technologiepolitik, sondern entscheidet auch über einzelne Gelder für Projekte. Dieses wiederum ist interessant für die Firmen, die Herr Riesenhuber berät. Es drängt sich der Eindruck auf, dass hier Interessenkonflikte sehr schwierig zu vermeiden sind, will Herr Riesenhuber den Erwartungen entsprechen, deretwegen er für die Firmen berufen wurde.«[5]

Nicht weniger deutlich äußert sich dazu Hans Herbert von Arnim:

»Abgeordnete werden nach dem Grundgesetz zur Sicherung ihrer Unabhängigkeit vom Steuerzahler bezahlt – und nicht zu schlecht. Wenn sie sich jetzt in die finanziellen Hände eines Unternehmens oder Verbandes begeben, verkaufen sie diese ihre Unabhängigkeit. Sie werden zu Dienern zweier Herren, und das darf eigentlich nicht sein.«[6]

Es gibt auch noch andere Formen der Zusammenarbeit: etwa zwischen Politik, Wirtschaft und Medien. Sie sind oft subtiler als die klassischen Aufsichtsratsposten und laufen über geschäftliche Beziehungen, die aus den veröffentlichungspflichtigen Angaben des Bundestagshandbuches nicht hervorgehen. Ein Beispiel dafür ist die WMP Eurocom AG, die von bekannten Persönlichkeiten der bundesrepublikanischen Polit- und Medienszene gegründet wurde.[7] Im WMP-Vorstand sitzen die früheren Bild-Chefredakteure Hans Erich Bilges und Hans-Hermann Tiedje sowie der FDP-Bundestagsabgeordnete Dr. Günter Rexrodt, ehemaliger Wirtschaftsminister der Bundesrepublik. Zu den Aufsichtsratsmitgliedern der WMP gehören der ehemalige Außenminister Hans-Dietrich Genscher ebenso wie der SPD-Abgeordnete Peter Danckert. Und Ulrich Marseille, Multimillionär durch Geschäfte im Bereich der Altenpflege und Reha-Einrichtungen sowie ehemaliger CDU-Sponsor und späterer Möchtegern-Joker der Schill-Partei im Osten – auch er gehört zum Aufsichtsrat von WMP.

WMP steht für Wirtschaft, Medien und Politik. Die Firma versteht sich als eine Schnittstelle zwischen diesen Bereichen: »Unsere Stärke ist es, Themen am Markt der öffentlichen Meinung durchzusetzen«, verspricht die WMP ihren Kunden. Man stelle die Vernetzung zwischen Wirtschaft, Medien und Politik her, denn: »Unser Erfolg ist ein umfassendes Netzwerk exzellenter Kontakte und Verbindungen sowie langjährige berufliche Erfahrungen in Führungspositionen.«

Die WMP hat »einflussreiche Gesellschafter und Berater«, sie hat »professionelle und effiziente Verbindungen zu den wichtigen Medien in Deutschland« und natürlich auch »seriöse Verbindungen zu führenden Persönlichkeiten in Politik, Verwaltung, Wirtschaft und Gewerkschaften«. Diese seriösen Verbindungen sind durch die amtierenden Parlamentarier, die gleichzeitig in der WMP ihr Geld verdienen, freilich bis in höchste Kreise gegeben. Kein Wunder also, wenn sich die Kunden viel von der WMP erwarten. Zum Beispiel die Deutsche Telekom. Sie ist Kundin der WMP-Tochter T&T Marketing by Events GmbH. In deren Geschäftsführung sitzt übrigens der FDP-Abgeordnete Günther Rexrodt.

Eine weitere WMP-Tochter ist die WMP EuroCom Multimedia GmbH in Hamburg. Bei ihr ist die Mobilfunkfirma T-Mobile Kunde. Auch hier ist der Abgeordnete Rexrodt einer der drei Geschäftsführer.

Und dann ist da noch die WMP-Tochter TV Media GmbH. Sie arbeitet nach eigenen Angaben partnerschaftlich mit der Equinet Communications AG in Frankfurt am Main zusammen. Equinet ist eine PR-Agentur und betreut zum Beispiel die Telefongesellschaft Colt Telecom GmbH »in allen Fragen der Wirtschafts- und Finanzkommunikation«. Colt Telecom ist die wichtigste Landesgesellschaft des britischen Telekommunikationskonzerns Colt Telecom Group. Ziel dieser Zusammenarbeit mit Equinet ist laut Pressemeldung der PR-Firma vom Mai 2002, »die Positionierung des auf Geschäftskunden spezialisierten, wachstumsstarken Telekommunikationsanbieters Colt Telecom in Deutschland zu stärken«. Da werden die direkten und indirekten geschäftlichen Kontakte zu gewissen parlamentarischen Kreisen bestimmt nicht schaden. Geschäftsführer der WMP-Tochter TV Media GmbH ist übrigens einmal mehr Günter Rexrodt.

Bei Colt Telecom scheint die PR-Arbeit alles in allem gut zu fruchten. In Zeiten allgemeiner UMTS-Müdigkeit setzt der Telekommunikationsanbieter von nationalen sowie internationalen Sprach-, Daten- und Internetdiensten auf die eigenen Glasfasernetze. Offenbar mit Erfolg, denn der Umsatz steigt. Und im Juli 2002 konnte man die Meldung lesen, dass sich die Regulierungsbehörde für Telekommunikation und Post (RegTP) einen Colt-Internet-Anschluß für die gesamte Behörde legen lässt. Es ist nicht die einzige deutsche Behörde: »Auch der Deutsche Bundestag, das Berliner Abgeordnetenhaus, das Land Berlin und die Stadt Hamburg sind einige der bekannten Colt-Kunden aus dem öffentlichen Sektor.«[8]

Die WMP-Connection reicht bis in die höchsten politischen Kreise der Republik. Am 8. Oktober 2002 meldete der *Kress-Online-Report,* dass Uwe-Karsten Heye, damals noch Chef des Bundespresse- und Informationsamts sowie Sprecher von Bundeskanzler Gerhard Schröder, einen Beratervertrag bei der WMP EuroCom in Berlin unterschrieben hatte. Heye soll sich laut Kress von Mitte November oder Anfang Dezember 2002 an bei der WMP hauptsächlich um Politikberatung und internationales Lobbying kümmern.

Ein früher Netzwerker: Martin Bangemann

Einer der größten Netzwerker im Bereich Telekommunikation war Martin Bangemann. Von 1984 bis 1988 war der gewichtige FDP-Politiker deutscher Wirtschaftsminister, bevor er nach Brüssel weggelobt wurde und dort als EU-Industriekommissar unter anderem für die Telekommunikation und ihre Privatisierung zuständig war. Mehr als zehn Jahre lang machte Bangemann diesen Job, bevor er 1999 von heute auf morgen zum spanischen Telekommunikationsunternehmen Telefónica wechselte. Er sollte in den Verwaltungsrat der Firma, die den spanischen Telekommunikationsmarkt beherrscht und ihre Fühler auch auf die Märkte anderer Länder und Kontinente ausstreckte. Juan Villalonga, der damalige Konzernchef, wusste, was er an Bangemann hatte: »Eine Nummer eins bei Telekommunikation, Informatik, Medien und Inhalten«, jauchzte Villalonga, er fand sogar noch einen besseren Vergleich: »Der Ronaldo der Telekommunikation.«[9]

Doch über so ein dreistes lobbyistisches Dribbling konnte man sich sogar im korruptionsgebeutelten Brüssel noch aufregen. Die EU drohte mit einer Klage. Man befürchtete, der Industriekommissar Bangemann könnte sein Insiderwissen ausplaudern oder bereits ausgeplaudert haben – schließlich ging es ja um die lukrative Aufteilung des künftigen Marktes. Da kann ein eben aus dem Amt geschiedener EU-Kommissar für Telekommunikation und Informationstechnologie natürlich wertvolle Tipps geben. Der EU-Wettbewerbskommissar war schlichtweg entsetzt: Bangemann habe »sehr sensible« Kenntnisse über Strategien europäischer Unternehmen erhalten. Wenn er die jetzt mitnehme, dann sei das »wie Insider-Trading«.[10]

Man einigte sich schließlich darauf, dass Bangemann eine Anstandsfrist von einem Jahr Wartezeit einhalten sollte. In der Zwischenzeit war Telefónica-Chef und Bangemann-Spezi Villalonga wegen privater Wertpapiergeschäfte unangenehm aufgefallen und hatte sich nach Miami abgesetzt. Sein Nachfolger in der Firma war César

Alierta. Der sah wohl keine unmittelbare Verwendung mehr für den ehemaligen EU-Kommissar. Verwaltungsratsmitglied wurde Bangemann jedenfalls nicht. Er nannte sich fortan selbst einen »Berater« der Telefónica. Und was tut ein Berater? Laut *Süddeutsche Zeitung* ging das Gerücht, »Bangemann vertrete Telefónica womöglich dauerhaft in Deutschland, wo die Gesellschaft für viel Geld eine der Mobilfunklizenzen der dritten Generation (UMTS) ersteigert hatte«.

Im *Spiegel* vom 16. Oktober 2000 war freilich auf Seite 116 folgende Meldung zu lesen: »César Alierta, der neue Chef der spanischen Telefónica, hat für einen seiner teuersten Mitarbeiter eine besondere Aufgabe gefunden. Martin Bangemann, der von Aliertas Vorgänger Juan Villalonga für angeblich zwei Millionen Mark Jahressalär aus der Brüsseler EU-Kommission herausgekauft worden war, soll das UMTS-Geschäft der Spanier in Deutschland aufbauen. Die Telefónica, die zusammen mit der finnischen Firma Sonera für rund 16 Milliarden Mark eine UMTS-Lizenz für Deutschland erworben hat, hofft darauf, mit Hilfe des FDP-Politikers auf dem deutschen Telekommunikationsmarkt schneller Fuß fassen zu können. Erst einmal sucht Bangemann in Berlin und in München nach einem Standort für eine standesgemäße Telefónica-Filiale.«

Der neue Firmenchef Alierta jedenfalls erwähnte bei seiner ersten Hauptversammlung als Vorsitzender den Namen Bangemann, »der uns mit dem Beginn der Mobiltelefone in Deutschland geholfen hat«.

Der Vertrag des »Beraters« mit Telefónica lief im Sommer 2001 aus. Schade für Martin Bangemann, denn auch wenn er nicht ganz in die oberste Etage des Konzerns vorstoßen konnte, so hat sich die Tätigkeit für ihn wohl durchaus gelohnt: »Es soll ihm dort aber jederzeit ein hübsches Büro mit Sekretärin und Telefon zur Verfügung gestanden haben, und für seine Bemühungen bekam er offenbar eine sehr ordentliche Aufwandsentschädigung: nach Schätzung von Kennern waren es pro Monat umgerechnet etwa 200.000 Mark.«[11]

Um seine Zukunft musste sich der damals 66-Jährige auch nach der Telefónica-Ära keine Sorgen machen. Schon im Juli 2001 wurde Martin Bangemann Aufsichtsratsmitglied in der Hunzinger Information AG. Die machte wenig später Schlagzeilen – als Schnittstelle zwischen Wirtschaft und Politik, zum Beispiel in der Affäre Scharping. Hunzinger hatte übrigens auch die Finger im Spiel, als die spanische Telefónica versuchte, auf dem osteuropäischen Markt Fuß zu fassen.[12] Der Bangemann-Kreis schließt sich hier wieder. Doch die Hunzinger Information AG bietet als Netzwerk natürlich noch einige andere schöne Schnittstellen. Nicht nur DGB-Gewerkschaften und der Deutsche Beamtenbund sind via Aktien im Streubesitz an der AG beteiligt. Im Hunzinger-Aufsichtsrat sitzt auch ein Spitzenmanager aus dem ehemaligen Mannesmann-Konzern. Und seit Mai 1999 ist auch der Bundestagsabgeordnete Hans Martin Bury dabei. Der sozialdemokratische Politiker war für die Netzwerker nicht nur als Sprecher der SPD-Fraktion für Wirtschaft und Technologie interessant. Er war auch Fraktionssprecher für Post und Telekommunikation in den Jahren 1994–1998. Heute ist Bury Europa-Staatsminister im Auswärtigen Amt. Von 1998 bis 2002 aber war er Staatsminister im Bundeskanzleramt und einer der wichtigen Berater Schröders. Als im Herbst 2001 das Umweltministerium eine Verschärfung der Mobilfunkgrenzwerte beabsichtigte, hat der Kanzler sein Machtwort dagegen ausgesprochen. Die *Berliner Zeitung*[13] hatte unwidersprochen berichtet, dass Schröder und sein sozialdemokratischer Staatsminister im Bundeskanzleramt, Hans Martin Bury, alle Vorstöße aus den Reihen der Regierungskoalition in Richtung einer Absenkung von Grenzwerten blockiert hatten, um Unruhe in der Wirtschaft zu vermeiden. Das Netzwerk der Mobilfunkbetreiber hatte sich offensichtlich wieder einmal bewährt.

Wie aggressiv Lobbyarbeit betrieben wird, zeigt auch das folgende Beispiel. Die *Berliner Zeitung* vom 3. Oktober 2002 berichtet von einer E-Mail des Telekom-Direktors Hans-Willi Hefekäuser an den neuen Telekom-Chef Helmut Sihler. Hefekäuser fordert darin, die Konzernleitung solle ihre einflussreiche Polit-Lobby gegen den fälligen Gesetzesentwurf von Bundeswirtschaftsminister Werner Müller in Stellung bringen. Ziel dieser Maßnahme sei es, den Ex-Monopolisten Telekom wieder von jeglicher Wettbewerbskontrolle durch die Bonner Regulierungsbehörde zu befreien. Beim lukrativen Festnetzgeschäft dürfe es keine preisgünstigen Anschlüsse und keine billigen Tarife bei Call-by-Call-Anbietern mehr geben. Schließlich minderte das nach Telekom-Schätzung die Erlöse des mit 64 Milliarden Euro verschuldeten Konzerns um mehr als 100 Millionen Euro jährlich. Deshalb solle die Telekom, wie in der Zeit vor 1998, wieder nach eigenem Gutdünken die Preise festsetzen dürfen.

Hefekäuser rät daher zu massiver Lobbyarbeit gegen die Wettbewerbshüter von der Regulierungsbehörde. »Er sei dabei, rühmte er sich gegenüber seinen Vorgesetzten, die ›Abstimmungs- und Kommunikationsprozesse‹ in Politik, Verbänden und Öffentlichkeit zu strukturieren. Wie so ein Angriff auf die Politik gemanagt wird, beschrieb Hefekäuser schon vier Wochen vor der Wahl seinen Oberen: ›Wir haben uns anhand der Landeslisten der Parteien bereits ein Bild über die mutmaßliche Zusammensetzung des künftigen Bundestages gemacht und die für uns in der kommenden Diskussion wichtigsten Abgeordneten und Funktionsträger individuell identifiziert und geclustert‹, so Hefekäuser.«

Noch bevor die Parlamentarier also gewählt sind, werden sie eingeteilt in »Freund«, »Gegner«, »Neutrum« oder »mit Einfluss«. Offenbar hatte der Telekom-Direktor mit seiner vorausschauenden Lobbyarbeit zunächst auf einen Wahlsieg von Schwarz-Gelb gesetzt, denn er sicherte sich erst einmal »die Dienste des ehemaligen FDP-Außenministers Klaus Kinkel, holte sich den früheren stellvertretenden CDU-Sprecher und Ex-Abgeordneten Andreas Krautscheid in seine Abteilung und hatte den früheren Berliner CDU-Wirtschaftssenator Wolfgang Branoner verpflichtet«.[14]

Klaus Kinkel ist kein Neuling als Berater der Deutschen Telekom. Seit 1. März 1999, als er noch Bundestagsabgeordneter war, hat Kinkel seine Erfahrung eingebracht und das Unternehmen in internationalen Fragen beraten.

Neben dem offiziellen Lobbyismus geht es heute verstärkt um persönliche Beziehungen zwischen Wirtschaft und Politik. So gehören zu den Ideengebern und Beratern des Kanzlers auch die Vorstandschefs der großen Firmen und Banken. Darunter ist natürlich auch der Vorstandschef Deutsche Telekom AG. Doch auch außerhalb des Kanzleramts ist das Netzwerk der Beziehungen dicht. Wen sollte es da wundern, dass eine Technologie ungeprüft eingeführt wurde und weiterhin betrieben wird, auch wenn sie im Verdacht steht, die Gesundheit von Mensch und Tier stark zu schädigen?

Die Prügelknaben
Die undankbare Rolle der Kommunen und die Frage des Eigentums

Die große Politik, so scheint es, hat ihr Verhältnis zum Mobilfunk und zur Telekommunikationsindustrie geklärt. So lange die Grenzwerte passen, ist alles in Ordnung, um die Sendeanlagen kümmern sich die Regulierungsbehörde und die Bauämter, und damit ist der Fall erledigt. Sieht ein größerer Teil der Bevölkerung das anders, dann muss eben eine Selbstverpflichtung der Betreiber her, mit der neuen Technik nichts anzustellen, oder ein »Mobilfunkpakt«, in dem sich die Kontrahenten auf gewisse Mindeststandards einigen sollen.

Das Muster ist leicht erkennbar und funktioniert auch auf anderen Politikfeldern: Man verlagert Probleme an die nächstschwächere Instanz. Seit vielen Jahren ist das beispielsweise bei der Arbeitslosenstatistik zu verfolgen. Steigt die Zahl der Leistungsbezieher zu stark an, so verschärft man die Bedingungen für den Bezug von Arbeitslosengeld oder verkürzt den Zeitraum, in dem man es erhält, und schon fallen eine ganze Menge Erwerbslose aus dem Leistungssystem heraus. Sie sind dann meist ein Fall für die Sozialhilfe, aber die muss die Kommune zahlen. Ergo: Arbeitslosenzahl rechnerisch gesenkt, Bundeskasse entlastet.

Nicht viel anders läuft das in Sachen Mobilfunk. Für die Gesundheit gibt es eine Immissionsschutzverordnung auf Bundesebene, um das Baurecht kümmern sich die einzelnen Länder. Übrig bleibt die Kommune, die vermitteln soll zwischen den Interessen eines Weltkonzerns und den Ängsten der Bürger im Ort, die keine Antenne auf dem Dach des Nachbarhauses haben wollen. Die meisten Gemeinden sind da überfordert. In Großstädten mag es ja noch Verwaltungsspezialisten geben, die sich auskennen mit den Feinheiten des Planungsrechts, unter das Mobilfunkantennen fallen. Aber in kleinen Orten, wo es nur einen Bauamtsleiter und zwei Angestellte gibt? Freilich mag man einwenden: Die Kommunen haben rechtlich ohnehin fast keinen Handlungsspielraum und so gut wie nichts zu entscheiden. Ihre Aufgabe ist es nur, mit dem Ärger der Anwohner und betroffenen Bürger fertig zu werden.

Eine dankbare Aufgabe, wütenden Hausbesitzern, Nachbarn, Bauern zu erklären, dass Ihnen Gemeinde oder Landratsamt zwar sagen darf, wie lang und breit und aus welchem Material ein neuer Fensterstock in ihrem Anwesen zu sein hat, dass die Verwaltung aber faktisch machtlos ist, wenn auf dem Nachbargrundstück eine strahlende Sendeanlage mit einer neun Meter hohen Antenne installiert wird. Weil die Bauordnung eben alles peinlich genau regelt, nur eben nicht, was die Telefonkonzerne einem aufs Hausdach gegenüber bauen dürfen.

Dafür, heißt es, seien Bundes- und Landesrecht zuständig. Der Bund legt fest, welche Sendeanlagen grundsätzlich erlaubt sind und welche nicht, dafür hat er die Bundesimmissionsschutzverordnung. Damit sind die Gemeinden raus aus dem Geschehen. Denn über die Einhaltung der Grenzwerte wacht die Regulierungsbehörde für Telekommunikation und Post (RegTP); sie hat für jede Sendeanlage eine Standortbescheinigung zu erteilen, in der die Sendeleistung und die erforderlichen Abstandsflächen festgeschrieben sind. Die geltenden Grenzwerte werden aber in der Regel von den Mobilfunksendern weit unterschritten – hier ist also nichts zu machen.

Auch das Bauplanungs- und Bauordnungsrecht soll von den Kommunen überwacht werden; die gesetzlichen Grundlagen dafür liefern jedoch der Bund und die Länder. Als die meisten Landesgesetze geschaffen wurden, hat noch niemand daran gedacht, dass die Landschaft eines Tages von Sendemasten überzogen werden könnte, und deshalb sind die Regelungen bundesweit für die Mobilfunkbetreiber äußerst praktisch: Bis zu einer Höhe von zehn Metern (in einzelnen Bundesländern zwölf Meter) und einem Bauvolumen von zehn Kubikmetern, heißt es in den meisten Landesbestimmungen, sind solche Anlagen genehmigungsfrei. Und wieder sind die Gemeinden aus dem Spiel, können und dürfen nicht eingreifen.

Nun wäre es vorstellbar, die Landesgesetze entsprechend zu ändern, wenn viele Bürger und Kommunen dies wünschen. Die Gemeinden hätten dann zumindest eine Einflussmöglichkeit, könnten selbst bestimmen, ob sie auf ihrem Gebiet Mobilfunksendeanlagen haben wollen oder nicht – so wie sie ja auch weitgehend entscheiden können, ob und wo sie auf ihrem Gemeindegebiet Gewerbebetriebe ansiedeln wollen. Auch das wäre eine Delegation der Verantwortung nach unten – aber mit der Folge, dass unten tatsächlich etwas entschieden werden kann. In der Praxis ist eine derartige Gesetzesänderung freilich noch nie vorgekommen.

Im Gegenteil. Im Frühjahr 2002 stand zum Beispiel die Novellierung der Hessischen Bauordnung im Landtag zur Behandlung an. Für die Mobilfunkindustrie ein wichtiger Termin, denn bis dahin war dort nicht eindeutig geregelt, wie mit Sendeanlagen zu verfahren sei, und zuletzt hatte sogar der Hessische Verwaltungsgerichtshof die Auffassung mehrerer Gemeinden bestätigt, dass für Antennen an vorhandenen Gebäuden eine Baugenehmigung notwendig sei. Zahlreiche Sendeanlagen wären damit in der Vergangenheit quasi illegal errichtet worden. Deshalb hatte sich die Niederlassung Rhein-Main des Mobilfunkbetreibers Vodafone schon frühzeitig, im November 2001, an den hessischen Wirtschaftsminister Dieter Posch (FDP) gewandt und ihn gebeten, »bei der Sicherung eines baurechtlichen Fundamentes für den weiteren Ausbau unseres GSM-Netzes und für den Aufbau unseres UMTS-Netzes behilflich zu sein«. In der neuen Hessischen Bauordnung könne man ja festlegen, dass Sendeanlagen bis zu einer Höhe von zehn Metern generell keine Baugenehmigung bräuchten. Das, schrieb Vodafone am 12. März 2002 noch einmal an den Minister, würde die Sache für die Netzbetreiber künftig erheblich vereinfachen, und außerdem könne man gleich auch die bestehenden Anlagen nachträglich legalisieren: Schließlich habe man in den vergangenen Jahren »in Übereinstimmung mit den Bauaufsichtsbehörden solche Sende- und Empfangsanlagen zahlreich ohne Baugenehmigung auch in Reinen und Allgemeinen Wohngebieten errichtet«, und diese fehlenden Baugenehmigungen wollten immer mehr Gemeinden jetzt nachfordern. »Wir sind deshalb dringend auf eine gesetzliche Regelung angewiesen, die hier für einen ausreichenden Bestandsschutz sorgt«, heißt es in dem Schreiben weiter. Näheres könne man dann am nächsten Tag besprechen, da habe der Minister ja seinen Besuch am Vodafone-Stand bei der Messe CeBit angekündigt.

Was Minister Posch und die Herren vom Vodafone-Netz dann am nächsten Tag tatsächlich besprochen haben, weiß man nicht. Fest steht jedoch, dass Dieter Posch im April bei einer Expertenanhörung vor dem Hessischen Landtag eine Novellierung der Bauordnung im Sinne der Betreiber vorgeschlagen hat. Bei den Unterlagen zur Anhörung, die den Teilnehmern überreicht worden waren, fand sich peinlicherweise auch das besagte Schreiben von Vodafone, in dem der Netzbetreiber faktisch zugibt, in Abstimmung mit den Behörden auf Baugenehmigungen verzichtet zu haben, obwohl der Hessische Verwaltungsgerichtshof diese Praxis als nicht rechtmäßig beurteilt hat. Der Präsident des hessischen Landesverbands mobilfunksendefreier Wohngebiete, Erich Braun, sah darin denn auch »eine grob rechtswidrige Verwaltungspraxis« und vermutete, »dass 90 Prozent der Sendeanlagen illegal ohne Baugenehmigung errichtet wurden«.

In Hessen gilt inzwischen die neue, senderfreundliche Bauordnung. »Mehr Demokratie wagen« war erkennbar nicht das Leitprinzip bei ihrer Novellierung, und es ist offenbar auch nicht das Leitprinzip in den meisten anderen Bundesländern. Die Gemeinden sollen weiterhin so gut wie nichts zu sagen haben. Beim Nichts-zu-sagen-haben aber will man ihnen von ganz oben helfen: Nicht nur, dass das Informationszentrum Mobilfunk (IZMF), ein Zusammenschluss der Netzbetreiber, gerne Informationsveranstaltungen für Kommunen in einzelnen Bundesländern abhält, völlig neutral, versteht sich. Auch das Bundesumweltministerium liefert Handreichungen. In seinem Auftrag entstand im Jahr 2000 ein 97-seitiger »Leitfaden zum Umgang mit Problemen elektromagnetischer Felder in den Kommunen«, den das Forschungszentrum Jülich erarbeitete und an dem auch Professor Jürgen Bernhardt von der Strahlenschutzkommission beratend mitgewirkt hat. Der Abschnitt »Gestaltungsmöglichkeiten der Gemeinde« ist darin drei dürre Absätze lang, sagt aus, dass sich kaum etwas machen lässt, und gipfelt in der Aussage: »Es erscheint deshalb sinnvoll, bei Konflikten mit den Vorhabensträgern von Funksendeanlagen eine Lösung auf dem Verhandlungsweg zu suchen.« Ansonsten könnten Bürgermeister und Gemeinderäte selbstverständlich Informationsveranstaltungen, »runde Tische« und Podiumsdiskussionen veranstalten, heißt es in dem Leitfaden. Die Vertreter der Bürger sollten dabei aber »nach dem Zufallsprinzip« ausgewählt werden. Warum? Angeblich, um den tatsächlichen Verhältnissen in der Bevölkerung zu entsprechen, in der es ja auch Mobilfunkgegner, -befürworter und Gleichgültige gebe. In der Praxis käme so wohl nur zufällig eine Diskussion zustande, und deshalb laden Kommunalpolitiker in aller Regel nicht irgendwelche Bürger, sondern Vertreter einer örtlichen Bürgerinitiative oder eines Dachverbands wie der Bürgerwelle aufs Podium.

Überhaupt sind Bürgermeister und Gemeinderäte zunehmend unzufrieden mit ihren sehr geringen Einflussmöglichkeiten. »Wir müssen die Sorgen und Ängste der Bevölkerung ernst nehmen«, sagte der Vorsitzende des Bayerischen Städtetags, der Landshuter CSU-Bürgermeister Josef Deimer, schon im Oktober 2000, »der großflächige Einsatz von Mobilfunksendeanlagen ohne gesicherte Forschungsergebnisse gleicht einem Versuch am lebenden Objekt.«[1] Der Bayerische Städtetag forderte ein halbes Jahr später auch die Einführung der Schweizer Vorsorgewerte als grundsätzlichen Grenzwert – also nicht nur, wie im Nachbarland, für Kindergärten, Schulen und andere sensible Bereiche. Josef Deimer: »Es macht wenig Sinn, die Kinder zu Hause, wo sie schlafen und die meiste Zeit verbringen, weniger zu schützen als in Kindergärten und Schulen.«[2]

Derlei Vorstöße schmecken den Landes- und Bundespolitikern nicht besonders. Sie haben es lieber, wenn es zu so genannten »freiwilligen Vereinbarungen« zwischen Gemeinden, Landkreisen und Betreibern kommt, wie sie zum Beispiel der Deutsche Städtetag und eine Reihe weiterer kommunaler Spitzenverbände im Juli 2001 mit den Netzbetreibern geschlossen haben. Darin haben sich die Unternehmen verpflichtet, die Kommunen frühzeitig über neue Standorte zu informieren und gegebenenfalls von den Gemeinden vorgeschlagene Standorte zu favorisieren sowie bereits vorhandene Masten mehrfach zu belegen. Kritiker aus Politik und Bürgerinitiativen sehen darin freilich nur wohlfeile Absichtserklärungen ohne jede rechtliche Substanz. Denn schließlich sei es Sache der Betreiber, sich an die Vereinbarung zu halten – oder eben auch nicht.

Die Bereitschaft der Gemeinden und Landkreise sinkt, sich an solchen freiwilligen Selbstverpflichtungen zu beteiligen. So war es zum Beispiel dem Bayerischen Umweltminister Werner Schnappauf im Juli 1999 noch gelungen, einen »Mobilfunkpakt« zwischen dem Freistaat und den

Netzbetreibern abzuschließen, der zum Ziel hatte, vorhandene Mobilfunkmasten mehr als bisher gemeinsam zu nutzen und – nicht zuletzt – die Akzeptanz in der Bevölkerung zu verbessern. Der Freistaat Bayern verpflichtete sich im Gegenzug, »den Ausbau des Mobilfunknetzes zu unterstützen und die Nutzung landeseigener Grundstücke oder Gebäude – soweit geeignet – zu ermöglichen«, so Schnappauf am 16. Juli 1999 in seiner Presseerklärung. Zwei Jahre später wollte der bayerische Umweltminister dann noch einmal mit einem »Mobilfunkpakt II« nachlegen, an dem diesmal auch die Kommunen über ihre Spitzenverbände beteiligt sein sollten.

Wieder war es der Bayerische Städtetag, der gravierende Einwände hatte. Statt einige Pilotprojekte in ausgewählten Gemeinden einzuführen, sei es »höchste Zeit, flächendeckende Regelungen für die Beteiligung der Kommunen beim Netzausbau zu schaffen«, beschied der Städtetag dem Minister und beschloss zugleich, sich am zweiten Pakt nicht zu beteiligten. Schnappauf musste die beabsichtigte Unterzeichnung des Pakts einen Tag davor absagen. Erst im Herbst 2002 wurde er dann doch, ohne den Städtetag, unterzeichnet. Auch er enthält wiederum vornehmlich Absichtserklärungen: Der Freistaat will den Ausbau des Netzes fördern, Landkreise und Betreiber sollen sich an »Runden Tischen« einigen.

Die Kommunen wollen sich offensichtlich nicht mehr mit ihrer Rolle als Prügelknaben für den Bürger abfinden. Große Städte wie München und Düsseldorf haben bereits beschlossen, keine städtischen Gebäude für die Aufstellung von Sendemasten herzugeben, und viele kleinere – wie zum Beispiel Starnberg oder Wolfratshausen, wo der Bayerische Ministerpräsident Edmund Stoiber wohnt – schließen sich dieser Entscheidung inzwischen an.

Immer mehr Kommunen möchten etwas mitzureden haben, wollen die Entscheidung über neue Sendeanlagen nicht ins alleinige Ermessen der Netzbetreiber stellen – so, wie es faktisch der Fall ist. Der Druck auf die Landes- und Bundespolitik wird wachsen, und mit »freiwilligen Selbstverpflichtungen« unterschiedlicher Ausformung lassen sich die Kommunen langfristig nicht mehr abspeisen. Weil sich diese Unzufriedenheit auch einmal in Wahlentscheidungen widerspiegeln könnte, ist es wohl nur noch eine Frage der Zeit, bis die Länder den

Kommunen mehr und vor allem effektive Mitentscheidungsrechte zugestehen werden.

Einige von ihnen behelfen sich inzwischen, so gut es geht, teilweise auch mit fast schon bizarren Mitteln. Eine Reihe von Gemeinden lässt es sich etwas kosten, von Sendeanlagen weitgehend verschont zu bleiben. Die Marktgemeinde Auhausen bei Augsburg etwa protestierte lange gegen einen geplanten Sender von T-Mobile in der Dorfmitte und schlug einen Alternativstandort außerhalb des Ortes vor. Der, meinte die Telekom nach einigem Zögern, sei zwar machbar, käme aber wesentlich teurer. Nämlich, nach einigem Hin- und Herrechnen, um die 17.000 Euro. Diese Summe sammelten die Mobilfunkgegner innerhalb von zwei Wochen, einige nahmen sogar einen Privatkredit dafür auf. Nun wird der Sender wahrscheinlich auf einem Hügel außerhalb des Ortes gebaut.

So ähnlich lief es auch in Eckental bei Nürnberg ab. Dort hatte der damalige dritte Bürgermeister eigenmächtig einen Mietvertrag mit T-Mobile für den Feuerwehrturm des Ortes unterschrieben. Da aber wollte der Gemeinderat, der von dem Vertrag nichts erfahren hatte, ganz bestimmt keine Sendeanlage haben, nachdem 1200 Bürger binnen kürzester Zeit mit ihrer Unterschrift gegen den Mobilfunkmast protestiert hatten. Und so ging man vor Gericht. In der zweiten Instanz – das Landesgericht hatte den Vertrag für gültig erklärt – fand dann der Richter des Oberlandesgerichts einen Kompromiss: Die Gemeinde Eckental zahlt 46.000 Euro an T-Mobile für entstandene Planungskosten und andere Vorleistungen, dafür wird der Vertrag aufgehoben. Außerdem solle die Gemeinde den Mobilfunkern ein Ausweichgrundstück zu marktüblichen Preisen anbieten.

Die Bürgerinitiativen mögen zufrieden sein, wenn sich das Problem mit Geld erst einmal aus der Welt schaffen lässt. Auf den außenstehenden Beobachter wirkt es wie eine Art »Schutzgeldzahlung« – man zahlt, um vor Strahlen geschützt zu werden. Erinnert leider nur ein bisschen an die Service-Leistungen gewisser nichtstaatlicher Organisationen für Restaurantbetreiber in Kalabrien oder Sizilien.

Um Haus und Hof: sinkende Immobilienwerte

Finanzielle Auswirkungen haben Mobilfunkantennen sowieso schon für Mieter, Hausbesitzer, Makler und für Menschen, die ihre Wohnung verlassen, weil in unmittelbarer Nähe eine Sendeanlage aufgestellt wird. Sie sind auch nicht mit der Aussicht auf eine Mietminderung zum Bleiben zu bewegen, wie sie vom Amtsgericht München vor einiger Zeit für rechtens erachtet wurde (siehe »Stichwort: Rechtsprechung«). Eine Ausnahmeentscheidung übrigens. Aber was würde es dem einzelnen Betroffenen auch bringen, wenn er mit einer Mietminderung durchkäme? Er spart zwar ein paar Euro, aber wenn er sensibel auf die elektromagnetische Strahlung reagiert, sind die Folgen für seine Gesundheit nicht abzusehen. Er wird also ausziehen, was ihn nicht davor schützt, dass an seinem nächsten Wohnort wieder ein Sendemast aufgestellt wird. Manche Elektrosmog-Betroffene, die eine Wohnung suchen, gehen inzwischen nur mehr mit einem Messgerät zu Besichtigungsterminen. Sie recherchieren in der Nachbarschaft, ob es Hinweise darauf gibt, dass bald eine Antenne errichtet werden soll. Oder sie fragen nach, ob schon irgendwo in der Gegend Klagen gegen Mobilfunkantennen laufen.

Schwierig wird es aber auch für Menschen, die sich eine Immobilie kaufen wollen oder – meist verbunden mit einer langfristigen finanziellen Belastung – schon gekauft haben. Es gibt Fälle, in denen ein Kauf in letzter Sekunde beim Notar gescheitert ist, weil sich herausgestellt hatte, dass auf dem Objekt oder in der Nachbarschaft bald eine Antenne installiert werden sollte. Bereits 1998 hat sich ein Artikel in der Fachzeitschrift *WFA-Wertermittlungsforum* mit der Frage beschäftigt, wie elektromagnetische Felder den Wert von Grundstücken beeinflussen. Darin heißt es: »Bei der Feststellung der absoluten Gebrauchsunfähigkeit des Grundstücks durch das Vorhandensein hoher elektrischer und magnetischer Felder, bei akuter Gefährdung menschlichen Lebens und damit Ausschluss der Nutzung, dürfte sich regelmäßig ein Wert für das zu bewertende Grundstück einstellen, der bei der Zahl 0 liegt.«[3]

Die Käufer werden vorsichtiger, die Verkäufer stöhnen, weil betroffene Häuser und Wohnungen schwer an den Mann zu bringen sind. Das hat sich mittlerweile unter Immobilienmaklern herumgesprochen.

Und manche reden auch darüber, was erstaunlich ist: Denn immerhin handelt es sich dabei um eine Zunft, die eher zurückhaltend ist, wenn es um Gründe geht, die den Verkauf von Immobilien erschweren könnten.

Hubertus von Medinger – Immobilienmakler in München – hat sich bei seinen Kollegen umgehört. Zuvor hatte er bereits eigene Erfahrungen mit Mobilfunk gemacht. Er hatte eine herrliche Dachterrassenwohnung in München-Schwabing zu vermitteln. Aber es stellte sich heraus, dass sie praktisch nicht zu verkaufen war, weil man etwa bei einem Besichtigungstermin deutlich sehen konnte, wie in 15 Metern Entfernung die Techniker in Strahlenschutzanzügen aufs Nachbardach stiegen, um Montagearbeiten an einer Mobilfunksendeanlage auszuführen. Medinger, der sich daraufhin über potenzielle Gesundheitsgefahren durch Sendeanlagen kundig machte, sagt heute: »Ich würde so ein Objekt nicht mehr annehmen. Stellen Sie sich vor, da kommt eine Familie mit zwei kleinen Kindern. Das ist ein ethisches Problem. Als Makler muss ich meinen Käufer über alle Vor- und Nachteile informieren. Wer einigermaßen sensibilisiert ist für dieses Thema – und das sind heute sehr viele Menschen –, der geht wieder und kauft nicht.«

Medinger wollte wissen, ob seine Kollegen ähnliche Erfahrungen gemacht haben, und hat sich im März 2002 mit einer Umfrage an RDM-Makler in Bayern, Baden-Württemberg und Hamburg gewandt. Er wollte in Erfahrung bringen, ob sich Mobilfunksendemasten verkaufshemmend auf Immobilienbesitz in einem Umkreis von etwa 150 Meter auswirken. Und wenn ja, ob die Kollegen einen durchschnittlichen Wertverlust für diese Immobilien benennen können. Die Umfrageergebnisse sind natürlich nicht repräsentativ, geben aber einen ersten Hinweis auf eine Entwicklung, die bald alle Haus- und Wohnungsbesitzer betreffen kann. Von 20 Makler-Firmen, die Medinger angeschrieben hat, berichteten 14, dass sich Mobilfunksendemasten wertmindernd beziehungsweise verkaufshemmend auf den benachbarten Immobilienbesitz auswirken[4]. Drei Firmen konnten das nicht bestätigen, weitere drei hatten mit dem Thema noch nichts zu tun gehabt, weil es in den ländlichen Räumen, in denen sie tätig waren, praktisch noch keine Rolle gespielt hatte. Auf die Frage nach der Wertminderung antworteten 15 Firmen. »Der Ansatz der Wertminderung von Immobilienbesitz, der sich unmittelbar in der Nachbarschaft von Mobilfunksendeanlagen befindet, reichte von fünf über 15, 20, 30, 40 bis hin zu 50 Prozent. Hier ist ein entscheidender Faktor in der tatsächlichen Entfernung zum Sendemasten hin zu sehen. Ein Sendemast gegenüber dem Schlafzimmerfenster des zu verkaufenden Objekts kann sich ganz schnell nicht nur verkaufshemmend, sondern als verkaufsverhindernd auswirken. Mehrere Beispiele wurden hierzu detailliert angegeben.«

Die Interessenten sagen oft schon vor einer Besichtigung ab, wenn sie erfahren, dass eine Anlage in der Nähe steht. »Zu einer Diskussion über eine Kaufpreissenkung oder Mietminderung kommt es in diesen Fällen gar nicht, da es sich um grundsätzliche, meist gesundheitliche Bedenken handelt. Diesen Kaufinteressenten wird selbst ein 50-prozentiger Wertminderungsansatz für die jeweilige Immobilie nicht gerecht.«

Medinger musste sich anfangs auch von einigen Kollegen vorwerfen lassen, zuviel Wind um die Sache zu machen. Das verderbe das Geschäft. Mittlerweile aber hat sich die dramatische Entwicklung herumgesprochen. Der Vorsitzende des Münchner Haus- und Grundbesitzervereins, Rudolf Stürzer, sagte im Frühjahr 2002: »Die Nachfrage nach Objekten ohne Mobilfunkantennen oder in ausreichender Entfernung dazu ist größer. Besonders bei selbst genutzten Immobilien sind die Vorbehalte groß. Aber auch bei vermieteten Objekten geht der Vermieter ein zusätzliches Risiko ein. Da halten sich Käufer eher zurück.«[5] Die Rechtsabteilung des Haus- und Grundbesitzervereins, sagt er, sei seit etwa drei Jahren zunehmend konfrontiert mit Mietern, die mit Minderungsansprüchen an ihre Vermieter heranträten. Auf die Frage, ob er ein Haus mit einer Mobilfunkantenne kaufen würde, antwortet Stürzer: »Wenn ein gleichwertiges Haus ohne Antenne zur Verfügung stünde, nein. Bis heute ist nicht geklärt, ob die Strahlung gesundheitsgefährdend ist.«[6]

Derart deutliche Aussagen sind noch ungewöhnlich für den Vorsitzenden eines Verbandes, der ja beide Seiten zu vertreten hat – jene, die sich eine Antenne aufs Dach stellen, und die anderen, die Angst vor den Belastungen haben. Von der Wertminderung sind allerdings beide Seite betroffen: Die Angst ist ja da, und der Markt reagiert auch auf psychologische Faktoren. Beim Bundesverband »Haus und Grund Deutschland« vermeidet man jedenfalls im Sommer 2002 noch jede Stellungnahme. Der hauseigene Jurist sieht beim Thema Mobilfunk aber schon eine mögliche »Zerreißprobe für den Verband«.

Vermutlich wird es dabei nicht bleiben. Wenn die Entwicklung so weitergeht, sind noch ganz andere Probleme vorstellbar. Es ist wohl nur eine Frage der Zeit, bis der erste Käufer einem Immobilienmakler keine Provision zahlen will oder ihn gar verklagt, weil dieser ihm nicht mitgeteilt hat, dass in der Nähe des gekauften Objekts eine Mobilfunkanlage steht. Bei neu gebauten Häusern, die dann nicht zu verkaufen sind, könnten Banken die Kredite kündigen, und Bauunternehmer und Bauherren wären vom Konkurs bedroht. Laut Medinger werde bei Banken schon darüber geredet, die Beleihungsgrenzen für solche Objekte zu senken. Auch mit Auswirkungen auf laufende und Folgekredite wäre zu rechnen.

Und auch die Kommunen selbst könnten betroffen sein. Denn die Höhe der Grundsteuer bemisst sich am Verkehrswert der Immobilie. Wenn der durch Mobilfunk sinkt, können die Eigentümer eine Senkung der Grundsteuer beantragen.

Die Frage des Wertverlusts bewegt viele Menschen, auch jene, die glauben, mit den gesundheitlichen Folgen von Elektrosmog keine Probleme zu haben. Wie hoch die Schäden sein könnten, ergibt sich aus einer einfachen Rechnung: Wenn man von derzeit sehr konservativ geschätzten 50.000 Sendeanlagen und jeweils nur zehn betroffenen Wohnungen in unmittelbarer Nähe ausgeht, ginge es schon um 500.000 Eigentümer. Und nach der Einführung von UMTS wird es mindestens noch einmal so viele Neuanlagen geben. Wenn die zu beobachtende Wertminderung einmal Eingang in die Praxis der Rechtsprechung gefunden hat, dürfte das den Immobilienmarkt ganz empfindlich treffen.

Stichwort: Rechtsprechung

Gegen Mobilfunkanlagen kann man rechtlich derzeit nur schwer angehen. Noch ist die Gesetzeslage oft diffus; Grundsatzurteile gibt es praktisch nicht. Aber je mehr der Antennenwald wächst und damit der Widerstand gegen ihn, desto dringender sind klare rechtliche Vorgaben.

Schon jetzt gibt es aber eine Reihe von Möglichkeiten, gegen Mobilfunkanlagen vorzugehen. Sie werden nur aus Unkenntnis heraus oft nicht genutzt – von Kommunen, Nachbarn, Vertragspartnern oder auch Naturschützern. Von Belang sind dabei Fragen der Genehmigung, des Bau- und Planungsrechts, des Landschaftsschutzes, der Gesundheitsgefährdung, aber auch des Vertragsrechts zwischen Betreibern und Hauseigentümern und schließlich der Wertminderung von Häusern und Grundstücken, die im Einzugsbereich von Mobilfunksendern stehen.

Wichtigste Grundlage: eine Bundesverordnung

Am 28. Februar 2002 hatte sich das Bundesverfassungsgericht mit einer Verfassungsbeschwerde zu befassen. Der Anwohner einer Sendeanlage in Rheinland-Pfalz hatte in deren Betrieb einen Verstoß gegen den Artikel 2 des Grundgesetzes und damit gegen das Recht auf körperliche Unversehrtheit gesehen. Bei der Festsetzung der geltenden Grenzwerte seien wichtige wissenschaftliche Erkenntnisse nicht beachtet worden.

Die dritte Kammer des Ersten Senats ließ die Verfassungsbeschwerde jedoch nicht zur Entscheidung zu (AZ 1 BvR 1676/01). Es bestehe keine Pflicht des Staates, Grenzwerte ohne ausreichende wissenschaftliche Erkenntnisse zu verschärfen. Die geltenden Grenzwerte könnten nur dann verfassungsrechtlich beanstandet werden, wenn erkennbar sei, dass sie die menschliche Gesundheit völlig unzureichend schützten. Insbesondere sei es nicht Aufgabe der Gerichte, neueste wissenschaftliche Studien zu bewerten oder eine Entscheidung zu treffen, die der Politik obliege. Dem Schutz der Bürger müsse der Gesetzgeber durch seine Gesetze nachkommen.

Das Bundesimmissionsschutzgesetz (BImSchG) soll die Bürger vor schädlichen Umwelteinwirkungen schützen. Näheres, insbesondere was die mehr oder weniger aktuellen Grenzwerte angeht, regeln Verordnungen zum Gesetz. Im Fall der Mobilfunkanlagen gilt derzeit die »26. Verordnung zur Durchführung des Bundes-Immissionsschutzgesetzes (Verordnung über elektromagnetische Felder)«, abgekürzt 26. BimSchV, vom 1. Januar 1997. Die dort enthaltenen Grenzwerte haben im Wesentlichen drei Grundlagen:

- die Empfehlungen des Komitees für nichtionisierende Strahlen der Internationalen Strahlenschutzvereinigung (IRPA/INIRC),
- die Empfehlungen der Internationalen Kommission für den Schutz vor nichtionisierenden Strahlen (ICNIRP), der Nachfolgeorganisation von IRPA/INIRC,
- die Empfehlungen der Strahlenschutzkommission (SSK).

Grundlage dafür sind die verfügbaren und gesicherten wissenschaftlichen Informationen aus Laborstudien sowie epidemiologischen Untersuchungen, die vor allem die thermischen Wirkungen berücksichtigen, da die übrigen Wirkungen nach geltender Lehrmeinung nicht ausreichend wissenschaftlich erwiesen sind. Der Gesetzgeber hat jedoch ausdrücklich darauf hingewiesen, dass weiterer Forschungs- und damit wohl auch Regelungsbedarf besteht.

Diese gesetzlichen Bestimmungen bilden auch die Grundlage für die in aller Regel einzige rechtliche Hürde, die eine Antenne vor ihrer Aufstellung nehmen muss: Jede Mobilfunksendeanlage braucht nämlich eine funkrechtliche Genehmigung nach dem Fernmeldeanlagengesetz. Der Betreiber muss deshalb eine Standortbescheinigung der Regulierungsbehörde für Telekommunikation (RegTP) vorlegen. Die Behörde muss dabei die Sicherheitsabstände nach den WHO-Richtlinien überprüfen sowie einen angemessenen Zuschlag für den jeweiligen Aufstellungsort berücksichtigen. Ausschlaggebend sind dabei die zu erwartenden Immissionen bei höchster betrieblicher Auslastung. Auch die Vorbelastung durch andere bereits vorhandene Sendeanlagen ist miteinzubeziehen. Die Standortbescheinigung der Regulierungsbehörde ist formal ein Verwaltungsakt, das bedeutet: Anwohner können dagegen Widerspruch einlegen, der aufschiebende Wirkung bis zur endgültigen rechtlichen Klärung hat, falls kein »Sofortvollzug« angeordnet wird.

Technische Details sind natürlich für Außenstehende schwer zu überprüfen, und man kann davon ausgehen, dass die Grenzwerte sowieso eingehalten werden. Ein besserer Hebel bietet sich durch die Bestimmungen des Baurechts, speziell des Planungsrechts und des Bauordnungsrechts an.

Das Planungs- und Baurecht

Derzeit müssen Sendeanlagen nur wenigen bau- und planungsrechtlichen Vorgaben genügen. Geltende Praxis ist in den meisten Gemeinden: Die Antennen können ohne Genehmigung aufgestellt werden, wenn sie nicht höher als zehn Meter (in einzelnen Bundesländern zwölf Meter) sind und die Baumasse von zehn Kubikmetern nicht überschreiten. Dies, obwohl die meisten Landesbauordnungen eigentlich nur bauliche Anlagen in einer Höhe von vier bis fünf Metern als genehmigungsfrei vorsehen. Und dabei geht es nicht nur um den sichtbaren Teil der Anlage, sondern auch um die meist unter dem Hausdach oder neben dem Haus verborgene Basisstation.

Der Grund, weshalb Antennen dennoch meist genehmigungsfrei gebaut werden dürfen, geht aus einem internen Vermerk des Bundesbauministeriums vom 15. November 2000 hervor[7], mit dem die geltende Praxis sanktioniert wurde. Demnach seien Sendeantennen »regelmäßig von so geringer Größe«, dass sie planungsrechtlich nicht zu beanstanden seien. Planungsrechtlich relevant sei ein Vorhaben dann, wenn es besonders augenfällig ist, also wenn die Anlage beispielsweise im Verhältnis zum Gebäude, auf dem es installiert ist, nicht mehr als »kleinformatig« bezeichnet werden könne.

Eine weitere Besonderheit ergibt sich durch die Baunutzungsverordnung (BauNVO) für so genannte Allgemeine und Reine Wohngebiete im Sinne des jeweils gültigen Bebauungsplans der Gemeinden. Dort nämlich ist eine Gewerbenutzung nur eingeschränkt erlaubt. Insofern dürfen dort eigentlich nur Anlagen errichtet werden, wenn sie ausschließlich der Versorgung des Wohngebiets dienen. Dies nachzuweisen dürfte den meisten Mobilfunkbetreibern schwer fallen.

Nicht eben wenige Mobilfunkantennen sind also offenbar rechtswidrig aufgestellt worden. Doch wo kein Kläger, da kein Richter. Die Gemeindeverwaltungen haben in der Regel kein Interesse, die gängige Praxis zu ändern und alte Fälle neu aufzurollen. Wenn sich betroffene Anlieger nicht wehren und gegebenenfalls zivil- oder verwaltungsrechtlich vorgehen, wird sich daran wohl auch nichts ändern.

Der wachsende öffentliche Druck lässt mittlerweile aber auch die Sensibilität bei den Behörden wachsen. Als eine der ersten Kommunen ging die Stadt Frankfurt Anfang 2002 dazu über, für jede neue Sendeanlage einen Bauantrag zu verlangen. Grundlage dafür war ein Urteil des Oberverwaltungsgerichts Kassel, nach dem Mobilfunksender auf Hausdächer eine gewerbliche Nutzungsänderung darstellen können und insofern von der Gemeinde erst gesondert genehmigt werden müssten. Diese Einschätzung der rechtlichen Lage hat übrigens auch der Verwaltungsgerichtshof Baden-Württemberg vertreten, der das Mobilfunknetz bauplanungsrechtlich als »gewerbliche Nutzung« einstuft (AZ 8 S 2 748/01). Deshalb seien Sendeanlagen grundsätzlich nicht in Reinen und Allgemeinen Wohngebieten zulässig.

Eigentum verpflichtet: die Frage der Wertminderung

Unabhängig davon, für wie sicher und zuverlässig man die geltenden Grenzwerte hält: Eine deutlich messbare Auswirkung haben Mobilfunkantennen fast immer. Sie mindern den Wert der Grundstücke und Häuser, auf denen sie montiert sind oder die daran angrenzen. Dies trifft den Hauseigentümer, der die Antenne montieren lässt, ohne zu ahnen, dass der Wertverlust möglicherweise seine Einnahmen übersteigt. Aber es trifft selbstverständlich auch Nachbarn, weil ihre Immobilie im Wert sinkt. Derzeit sind eine Reihe von Präzedenzverfahren anhängig, in denen geklärt werden soll, inwieweit bei der Aufstellung von Masten das Rücksichtnahmegebot verletzt wird. Entscheidungen stehen noch aus; unter Umständen können Anlieger aber auf Schadensersatz klagen und so zumindest den Abbau einer Anlage erzwingen. Ob sie tatsächlich Schadensersatz erhalten, ist allerdings fraglich: Sie müssten nachweisen, dass der Beklagte sich entweder über die schädlichen Folgen von Mobilfunk oder über die zu erwartende Wertminderung der Grundstücke im Klaren war, und das ist nicht einfach.

Ein richtungsweisendes Urteil für die Debatte fällte das Oberlandesgericht Hamm (Westfalen) am 3. Januar 2002 (AZ 15 W 287/01). Im Streit einer Wohnungseigentümergemeinschaft über die Frage, ob auf dem gemeinsamen Haus eine Antenne errichtet werden darf oder nicht, stimmte das Gericht der Klage eines Eigentümers im westfälischen Rheine zu, der sich zunächst dem Mehrheitsbeschluss der Eigentümerversammlung für eine Mobilfunkanlage auf dem Hausdach beugen musste. Das Gericht begründete die Entscheidung damit, dass mögliche Gesundheitsschäden durch die Antennen auftreten könnten. Solange dies nicht endgültig widerlegt ist, müssen alle Eigentümer eines Wohnhauses der neuen Antenne zustimmen. Im Urteil heißt es: »Die derzeit bestehende Ungewissheit, ob und in welchem Maße von Mobilfunkantennen für den Betrieb eines oder mehrerer Mobilfunknetze, die für den künftigen UMTS-Betrieb ausgelegt sind, gesundheitliche Gefahren für die in unmittelbarer Nähe zu der Anlage wohnenden Menschen führt, reicht allein für die Annahme einer tatsächlichen Benachteiligung aus, die ein Wohnungseigentümer nach dem Maßstab des § 14 Nr. 1 WEG nicht hinnehmen muss.«

Mietminderung: Antenne drauf, Miete runter?

Schwieriger ist die Lage, wenn man nicht Haus- oder Grundstückseigentümer ist, sondern Mieter. Zwar gibt es ein Urteil des Amtsgerichts München vom 27. März 1998 (AZ 432 C 7381/95), das dem Mieter einer Dachgeschosswohnung direkt unter einer Antenne erlaubt, 20 Prozent weniger Miete zu zahlen. Es handelt sich dabei aber um den Sonderfall eines bettlägerigen Herzschrittmacher-Patienten. Allein die Angst vor möglichen gesundheitlichen Folgen, auch wenn diese nicht bewiesen seien, stelle bereits eine Beeinträchtigung im Sinne des Paragraphen 537, Absatz 1 BGB dar. Diese Entscheidung wurde immerhin später durch das Landgericht München bestätigt (AZ 14 S 6614/98), so dass das Urteil mittlerweile rechtskräftig ist.

In der Regel gehen die Gerichte aber davon aus, dass die bestehenden Grenzwerte ausreichend sind und es nicht auf das Empfinden des Mieters ankommt. So hat das Amtsgericht Traunstein eine Mietminderung ebenso abgelehnt (AZ 310 C 2158/98) wie das Landgericht Freiburg (AZ 3 S 294/95) oder das Amtsgericht Köln (AZ 213 C 77/93), weil keine wissenschaftlich gesicherten Erkenntnisse die schädlichen Einflüsse des Elektrosmogs belegten. Eine Ausnahme machte hingegen das Amtsgericht Marburg (AZ 9 C 1059/00) für die Mieter von Sozialwohnungen: Demnach müssen die Vermieter die Einnahmen, die sie durch die Vermietung des Daches an einen Mobilfunkbetreiber erzielen, bei der Wirtschaftlichkeitsrechnung berücksichtigen. Die Miete müsse deshalb entsprechend sinken.

Der Kampf um die Dächer
Wie sich Bürger in Initiativen, Verbänden und Kirchen engagieren

Diesmal war es nicht wirklich eine Überraschung gewesen. Schließlich hatte die Viag Interkom vierzehn Tage vor dem 3. Dezember 2001 schon einmal versucht, einen Sendemast auf dem Dach des Hotels zu installieren. Damals hatten die Nachbarn ein paar Tage vorher Arbeiter dort gesehen, die offenbar eine Art Fundament bauten. Die Anwohner hatten daraufhin weitere Nachbarn alarmiert, und als schließlich die Kranwagen kamen, trafen sie auf eine Menge wütender Anlieger, die mit Transparenten gegen die Aufstellung protestierten. Der Montagetrupp musste schließlich unverrichteter Dinge wieder abziehen, damals im November.

Jetzt hatte Viag Interkom die geplante Montage bereits vorher per Fax angekündigt, und tatsächlich war es dann im Morgengrauen des 3. Dezembers soweit. Kurz vor sieben stand Ortfried Engler, einer der Wortführer der Initiative, auf und fuhr zu Seibels Parkhotel. Dort hatten sich schon einige gute Bekannte versammelt, mehr als 50 sollten es im Laufe des Morgens noch werden. Und auf der Straße standen ein Kranwagen und ein Tieflader, die den Verkehr behinderten. Eigentlich wollten sie auf den Parkplatz vor dem Hotel fahren, aber dort hatten sich die Nachbarn postiert und wollten partout den Weg nicht freimachen. Obendrein hatte jetzt Engler sein Auto in der Hotelzufahrt geparkt, so dass garantiert kein Durchkommen war.

Kurz nach halb acht traf dann die Polizei ein und tat sich offenbar schwer mit der »nicht angemeldeten Versammlung«, wie es später im Einsatzbericht hieß. Immer mehr Leute kamen aus der Umgebung zum Hotel, auch Reporter waren inzwischen da, sichtlich dankbar für die eindrucksvollen Fotomotive. Mütter mit Transparenten, auf denen stand: »Auch Contergan, Asbest und Formaldehyd galten als unbedenklich«, »Kein Mobilfunk auf Seibels Hotel«, »Wir sind keine Versuchstiere« und »Wir haben Angst!« Dazu noch ein paar Protestierer in weißen Einwegoveralls aus dem Baumarkt, auf denen ein Slogan der bayerischen Polizei prangte: »Zivilcourage – Hören Sehen Handeln«, und schließlich Ortfried Engler, der auf das Dach seines Autos kraxelte, als der Abschleppdienst kam, um seinen Wagen abzuschleppen.

Spätestens da war dann auch dem Herrn von der Viag Interkom klar, dass das heute nichts mehr werden würde. Laut Polizeiprotokoll bat er den Einsatzleiter, »wegen der publicityträchtigen Wirkung« nicht einzugreifen. Die Polizei begnügte sich dann damit, die Personalien der Nachbarn aufzunehmen, nachdem sie sich von einem anwesenden Rechtsanwalt hatte belehren lassen müssen, dass man sich ja auf Privatgrund befände und deshalb das Versammlungsgesetz gar nicht greife. Der Hotelbesitzer Siegmar Seibel selbst wollte keine Anzeige wegen Hausfriedensbruchs stellen, sondern sagte später sogar der Zeitung: »Ich würde den Vertrag mit Viag Interkom heute nicht mehr unterschreiben. Aber wahrscheinlich komme ich aus dem Vertrag nicht mehr heraus.«

Um 9.48 Uhr gab die Viag Interkom auf, Kranwagen und Tieflader rückten ab. Die Nachbarn jubelten, applaudierten. Nach gut drei Stunden war die Blockade zu Ende, die Bürgerinitiative hatte diese Runde für sich entschieden. Zwei Monate später gab es auf ihren Antrag hin eine Einwohnerversammlung für das Viertel, die einstimmig beschloss, den Sendemast abzulehnen. Hotelbesitzer Seibel entschloss sich daraufhin, aus dem Vertrag mit der Viag Interkom auszusteigen und nahm sich eine Rechtsanwältin aus den Reihen der Initiative. Er hat die Seiten gewechselt. Mittlerweile muss sich auch das Bayerische Staatsministerium für Landesentwicklung und Umweltfragen mit der Angelegenheit befassen. Denn die Initiative hat eine Eilpetition an den Bayerischen Landtag gerichtet und gefordert, auf die Sendeanlage zu verzichten, da sie sich in unmittelbarer Nähe mehrerer Schulen befinde. Der Landtag, was eher ungewöhnlich ist, hat der Petition zugestimmt und beschlossen, »im Sinne der freiwilligen Vereinbarung zwischen den in Bayern tätigen Mobilfunkbetreibern und dem Staatsministerium eine bürgerfreundliche Lösung zu finden«.

Der Erfolg dieser Bürgerinitiative aus dem Münchner Stadtteil Pasing sprach sich schnell herum, und zeitweise galten die Pasinger unter Mobilfunkgegnern so ein bisschen als »das kleine gallische Dorf« aus dem Asterix-Comic. Denn bereits ein halbes Jahr zuvor war es der Initiative gelungen, eine Sendeanlage, diesmal von der Telekom, im selben Wohngebiet zu verhindern. Zum einen mit dem klassischen Instrumentarium von Bürgerbewegungen – Transparente, Flugblätter, Demonstrationen, Auftritte bei Bürgerversammlungen und in öffentlichen Gremien –, zum anderen, indem sie auch in diesem Fall den Hausbesitzer auf ihre Seite brachten. Er kündigte der Telekom den schon unterschriebenen Vertrag und ließ sich dabei von einer Rechtsanwältin aus der Bürgerinitiative vertreten. Die Telekom machte daraufhin einen Rückzieher und stimmte der Vertragsauflösung zu. Und noch ein dritter Hausbesitzer im Viertel will aus einem Vertrag aussteigen, der es diesmal Vodafone erlaubte, auf dem Dach seines denkmalgeschützten Hauses eine Basisstation zu errichten. Nach dem Protest der Anwohner, die ihn über die Problematik des Mobilfunks aufklärten, hat auch er sich entschlossen, den Vertrag zu kündigen. Sein Rechtsanwalt ist ebenfalls Initiativenmitglied.

Dreimal der Versuch, eine Sendeanlage zu installieren, dreimal Hausbesitzer, die aus dem Vertrag wieder aussteigen wollen: keine schlechte Bilanz für eine Bürgerinitiative. Zumindest zwei Gründe gibt es für die bisherigen Erfolge der Pasinger Mobilfunkgegner: Sie verfügen anscheinend über eine erstaunliche Rechtsanwaltsdichte und einen gewissen Charme, der Hausbesitzer auf ihre Seite zieht. Beides erklärt sich vielleicht aus der besonderen Struktur des etwa ein Quadratkilometer großen Wohngebiets im Westen Münchens. Das Viertel war um die Wende zum 20. Jahrhundert als kleine Villenkolonie für höhere Beamte und Künstler entstanden, und es ist auch heute noch ein gehobenes Wohnviertel mit vielen freistehenden Einfamilienhäusern und großen Gärten; hier leben Familien aus der gehobenen Mittelschicht, Rechtsanwälte, Lehrer, Beamte, Ärzte. Das Viertel ist sehr überschaubar, man kennt sich, und die meisten Hausbesitzer wohnen auch selbst hier. Da macht es einem schon etwas aus, wenn die Nachbarschaft protestiert, und die Bereitschaft, aus einem unbedacht abgeschlossenen Vertrag wieder auszusteigen, wächst enorm.

Bei Viag Interkom, Vodafone und Telekom füllt der Schriftwechsel, der Pasing-West betrifft, inzwischen mehrere Aktenordner. Denn die Initiative lässt keine noch so kleine juristische Möglichkeit ungenutzt. »Hauptsache, die Dinger werden verhindert«, sagt Engler. »Al Capone hat man schließlich auch erst wegen Steuerhinterziehung schnappen können.«

Der Vergleich mit dem legendären Mafia-Paten scheint weit hergeholt. Aber zumindest in einem Punkt stimmt er: Immer mehr Bürger sehen sich einem kaum mehr durchschaubaren Interessensgeflecht gegenüber, gegen das sie sich scheinbar nicht wehren können, dem sie mit den herkömmlichen Mitteln der Demokratie nicht mehr Herr werden.

Erfolge der Initiativen sind nicht die Regel

Wie meist in solchen Fällen entstehen dann Bürgerinitiativen, um ihre Interessen zu formulieren. Nur selten haben sie auf Anhieb Erfolg, insbesondere, wenn es um Mobilfunk geht. Häufig läuft es nicht ab wie in Pasing, sondern so: Da sehen die überraschten Nachbarn, dass auf dem Haus nebenan plötzlich ein Sendemast steht. Man hat schon was gehört, dass das nicht ganz gesund sein könnte, beschließt dann sich zu wehren. In der ersten Versammlung beim Griechen ums Eck sind noch 40 Leute da; man diskutiert, ist erst noch ratlos, was man tun kann, beschließt, sich zu erkundigen. Schreibt Protestbriefe an den Hausbesitzer, auf dessen Gebäude der Mast steht. Der reagiert nicht, weil er sowieso ganz woanders wohnt und nur die Miete einkassiert, für Wohnungen und Mast. Beim nächsten Treffen dann, sechs Wochen später, sind es nur noch 20 Leute, die dann feststellen müssen, dass der Protest nichts gefruchtet hat, der Mast immer noch steht und sendet und sich niemand in der Stadtverwaltung oder Gemeinde so richtig zuständig fühlt für die Sorgen der Bürger. Vielleicht rafft man sich dann noch auf zu einem Flugblatt, einem Infostand, unter Umständen auch eine kleine Demo – aber in der Regel war's das dann. Beim dritten Treffen ist man zu zehnt, und beim nächsten braucht man dann den Nebenraum nicht mehr: »Da hinten«, sagt der Wirt, »ist noch ein Vierertisch frei.«

Der Dachverband: die »Bürgerwelle«

Misserfolge entmutigen eben schnell, und wer alleine kämpft, wird wohl irgendwann aufgeben müssen. Das war schon den ersten Mobilfunkinitiativen klar, die sich Mitte der neunziger Jahre gegründet hatten.

Ohne fundierte Aufklärung und Information, schnell und leicht zugänglich, würden keine dauerhaften Erfolge zu erzielen sein. Denn beim geplanten Ausbauprogramm der Unternehmen bewirkte die Verhinderung eines einzelnen Sendemasts letztlich nur wenig: Der nächste strahlte ja schon ein paar hundert Meter weiter, und war das eine Dach nicht zu bekommen, dann schlossen die Betreiber eben einfach ein paar Häuser weiter einen neuen Vertrag ab.

1997 taten sich im bayerischen Weilheim eine Reihe von Initiativen aus dem süddeutschen Raum, in dem der Widerstand wegen zahlreicher Aktivisten besonders groß war, zur »Bayerischen Bürgerwelle« zusammen, zu einer gemeinsamen Plattform von Mobilfunkinitiativen. Sie sollte als zentrale Anlaufstelle Informationen bereitstellen, Hilfestellung bei der Gründung einer Bürgerinitiative leisten, Referenten für Podiumsdiskussionen vermitteln sowie die wissenschaftlichen Arbeiten zum Thema sichten und einordnen. Die Nachfrage war gewaltig, und schon eineinhalb Jahre später benannte man sich dann in »Bürgerwelle« um, so den bundesweiten Anspruch des Vereins als Vertreter der Mobilfunkinitiativen verdeutlichend. Die Bürgerwelle war von Anfang an ein Erfolg. Die umfangreiche Website des Vereins verzeichnet monatlich mehr als 400.000 Zugriffe, das sind fast fünf Millionen pro Jahr, und der Dachverband vertritt nach eigenen Angaben mittlerweile an die 1.300 Bürgerinitiativen in ganz Deutschland. Insgesamt gibt es hierzulande, so schätzt der Verein, an die 12.000 Initiativen – für jede vierte Sendeanlage eine. Mehrere tausend Sendeanlagen hat man bisher verhindert oder zumindest verzögert, die Betreiber habe das wohl eine Summe von rund 1,5 Milliarden Euro gekostet, schätzen die Mobilfunkgegner.

Eigentlich ist die Bürgerwelle für die Mitglieder ihres Vorstands inzwischen fast ein Fulltimejob geworden. 40 bis 50 Stunden pro Woche, sagt ihr Sprecher Siegfried Zwerenz, wende er an ehrenamtlicher und unbezahlter Tätigkeit für den Verein auf. Er ist freiberuflicher Heilpraktiker, aber in seiner Naturheilpraxis im nordbayerischen Tirschenreuth trifft man ihn schon seit längerem höchstens noch 20, maximal 30 Stunden pro Woche an. Geld nimmt er nur für Vorträge, er verlangt einen Stundensatz von 30 Euro und die Fahrtkosten, und der rührige Vorstandssprecher ist ein gefragter Teilnehmer an Podiumsdiskussionen und Informationsveranstaltungen. Auf einen Vortrag pro Woche kommt er in der Regel, sagt er. Abgesehen von diesen Aufwandsentschädigungen für Vorträge und Schutzgebühren für Infopakete und Musterflugblätter verlangt die Bürgerwelle jedoch kein Geld von denen, die sich an sie wenden. »Aus Prinzip«, sagt Zwerenz, »um uns nicht angreifbar zu machen.« Deshalb bietet der Dachverband auch keine Messungen gegen Entgelt an und vertreibt auch keine Abschirmanlagen. Man dürfe sich auf keinen Fall dem Vorwurf aussetzen, an der Angst der Bürger zu verdienen, darüber sei man sich im Vorstand völlig einig. Zwerenz weiß auch: »Es gibt da inzwischen ja auch Leute, die ganz gut davon leben, dass sie Messungen zu überhöhten Preisen anbieten oder Abschirmmaterial verkaufen, das gar nicht sehr viel bringt. Mit denen wollen wir nichts zu tun haben.«

Stattdessen verspricht die Bürgerwelle, selbst Geld zu verschenken. Ende Oktober 1999 machte sie »Entscheidungsträgern aus Mobilfunkindustrie, Strahlenschutzbehörden und Politik« ein Angebot: Wer sich freiwillig zehn Tage lang der Dauerbestrahlung einer Mobilfunkanlage in Höhe des geltenden Grenzwertes für die Allgemeinbevölkerung aussetzt, erhält 20.000 Mark von der Bürgerwelle – wenn vorher, während und nachher keine gesundheitlichen Beeinträchtigungen nachzuweisen sind. Bis heute, sagt Zwerenz, hat sich kein Proband gefunden, der die 20.000 Mark haben will. Sehr bezeichnend findet Siegfried Zwerenz das.

Bei Podiumsdiskussionen bemüht er sich, sagt Zwerenz, immer sachlich zu bleiben und keinerlei Polemik einfließen zu lassen. Das überzeugt am meisten. Oft kommt es auch vor, dass die Mobilfunkbetreiber passen, wenn er bei einer Informationsveranstaltung auf dem Podium sitzt. Gelegentlich sei es ihm auch schon gelungen, ausgewiesene Experten der anderen Seite bei öffentlichen Veranstaltungen bloßzustellen – einfach nur dadurch, dass er ihnen einen simplen Rechenfehler nachwies. So etwas ist natürlich dann das Highlight einer jeden Infoveranstaltung: Wer glaubt schon noch einem Experten, der nicht mal richtig rechnen kann?

Das Internet als Wissensvermittler

Überhaupt ist der Wissensstand in Sachen Mobilfunk sehr hoch bei vielen Bürgerinitiativen. Und innerhalb der Gruppen sehr viel weiter verbreitet, als es in früheren Umweltbewegungen der Fall war. Das liegt an einem Medium des modernen Kommunikationszeitalters, dem Internet. Damit lassen sich für wenig Geld in kürzester Zeit sehr viele Informationen verbreiten, Netzwerke des Widerstands knüpfen, Einladungen verschicken, Sachverhalte recherchieren und auf neue Entwicklungen und Aussagen quasi in Echtzeit reagieren. Dafür brauchte zum Beispiel die Anti-Atomkraft-Bewegung in den siebziger Jahren noch viele Wochen oder gar Monate: Informationen mussten oft aufwändig recherchiert, mehrmals getippt, gesetzt und gedruckt und schließlich per Post verschickt werden. Das ist heute anders. Im Netz findet sich eine schier unerschöpfliche Menge an Informationen zum Thema; allein die Homepage der Bürgerwelle umfasst viele hundert Seiten, nicht weniger umfangreich sind die Seiten der mit der Bürgerwelle locker verbundenen *Elektrosmognews* des nordbayerischen Übersetzers Jörg Wichmann, der Interessenten obendrein noch kostenlos mit einem fast täglich erscheinenden Newsletter per E-Mail über neueste Entwicklungen auf dem Laufenden hält. Dazu kommen die umfangreichen Webseiten verschiedenster Bürgerinitiativen und Regionalverbände. Und an wissenschaftliche Studien und Untersuchungen gelangt man via Internet problemlos: Wer sucht, der findet nahezu alle, und sei es auf einem Server irgendwo im fernen Australien.

Das macht es den Mobilfunk-Lobbyisten schwer zu bluffen. Ein typisches Beispiel ist jene immer wieder genannte Zahl von 20.000 Studien, die angeblich Entwarnung beim Mobilfunk geben. Dass es sich hierbei um eine blanke Lüge handelt, haben Mobilfunkkritiker auf anschauliche Weise gezeigt. Volker Jung, Vorsitzender des Industrielobbyistenvereins Bitkom (Bundesverband Informationswirtschaft, Telekommunikation und neue Medien e.V.) hatte in einem Interview mit der Berliner Zeitung *Der Tagesspiegel* behauptet: »Kein einziges von insgesamt 20.000 Gutachten hat unterhalb der bestehenden Grenzwerte auch nur einen Verdacht auf Schadwirkungen festgestellt.«[1] *Elektrosmognews* wollte es genauer wissen und bat die Bitkom um eine Liste, auf der die 20.000 Studien samt Verfasser, Publikationsorgan, Erscheinungsjahr und Seitenzahl verzeichnet sind. Bitkom verwies auf die Datenbank des Forschungszentrums für Elektro-Magnetische Umweltverträglichkeit (FEMU) der Rheinisch-Westfälischen Technischen Hochschule Aachen, also auf Professor Jiri Silny. In Silnys Datenbank fanden die Kritiker gut 5.000 Einträge, die meisten davon in Englisch. Viele Einträge sind gar keine Studien, haben nichts oder wenig mit Mobilfunk zu tun oder beziehen sich auf Arbeiten, die sehr wohl auf mögliche Gesundheitsschäden hinwiesen.

Wo also sind die 20.000 angeblichen Studien, fragten die Kritiker sich und dann erneut die Bitkom. Diesmal verwiesen die Industrielobbyisten auf eine andere Quelle: auf den »Leitfaden zum Umgang mit Problemen elektromagnetischer Felder in den Kommunen« (siehe auch Seite 163). Der wurde erarbeitet von der Programmgruppe Mensch, Umwelt, Technik (MUT) des Forschungszentrums Jülich, auch nicht gerade eine industriekritische Adresse. Die MUT-Macher aus Jülich unter der Leitung des Psychologen Peter M. Wiedemann ziehen im Auftrag von Atom- und Mobilfunkindustrie schon seit längerem durch die Lande, um in TV-Sendungen und Veranstaltungen besorgte Bürger zu beruhigen. Als Partner der Programmgruppe MUT werden beispielsweise T-Mobile und Vodafone-Produktentwicklung angegeben.

Im Leitfaden ist die eindrucksvolle Zahl 20.000 tatsächlich wieder zu finden: »Forschung zu elektromagnetischen Feldern gibt es seit mehreren Jahrzehnten. Ungefähr 20.000 Arbeiten existieren, und jährlich kommen etwa 500 dazu. Eine kritische Auswahl dazu bietet die Datenbank des Forschungszentrums für Elektro-Magnetische Umweltverträglichkeit (FEMU) an der Rheinisch-Westfälischen Technischen Hochschule in Aachen.«[2]

Fundierte Quellenangaben zu den angeblich 20.000 Studien gibt es keine. Nur den Verweis auf die FEMU-Datei. Die kannten die Kritiker ja bereits. Sie wandten sich erneut an die Bitkom und bekamen schließlich folgende Antwort: »Wir bitten Sie, sich an die forschungsfördernden Institutionen beziehungsweise öffentlichen Behörden zu wenden. Bitkom sieht damit ihre Anfrage als beantwortet an.« Für Jörg Wichmann von *Elektrosmognews* ist deshalb nur eine Schlussfolgerung möglich: »Die 20.000 Entwarnungsstudien existieren nur in der Phantasie der Mobilfunkindustrie und ihrer Lobbyverbände.«

Der ganze Vorgang war auch für die Bürgerwelle ein willkommener Anlass, die Industrie erneut herauszufordern. Der Dachverband machte wiederum ein Angebot: Könnten die Mobilfunkbetreiber auch nur 200 Studien nennen, die keinerlei schädliche Auswirkungen konstatierten, so würde die Bürgerwelle für jede Studie 50 Euro zahlen. Auch darauf gab es bisher keine Reaktion.

Nationale und internationale Netzwerke

Das Internet erlaubt natürlich auch eine schnelle internationale Vernetzung der Mobilfunkgegner. Ableger der Bürgerwelle sind in Österreich, der Schweiz, in Südtirol und den Beneluxstaaten entstanden, und man arbeitet eng mit anderen dort bereits bestehenden Dachverbänden zusammen. In der Schweiz zum Beispiel ist das vor allem die Gruppe um den umtriebigen Mobilfunkaktivisten Hans-Ulrich Jakob, der schon erfolgreich gegen den Kurzwellensender Schwarzenburg gekämpft hatte[3].

Mit den traditionellen Mitteln der Bürgerinitiativbewegung allein lassen sich jedoch nur begrenzt Erfolge erreichen – gerade auf einem Gebiet, das noch vom Streit der Wissenschaftler geprägt ist. Da ist es gut, Unterstützung aus dieser Branche zu bekommen. Im Falle der Mobilfunkbewegung tut sich da vor allem das so genannte »h.e.s.e.-Project« hervor. Das ist ein loser Verbund von Wissenschaftlern, Technikern, Fachleuten und Privatpersonen; »h.e.s.e.« ist eine Abkürzung und steht für »human, ecological, social, economical«. »Wir sind eine locker verbundene, technisch-wissenschaftliche Organisation«, sagt ihr Sprecher, »eine Art Zukunfts- und Gegenwartswerkstatt, die Themen aus dem sozialen und ökonomischen Bereich behandelt.« Mehr als 1.000 ehrenamtliche Mitglieder in der ganzen Welt hat das h.e.s.e.-Project, und eine seiner Arbeitsgruppen befasst sich mit den Themen Elektromagnetische Felder und Mobilfunk, in ihr arbeiten zum Beispiel Wissenschaftler wie der Münchner TU-Professor Klaus Buchner, der Franzose Roger Santini oder der Aachener Professor Alexander Volger mit. In dieser Arbeitsgruppe werden etwa Fragebogen ausgewertet, die

Sendemasten-Anlieger ausgefüllt haben – eine Aktion, die im April 2002 begonnen hat –, um epidemiologische Daten über die Gefährlichkeit des Mobilfunks zu gewinnen. Es werden Aktionen organisiert, wie beispielsweise ein europaweiter Protest niedergelassener Ärzte gegen den Ausbau des Mobilfunks im Spätherbst 2002, zusammen mit der »Interdisziplinären Gesellschaft für Umweltmedizin« (IGUMED). Dem so genannten »Freiburger Appell« schlossen sich Hunderte von Medizinern in ganz Europa sowie einige zehntausend Unterstützer an.

Der »Freiburger Appell«, der am 9. Oktober 2002 von 60 Erstunterzeichnern verabschiedet wurde, fordert »neue gesundheitsverträgliche Kommunikationstechniken mit interessenunabhängiger Abwägung der Risiken speziell vor deren Einführung« sowie eine Reihe von Sofortmaßnahmen: die massive Senkung der Grenzwerte, einen Stopp des Ausbaus der Mobilfunktechnologie, Mitspracherechte für Bevölkerung und Gemeinden bei der Standortwahl, die gesundheitliche Aufklärung von Risikogruppen, das Verbot der Handy-Benutzung in sensiblen Bereichen und eine Überarbeitung des DECT-Standards für schnurlose Telefone. Zudem seien weitere Forschungsanstrengungen nötig, unabhängig von der Industrie »unter Einbeziehung der reichlich vorhandenen kritischen Forschungsergebnisse und unserer ärztlichen Beobachtungen«[4].

Außerdem wird es schon bald ein Gegengewicht zu jenem kleinen Kreis von Wissenschaftlern geben, der die offizielle Debatte in den Strahlenschutzkommissionen und anderen Gremien bestimmt. Wenn ein ganz normaler eingetragener Verein wie der ICNIRP e.V. die internationale Grenzwertsetzung so entscheidend beeinflussen kann, dachte man sich wohl, warum sollte man dann nicht ein gewichtiges Komitee dagegensetzen können? Demnächst wird es dieses Komitee geben, es wird ebenfalls ein eingetragener Verein sein, der seinen Sitz in Deutschland hat und den Namen ICRESERVE tragen wird. An die 40 Mitglieder sollen der ICRESERVE-Kommission angehören, alles bekannte internationale Wissenschaftler. Bislang sind unter anderem die Professoren Lebrecht von Klitzing, Peter Semm, Klaus Buchner, Karl Hecht, Gerard Hyland und José Luis Bardasano sowie der Arzt und Forscher Dr. Claudio Gómez Perretta im Gespräch.

Die Haltung der Verbände und Kirchen

Mit der Mobilfunkproblematik befassen sich mittlerweile auch eine Reihe von Verbänden und Institutionen bis hin zu den Kirchen. Der Bund Naturschutz (BUND) beschäftigt sich schon seit einigen Jahren mit der Thematik und hat eine Reihe fundierter Stellungnahmen erarbeitet. Im Winter 2002 startete der BUND in Göttingen sogar ein eigenes umfangreiches Messprogramm, um verlässliche Daten über die Mobilfunkstrahlung in Privathaushalten zu erhalten. Jeweils über mehrere Tage lang wurden Messungen durchgeführt, bei denen neben der Mobilfunkstrahlung auch der von schnurlosen Telefonen, Baby-Phones, drahtlosen Computernetzwerken und Radios ausgehende Elektrosmog erfasst werden sollte. »Wir wollen feststellen«, sagte BUND-Sprecher Hermann Merkord, »was insgesamt bei den Leuten ankommt.«

Auch die Ärzteverbände stehen dem Mobilfunk zunehmend kritisch gegenüber. Im Mai 2001 warnte beispielsweise Professor Dr. med. Heyo Eckel, der Präsident der niedersächsischen Ärztekammer und Vorsitzender des Ausschusses »Gesundheit und Umwelt« der Bundesärztekammer, davor, das Problem zu verharmlosen: »Es gilt, die Bedenken, Sorgen und Ängste der Patientinnen und Patienten gegenüber möglichen Gesundheitsgefahren durch Handy-Gebrauch und/oder durch Expositionen durch Mobilfunkbasisstationen sehr ernst zu nehmen.«[5] In einer Anhörung des Bundestags forderte er »vorsorgenden Gesundheitsschutz« und riet unter anderem dazu, Kindern den Gebrauch von Handys zu verbieten und die Forschung unabhängig von der Industrie voranzutreiben.[6] Damit schloss er sich im wesentlichen einer Stellungnahme an, die zuvor bereits die Umweltkommission der Deutschen Akademie für Kinderheilkunde und Jugendmedizin anlässlich einer Anhörung des Deutschen Bundestags verabschiedet hatte.[7]

Auch die Kirchen müssen sich inzwischen mit dem Thema beschäftigen. Schon deshalb, weil Kirchtürme ein beliebter Antennenstandort für Mobilfunkbetreiber sind – oder besser: waren. Denn auch hier wird die Lage immer schwieriger für die Konzerne. Bis vor ein paar Jahren war das Verhältnis noch ungetrübt: Alles, was man beispielsweise von der Evangelischen Kirche Deutschlands (EKD) zum

Thema Mobilfunk hörte, waren im Februar 1999 und im April 2000 die Meldungen, dass es gelungen sei, mit den Betreibern E-Plus und Viag Interkom Rahmenverträge zu schließen, die Kirchenmitarbeitern verbilligte Handy-Tarife zusicherten. Das änderte sich schnell, je mehr man in den Gemeinden vom Gefahrenpotenzial dieser Technologie erfuhr. Eine einheitliche Regelung, wie mit Sendeanlagen auf Kirchen umzugehen sei, hat bisher zwar weder die evangelische noch die katholische Kirche getroffen. Der Trend geht jedoch eindeutig dahin, sie nicht zu erlauben. Die evangelische Landeskirche von Westfalen-Lippe hat Sendeanlagen ganz untersagt, in der badischen Landeskirche überlässt man die Entscheidung zwar den einzelnen Gemeinden, rät aber grundsätzlich vom Abschluss entsprechender Mietverträge ab. In anderen Diözesen wird ein Prüfungsverfahren vorgeschrieben; einige, wie die Diözese Rottenburg-Stuttgart, fordern von den Betreibern die Einhaltung des Salzburger Vorsorgewerts. Noch strenger sind die meisten katholischen Bistümer. 13 der 29 Bistümer (Stand: August 2002) erlauben grundsätzlich keine Sendemasten auf kirchlichen Gebäuden, in den anderen sind entweder die Diözesen oder die einzelnen Gemeinden zuständig, die Bistümer Osnabrück und Trier fordern eine intensive Auseinandersetzung mit Pro- und Contra-Argumenten in der Gemeinde, bevor einer Sendeanlage zugestimmt werden könnte. Inzwischen wollen die beiden großen Kirchen eine gemeinsame Position finden und haben ein »Forschungs- und Kommunikationsprogramm zum Problem Mobilfunkanlagen auf kirchlichen Einrichtungen« ins Leben gerufen. Die Umweltbeauftragten der Kirchen wollen so auch Leitlinien für die Gemeinden erarbeiten. Das Projekt, unterstützt von der Deutschen Bundesstiftung Umwelt, soll vorerst bis August 2004 laufen.

Ein Kampf mit allen rechtlichen Mitteln

Jahrelang wollen viele Initiativen natürlich nicht warten, bis ihre Bemühungen von Erfolg gekrönt sind. In der Praxis zeigt sich jedoch, dass so ein Kampf dauern kann.

Auch die Pasinger Initiative hat ihr Ziel, das Wohngebiet senderfrei zu halten, noch längst nicht erreicht. Zwar steht der Mast noch immer nicht auf dem Hotel, und Viag Interkom heißt inzwischen O2, dafür musste man am dritten Schauplatz der Auseinandersetzung erst einmal eine Niederlage einstecken: Dort strahlt die Sendeanlage seit August 2002, nach heftiger Gegenwehr sämtlicher Anwohner. Gleich dreimal beantragte der Netzbetreiber Vodafone eine Standortbescheinigung der Regulierungsbehörde – jedes Mal mit niedrigerer Sendeleistung der Antenne, was natürlich jeweils, streng nach Vorschrift, auch zu niedrigeren Sicherheitsabständen führte. Anfangs waren sie noch so groß, dass der Hausbesitzer sein gesamtes Dachgeschoss nicht mehr hätte vermieten können, weil es sich im Sicherheitsbereich der Anlage befunden hätte.

Die wundersame Verringerung dieser Abstände sorgte natürlich für reichlich Zündstoff im Viertel und machte die Nachbarn nur noch zorniger. Mit allen rechtlichen Mitteln, und seien sie noch so wenig Erfolg versprechend, sowie dem Hauseigentümer auf ihrer Seite kämpfen sie seitdem gegen den Sendemast. Sie ziehen wegen fahrlässiger Körperverletzung vor Gericht, weil die Anlage ihre Gesundheit spürbar beeinträchtige. Sie klagen wegen Verstoßes gegen baurechtliche Bestimmungen und wegen des Verstoßes gegen den Denkmalschutz – der Mast steht auf einem Haus aus der Jugendstilzeit. Sie gehen vor Gericht, weil der Mast auf dem Nachbardach den Wert der eigenen Immobilie mindert. Der Hausbesitzer klagt gegen Vodafone, weil er sich von dem Netzbetreiber arglistig getäuscht sieht und deshalb den abgeschlossenen Vertrag für null und nichtig hält.

Im Herbst 2002 findet man schließlich einen weiteren Dreh, um mit Rechtsmitteln gegen die Sendeanlage vorzugehen: Die Standortbescheinigung der Regulierungsbehörde, stellt sich heraus, ist rechtlich gesehen ein Verwaltungsakt, und deshalb kann man als Anwohner dagegen Widerspruch einlegen. Oft kommt das nicht vor, sagt die Regulierungsbehörde, man führe auch keine Statistik darüber. Rudolf Boll von der Pressestelle: »Nach einer kurzfristigen bundesweiten Recherche kann man von einer Zahl von 10 bis 15 Widersprüchen ausgehen.«

Die Pasinger legen Widerspruch ein, der aufschiebende Wirkung hat. Die Stadt ordnet daraufhin die Einstellung des Sendebetriebs an. Vodafone gehorcht. Einen Tag lang sendet der Mast nicht. Dann beantragt der Netzbetreiber den Sofortvollzug der Standortbescheinigung und bekommt ihn auch. Wieder reichen die Anwohner Klage ein. Das Ende der Auseinandersetzung ist offen.

Bis juristische Klarheit geschaffen ist, will die Bürgerinitiative am Ball bleiben, hält die Nachbarn auf dem Laufenden, sorgt mit Demos und öffentlichkeitswirksamen Aktionen – zum Beispiel einem funkelnden »Strahlenkondom«, das sie mit einer Hebebühne über die Antenne ziehen – für Aufmerksamkeit in der örtlichen Presse und dafür, dass die Sache nicht in Resignation und Vergessenheit versinkt. Freilich: Weniger kämpferische Menschen und solche, die nicht jeden juristischen Winkelzug kennen und anzuwenden bereit sind, könnten angesichts der vielen bislang vergeblichen Versuche, den Sendemast zu verhindern, leicht verzweifeln und Widerstand für aussichtslos halten. Der Rechtsstaat bietet ja nicht allzu viele Möglichkeiten, gegen Sendeanlagen vorzugehen, so lange die Grenzwerte eingehalten werden. »Alle Verantwortlichen versuchen wegzutauchen, sobald kritische Fragen gestellt werden. Man kann es schon verstehen«, sagt Ortfried Engler nachdenklich, »wenn da mal jemand ausrastet und so ein Ding einfach mit dem Vorschlaghammer vom Dach holt.«

Nicht jeder Widerstand ist friedfertig

Selbstjustiz – auch das ist leider eine Tatsache – kommt inzwischen häufiger vor, als man glaubt. Auch wenn die Mobilfunkinitiativen so etwas heftig verurteilen, schon weil es dem gemeinsamen Anliegen nur schaden kann: Offenbar sehen sich immer mehr Bürger im übergesetzlichen Notstand und lassen sich zur Gewalt gegen Sachen hinreißen. Dazu einige Beispiele. Im Juli 2002 kam es in der mittelhessischen Gemeinde Altenstadt zu zwei Sabotageakten gegen Mobilfunksender der T-Mobile im Ortsteil Waldsiedlung. Unbekannte waren eingebrochen, hatten Leitungen zerstört und Geräteteile gestohlen. Die Polizeistation Büdingen musste eine Ermittlungsgruppe zusammenstellen, die Staatsanwaltschaft Gießen ein Ermittlungsverfahren einleiten. Kein Einzelfall.

Im schwäbischen Hittistetten haben Täter im September 2001 einen Liter Benzin durch die Ritzen in den Schaltschrank einer Mobilfunkanlage an der Autobahn A7 geschüttet und dann angezündet. Die E-Plus-Anlage brannte vollständig aus, der Sachschaden belief sich auf geschätzte 230.000 Euro.[8]

In Mittelbuchen, einem Stadtteil von Hanau mit gut 3000 Einwohnern, haben unbekannte Täter Schusswaffen gegen Antennen auf einer Kirche eingesetzt. Man wirft dem Pfarrer und dem Kirchenvorstand vor, die Seelsorgepflicht zu verletzen und nicht genügend auf die Nöte der Menschen einzugehen. Kirchenaustritte, Rechtsstreitigkeiten, Unterlassungsklagen, Strafanträge auf Körperverletzung – der Friede ist gestört. Und das nicht nur in Hessen, wie folgende Meldung aus dem *Hanauer Anzeiger* vom 6. September 2002 zeigt:

> **Mobilfunkstation mit Schüssen lahmgelegt**
>
> Balingen (dpa): Mit vier Schüssen hat ein unbekannter Täter in der Nacht zum Donnerstag eine Mobilfunkstation in Balingen (Zollernalbkreis/Baden Württemberg) lahmgelegt. Nach Polizeiangaben fiel das Mobilfunknetz in der Region daraufhin zeitweise aus. Der Sachschaden beträgt etwa 50.000 Euro.

Der Sprecher des Berliner Informationszentrums Mobilfunk (IZMF), das von den großen Mobilfunkanbietern gegründet wurde, beklagte bereits im Januar 2002 »die zunehmende Desinformation, Gewalt und Sabotage im Umfeld der Mobilfunkantennen«. In Ulm, Stuttgart, Frankfurt sowie an rheinland-pfälzischen Standorten und in Bayern wurden mehrere Antennenanlagen angezündet, Kabel durchgeschlagen oder in anderer Weise schwer beschädigt.

Rechtsanwalt Jürgen Ronimi aus Oberursel vertritt Mobilfunkgegner vor Gericht und kennt sich aus in der Szene, die in den allermeisten Fällen friedlich vorgeht. Dennoch bestätigt er in einem Brief vom 10. Juli 2002: »Soweit diese Wege nicht zum Erfolg führen, sind uns Einzelfälle bekannt, in denen sich Bürger von Gemeinden unter dem Gesichtspunkt des ›zivilen Ungehorsams‹ im Wege der Selbsthilfe geholfen und bereits in Betrieb genommene Mobilfunksendeanlagen zerstört haben. Hier besteht für die Zukunft durchaus die Gefahr bürgerkriegsähnlicher Verhältnisse.«

Dass dies keine Übertreibung ist, bestätigen auch die Behörden. Das

Bundeskriminalamt in Wiesbaden sieht die zunehmenden Gewaltattacken mit Besorgnis. »Diese Tatbestände werden von den Staatsanwälten verfolgt und nach dem Strafgesetzbuch (§§315–317 StGB) mit Freiheitsstrafe geahndet«, sagte ein BKA-Sprecher im Januar 2001. Bundesweit waren unterschiedlichen Quellen zufolge schon 300 Antennen attackiert worden. Die Schäden seien enorm. In einem Fall seien Ausfälle in Höhe von 450.000 Mark bekannt geworden.

Die Wut gegen Antennen und Handys ist international. In Großbritannien klagen die Behörden zunehmend über Mobilfunk-Hooligans, die äußerst militant gegen Sendeanlagen und Mobilfunknutzer vorgehen. Sie zerstören Sendemasten und sollen auch Handys von Passanten in aller Öffentlichkeit demolieren.[9]

Auch in Israel kam es zu mehr als heftigen Protesten. Die *Jerusalem Post* berichtete im Jahr 2000 über dramatische Vorfälle. Im Dorf Usfiya, südlich von Haifa, wurden im März 2000 18 Menschen verletzt, als junge Leute Brandanschläge auf Mobilfunkantennen der Firmen Motorola und Cellcom ausführten und 16 Antennen gewaltsam entfernten. Als Monteure der Firma Motorola die beschädigten Antennen anderntags reparieren wollten, wurden sie mit Steinen beworfen. Cellcom-Mitarbeiter wurden von wütenden Bürgern ebenso angegriffen wie die Polizei vor Ort. Es kam zu Ausschreitungen, bei denen Straßensperren errichtet und Plastikgeschosse eingesetzt wurden, ja gar zu Schießereien, bei denen Menschen verletzt wurden. Die enorme Wut der Anwohner lässt sich erst vor folgendem Hintergrund erklären: Das Dorf Usfiya liegt auf dem Berg Mount Carmel. Aufgrund der günstigen topographischen Lage wurden dort sehr viele Mobilfunkantennen auf eng begrenztem Raum errichtet. Einwohner berichteten von 130 Krebsfällen, von denen viele erst in den Monaten vor den Unruhen aufgetreten seien. Sie appellierten an das Gesundheitsministerium und die Regierung, unabhängige Untersuchungen einzuleiten und die Sache nicht nur den Mobilfunkbetreibern zu überlassen.[10]

Wenn es stimmt, dass die Zahl der gewaltsamen Übergriffe zunimmt, dann stellt sich die Frage, woher diese Radikalisierung kommt und wie sie sich vermeiden lässt. Offenbar fühlen sich immer mehr Bürger von ihrem Staat in der Mobilfunkfrage nicht geschützt, fühlen sich von Politik und Justiz im Stich gelassen und greifen dann auf illegale Methoden zurück. Um so dringender ist der Staat gefordert, seine Schutzpflicht beim Thema Mobilfunk ernst zu nehmen. Die Drohung mit dem Strafrecht und Polizeischutz für Mobilfunksender dürften sich wohl kaum bewähren, wenn man die Akzeptanz der Technologie in der Bevölkerung verbessern will. Nur ein deutliches Mehr an Transparenz, Bürgerbeteiligung und nicht zuletzt ernsthafter Vorsorgepolitik werden das verlorengegangene Vertrauen wiederherstellen können.

Mit einem Bein im Milliardengrab

Die Wirtschaft zwischen Boom und Krise

Ende Juli 2002 herrschte endgültig Funkstille. César Alierta hatte die Notbremse gezogen. Der Chef des spanischen Telekommunikationskonzerns Telefónica gab bekannt, dass sich sein Unternehmen aus den europäischen UMTS-Märkten außerhalb Spaniens zurückziehen werde. Das bedeutete zugleich auch das Aus für den deutschen Mobilfunkbetreiber Quam, den kleinsten unter den sechs Lizenzinhabern in Deutschland. Das Gemeinschaftsunternehmen der spanischen Telefónica Móviles (57,2 Prozent) und des finnischen Staatskonzerns Sonera (42,8 Prozent) hatte hierzulande nur rund 100.000 Kunden gewinnen können – bei 900 Mitarbeitern. Den für Anfang 2003 angepeilten UMTS-Start hat man aufgegeben, 800 Mitarbeiter wurden entlassen, die übrigen 100 sollen in Deutschland erst einmal die Stellung halten und sich um das GSM-Geschäft kümmern. Die UTMS-Lizenz möchte man vorerst noch nicht zurückgeben, heißt es.

Zuvor schon, im Juni, war ein anderes Unternehmen in Schwierigkeiten geraten. Der deutsche Konzern Mobilcom mit Sitz im schleswigholsteinischen Büdelsdorf, der zu 50 Prozent dem mittelständischen Unternehmer Gerhard Schmid und seiner Frau sowie zu 28,5 Prozent der France Télécom gehört, hatte sich übernommen: Mit gut sieben Milliarden Euro war das Unternehmen im Soll, der Börsenwert von 11,4 Milliarden Euro in den Hoch-Zeiten war auf 500 Millionen gesunken. Nur weil die Banken bis Ende September die Kredite gestundet hatten, konnte Mobilcom vorerst weitermachen. Doch im Herbst war es dann soweit: Der Konzern stand vor der Insolvenz. Es war wenige Tage vor der Bundestagswahl, und wohl vor allem deshalb sagte Bundeskanzler Schröder noch einmal schnell eine Soforthilfe der Kreditanstalt für Wiederaufbau und der Landesbank von Schleswig-Holstein in Höhe von 400 Millionen Euro zu.

Um ein drastisches Sanierungsprogramm und den Abbau von

1.850 Vollzeitstellen kam Mobilcom trotzdem nicht herum. Trotz fünf Millionen Kunden in Deutschland und mehr als 5.000 Voll- und Teilzeitmitarbeitern, von denen fast 44 Prozent in die Arbeitslosigkeit entlassen wurden – das ehrgeizige Ziel, in Deutschland ein eigenes UMTS-Netz aufzubauen, brach den Büdelsdorfern das Genick. Aus dem Start im Herbst 2002 wurde nichts, denn Schmids großer Partner, die französischen Konzernherren von France Télécom, die selber auf einem Schuldenberg von 70 Milliarden Euro sitzen, wollte nicht weiter in ein ungewisses Geschäft investieren. Immerhin hatte France Télécom schon mehrere Milliarden in den deutschen Konzern hineingebuttert. »Wir haben entschieden, dass es keinen Sinn mehr macht, eine Milliarde nach der anderen in den Aufbau eines sinnlosen Telefonnetzes zu pumpen«, meinte mit entwaffnender Offenheit der Chef der Télécom-Mobilfunktochter Orange, Jean-François Portal[1].

Keine guten Nachrichten aus einer Branche, die bis vor kurzem noch als die Wachstumsbranche des ausgehenden 20. Jahrhunderts galt. Als die ersten Netzanbieter für Mobilfunk 1990 auf den deutschen Markt traten, mochten sich nur wenige Kunden für das mobile Telefonieren begeistern. Handys galten damals noch als etwas peinliches Accessoire für Wichtigtuer, Zuhälter und, nun ja, zugegebenermaßen auch für einen kleinen Personenkreis von Menschen, die das Gerät aus beruflichen Gründen brauchen konnten. Das änderte sich schnell – in ganz Europa. Waren in der EU noch 1993 erst 14 Millionen Mobiltelefone im Einsatz, so stieg diese Zahl in sieben Jahren auf rund 194 Millionen Teilnehmer[2]. In Deutschland gingen die Raten ähnlich rasant nach oben. 1995 telefonierten drei Millionen mobil, ein Jahr später waren es bereits fünf Millionen, 1998 dann zwölf Millionen, und im März 2001 wurde bereits die Zahl von 50 Millionen deutscher Handybenutzer genannt. Anfang 2003, bei Drucklegung dieses Buches, waren es an die 60 Millionen.

Diese riesigen Wachstumsraten waren nur möglich geworden durch zwei Voraussetzungen: die Liberalisierung des Telefonmarkts und den gemeinsamen Mobilfunk-Standard GSM. Dessen Einführung hatte der Ministerrat der Europäischen Gemeinschaft bereits im Juni 1987 beschlossen. Ganz Europa sollte demnach gewissermaßen auf einer einzigen Wellenlänge funken. Wirtschaftlich gesehen eine sehr zukunftsweisende Entscheidung, denn den europäischen Standard übernahmen nach und nach auch viele außereuropäische Staaten; technologisch hatten die Europäer damit die USA abgehängt. Hinzu kam, dass die staatlichen Monopole auf dem Fernmeldemarkt fielen. Die Konkurrenz belebte das Geschäft, sorgte für Investitionen und für Arbeitsplätze. An die 10.000 waren es in Deutschland allein in den ersten Jahren der Liberalisierung. Und das Telefonieren wurde billiger, das Handy bald zum idealen Weihnachts- oder Geburtstagsgeschenk. Heute besitzen 58,6 Prozent der Bundesbürger so ein Gerät.

Deutschland ist trotz dieser Zahlen noch nicht einmal Marktführer in Europa. Aus Österreich wurden 2002 bereits mehr als sechs Millionen Mobilfunkkunden gemeldet (bei einer Bevölkerungszahl von 8,07 Millionen Einwohnern), in der Schweiz waren es etwa 4,6 Millionen von insgesamt 7,2 Millionen Einwohnern. In den skandinavischen Staaten Schweden und Finnland, wo auch die bedeutenden Handy-Hersteller Ericsson und Nokia sitzen, haben mehr als 70 Prozent der Bevölkerung mindestens ein Handy, in Italien sind es 73 Prozent, in Dänemark um die 66 Prozent. Spanien, die Niederlande und Großbritannien kommen auf Zahlen zwischen 60 und 67 Prozent; Griechenland und Frankreich hinken noch etwas hinterher: Hier hat nur die Hälfte der Bevölkerung ein Handy. Auf der ganzen Welt, so schätzte die Internationale Union für Telekommunikation (ITU) in ihrem »Weltkommunikationsbericht 2002«, gibt es derzeit rund eine Milliarde Mobilfunkteilnehmer.

Das übertraf sogar noch frühere Prognosen, die sich ohnehin schon lasen wie jene Verheißungen, mit denen man Ende des 19. Jahrhunderts Goldgräber nach Kalifornien lockte. Danach sollte die magische Zahl erst 2005 erreicht sein. Und dann würden ja noch die Milliarden-Märkte in China und dem restlichen Asien dazukommen. Für 2010 rechnet man mit 1,7 Milliarden Handy-Benutzern, und 2012 will man auf eine Zahl von 2,3 Milliarden kommen – mehr als die Hälfte davon, 1,4 Milliarden, in Asien. Schon 1997 schwärmte Bernd Vollnhofer, der damalige Geschäftsführer des österreichischen Netzbetreibers Telering, damals eine Tochter von Mannesmann-Mobilfunk: »In zehn bis 15 Jahren wird es keine drahtgebundene Kommunikation mehr geben.«

Die fetten Jahre der Handy-Branche sind zu Ende

Grenzenloses Wachstum schien damals noch den Aktienkursen der Telekommunikationskonzerne sicher, die Börsen boomten für sie wie noch nie. Mit UMTS war eine neue Zukunftstechnik schon in Sicht, die weitere traumhafte Gewinne versprach, nachdem der Markt mit Handys der herkömmlichen GSM-Technik gesättigt sein würde. Die Manager der Konzerne waren im Höhenrausch, alles schien möglich. Handys wurden zu Spottpreisen zwischen einer und 50 Mark unter das Volk gebracht, obwohl sie bis zu 500 Mark wert waren, nur um neue Kunden zu gewinnen. In einer Aufsehen erregenden Übernahmeschlacht, die sich über mehrere Monate hinzog und in der deutschen Wirtschaftsgeschichte beispiellos ist, kaufte der britische Betreiber Vodafone für 190 Milliarden Euro den Mannesmann-Konzern, und schon ein paar Wochen später sorgte eine dreiwöchige Auktion mit 173 Bieterrunden für Schlagzeilen und am 18. August 2000 für ein Rekordergebnis: Die deutsche Bundesregierung versteigerte die Lizenzen für die UMTS-Technik. 50,8 Milliarden Euro flossen in die Staatskassen; sechs große internationale Mobilfunkkonzerne und -konsortien hatten so viel Geld aufbringen können, nur um auf dem deutschen Markt in der neuen Technik senden zu dürfen. Die Lizenzen für das D1- und D2-Netz, die 1990 in einem beschränkten Wettbewerb vergeben worden waren, bei dem die Bewerber verschiedene Bedingungen erfüllen mussten, gab es damals wesentlich günstiger: Sie kosteten umgerechnet nur 2,55 Millionen Euro.

Trotz der aberwitzigen Summe: Die sechs Sieger – Deutsche Telekom, Vodafone, Viag Interkom/British Telecom, Mobilcom/France Télécom, E-Plus/KPN und Quam (Telefónica/Sonera) – sahen offenbar dennoch gute Aussichten, das Geld wieder hereinzubekommen. Auch wenn die Lizenzen nur bis zum Jahr 2020 vergeben wurden und die Bedingungen vorschrieben, die neue Technik müsse bis Ende 2003 eingeführt sein und die Anbieter müssten bis dahin 25 Prozent der Bevölkerung versorgen können. Klappt das nicht, so fällt die Lizenz an den Staat zurück.

Auch in anderen europäischen Ländern gaben die sechs und andere große Telefonkonzerne eine Menge Geld für Lizenzen aus: in England waren es 38,2 Milliarden Euro, In Italien zwölf Milliarden, zehn in Frankreich, 2,7 Milliarden in den Niederlanden, fast zwei Milliarden in Polen und in Österreich immerhin noch 830 Millionen. In ganz Europa investierten allein die sieben größten Unternehmen der Branche 97 Milliarden Euro nur in die Erlaubnis, senden zu dürfen, insgesamt waren es an die 110 Milliarden Euro.

Schon das sorgte für eine enorme Verschuldung der Telekommunikationsunternehmen – allein für die Zinsen der Bankkredite zahlen die beiden größten, die Deutsche Telekom und die France Télécom, nach Angaben des Nachrichtenmagazins *Spiegel* täglich jeweils zehn Millionen Euro Zinsen[3]: auf Kredite, die für Lizenzgebühren, Kosten des Netzausbaus und Kundenwerbung aufgenommen worden waren. Das ist natürlich Gift für den Aktienkurs, und auch die Banken werden zögerlicher, wenn es um neue Kredite geht, die die Konzerne auch in Zukunft dringend brauchen.

Denn mit der Lizenz zum Funken allein ist es nicht getan. Weitere gewaltige Investitionen sind nötig, um erst einmal Sendernetze aufzubauen, die eine flächendeckende Versorgung erlauben. Experten rechnen damit, dass dafür noch einmal so viel Geld nötig sein wird wie für den Erwerb der Sendelizenzen. Allein die Deutsche Telekom, die ja schon über ein ausgebautes Netz verfügt und dieses eigentlich nur noch für UMTS umrüsten und ergänzen muss, wird dabei bis zum Jahr 2010 etwa zehn Milliarden Euro ausgeben müssen – wovon etwa die Hälfte schon in den Jahren 2002 bis 2004 fällig sein soll. Dazu kommen aber noch (von McKinsey geschätzte) 98,7 Milliarden Euro in den Jahren zwischen 2000 und 2010, die für den Unterhalt der Netze und die Gewinnung von Kunden nötig sind.

Summen, die kaum finanzierbar scheinen, wenn man die rückläufige Marktentwicklung betrachtet. Die großen Wirtschaftsredaktionen jedenfalls sind sich einig. Von UMTS als »fast absurdem Megaprojekt« sprach der *Spiegel* im Juni 2002, die *Süddeutsche Zeitung* kommt in einem Leitartikel im Juli zu dem Schluss: »Die Telekommunikationsindustrie erlebt zurzeit den Zusammenbruch einer klassischen Finanzspekulation«, die Hamburger Wochenzeitung *Die Zeit* fand schon im Mai: »Mit UMTS stürzten sich die Telefongesellschaften in der Tat ins größte finanzielle Abenteuer der Mobilfunkgeschichte«, und für das *Manager-Magazin* bestand bereits im August 2001 »die Gefahr, dass sich UMTS zum größten Milliardengrab entwickelt, mit dem jemals in der Industriegeschichte eine Branche belastet war«.

An Warnungen hat es nicht gefehlt. Der *Spiegel* berichtete im März 2001 von einer internen McKinsey-Studie, in der das wirtschaftliche Risiko für mehrere europäische Mobilfunkkonzerne detailliert berechnet wurde. Durch die UMTS-Einführung, heißt es dort laut *Spiegel*, würden »unter realistischen Annahmen europaweit rund 270 Milliarden Euro an Wert vernichtet«. Vor 2015 oder 2017 könne sich für keines der Unternehmen, auch unter sehr optimistischen Annahmen, die Investition lohnen. Selbst für die beiden Großen, Vodafone und die Deutsche Telekom, sei das Geschäft »risikobelastet«, »kritisch« bis »hoch kritisch« sei es für E-Plus, Viag Interkom (inzwischen O2) und Mobilcom, »hoffnungslos« hingegen für Quam.

Es gibt eine ganze Reihe von Gründen für das wirtschaftliche Debakel, das den Telefonkonzernen droht. Neben den hohen Lizenzgebühren, auf die sie sich in der Hoffnung auf astronomische Gewinne so bereitwillig eingelassen haben, sind es vor allem technische Gegebenheiten, Probleme der Marktanpassung und die fehlende Akzeptanz beim Endverbraucher.

Warten auf die »Killer-Anwendung«

Die UMTS-Technik soll das Handy zum mobilen Computer machen: Börsenkurse abfragen, Filmtrailer ansehen, E-Mails beantworten, Musik anhören, Spiele spielen, im Internet surfen – all das soll möglich sein, bei einer Datenübertragungsrate von 1,92 Megabit pro Sekunde. So versprachen es die Manager der Telekommunikationskonzerne bereits bei der Lizenzauktion. Doch die Techniker hinken den Versprechungen hinterher. Die Übertragungstechnik hat ihre Tücken, und die optimale Rate der Datenübertragung wird eigentlich nur erreicht, wenn der Handybenutzer direkt vor einer Sendeanlage steht, und das auch noch als Einziger – kommt wohl nicht oft vor, in der Praxis. Ob bis zur tatsächlichen (und schon mehrmals verschobenen) Einführung von UMTS überhaupt genügend Handys hergestellt werden können, ist noch unklar. Denn auch die Ausrüster haben Probleme mit der nachlassenden Handykonjunktur. Nokia, der größte Hersteller der Welt, rechnete 2002 mit einer Umsatzeinbuße von 25 Prozent, die Aktie des schwedischen Konkurrenten Ericsson fiel innerhalb von zwei Jahren um 95 Prozent, beim französischen Konzern Alcatel, Zulieferer für France Télécom und die Deutsche Telekom, sind es sogar 97 Prozent; die Franzosen kündigten bereits an, 23.000 ihrer weltweit 83.000 Stellen abzubauen. Und Siemens, erfuhr man im Herbst 2002, will sich ganz von seiner Handyproduktion trennen und sie an Motorola abtreten.

Die Zeit der Wachstumsraten ist vorbei, der Markt gesättigt. Dass aus dem erhofften UMTS-Boom wohl nichts wird, geben manche mittlerweile ganz offen zu. Orange zum Beispiel, die Mobiltochter von France Télécom, suchte im August 2002 bei der schwedischen Aufsichtsbehörde um einen Aufschub von gleich drei Jahren für den UMTS-Start nach. »Die Nachfrage nach mobiler Datenübertragung ist so gut wie nicht existent«, heißt es in dem Schreiben an die Post- und Telekomaufsicht.

In der Tat ist es heute mehr als zweifelhaft, ob die potenziellen Kunden überhaupt in ausreichender Zahl auf die neue UMTS-Technik anspringen. 46 Prozent aller Verbraucher, hat das Marktforschungsinstitut Speedfacts ermittelt, wollen gar keine Handydienste mit Internetfunktionen nutzen, und 50 Prozent empfinden zusätzliche Gebühren für solche Inhalte »als reine Schikane«. Die britischen Kollegen von Detica haben herausgefunden, dass fast die Hälfte aller Handybesitzer in Großbritannien mit ihrem Gerät »einfach nur telefonieren« wollen.

Schlechte Karten also für die Industrie, falls nicht irgendwann doch noch die so genannte »Killer-Anwendung« auftaucht – jenes besondere Merkmal, das eine neue Technik unverwechselbar macht. Im Falle des GSM-Standards war es die Möglichkeit, kurze Texte per SMS zu versenden, die zu einem völlig überraschenden Handyboom führte. Beim künftigen UMTS-Standard ist derlei noch immer nicht absehbar. Der *Multi Messaging Service* MMS – die Möglichkeit, nicht nur Buchstaben, sondern auch Bilder und Videos zu verschicken – könnte es sein, hoffen die Netzbetreiber. In Zukunft könne man also mit seinem Handy Fotos schießen und sie gleich mobil verschicken, oder Bundesligaergebnisse mit den entscheidenden Tor-Szenen an Freunde weiterleiten. Erste Vorläufer-Dienste haben Vodafone und O2 bereits 2002 eingeführt – bislang mit eher mäßigem Erfolg, weil man ja neue Handys für die Technik benötigt und Gesprächsteilnehmer, die ebenfalls Handys der neuen Generation besitzen.

Niemand weiß also, ob bei den Kunden genügend Begeisterung für mobile Videos, Spiele und Bilder vorhanden ist. Trotzdem wollen die Konzerne es schaffen, die Zahl der UMTS-Nutzer allein in Deutschland bis zum Jahr 2010 auf 22 Millionen hochzufahren. Und die sollen dann viel Geld dafür ausgeben. Mit den 35 Euro pro Monat, die der durchschnittliche Handybenutzer derzeit ausgibt, kommt man nämlich nicht weit, haben die Konzerne errechnet. Fast die doppelte Summe, 68 Euro, müssten es schon 2003 sein, wenn sich das Geschäft mit der neuen Technik rentieren soll. Doch die Kunden sind störrisch, die Durchschnittsumsätze gehen zurück. Ernst Folgmann, der Chef von Quam, hatte da auch nur einen eher hilflos klingenden Rat zur Hand: »Wir müssen unsere Kunden dazu motivieren, mehr als 45 Euro im Monat für den Mobilfunk auszugeben.« Und O2-Chef Rudolf Gröger sieht es ähnlich: »Wir müssen dem Kunden Zusatzdienste verkaufen, auch wenn er der Meinung ist, dass er die Dienste nicht braucht.«

Auch volkswirtschaftlich ein fragwürdiger Gewinn

Wo also soll – auch volkswirtschaftlich gesehen – der Gewinn der neuen Technik liegen? »Eine UMTS-Lizenz möchte heute niemand auch nur geschenkt bekommen«, sagt Herbert Grab, ein Kenner der Branche und Chefredakteur des Branchendienstes *Funkschau Mobilcom.* Eine Umfrage des Telekom-Unternehmens Colt im September 2002 unter Führungskräften und Politikern ergab, dass zwei Drittel von ihnen die aktuellen Probleme der großen Konzerne dem UMTS-Engagement zurechnen, und 61 Prozent der Manager glauben, die Expansionspolitik der Vergangenheit sei falsch gewesen.

Überhaupt, die Politik: Auch die weiß inzwischen nicht mehr, ob es so glücklich war, die Lizenzen für eine derart astronomische Summe zu versteigern und den Ertrag zu nutzen, um das Haushaltsdefizit des Bundes zu lindern. Rechtlich gesehen war die ganze Auktion nicht unumstritten, denn eigentlich hat das Bundesverwaltungsgericht schon früher einmal entschieden, dass die Kosten für die Telekommunikationslizenzen höchstens den entstandenen Verwaltungskosten entsprechen dürften. Doch wo kein Kläger, da kein Richter. Sollten sich die Schwierigkeiten häufen und die Unternehmen sich gar nicht mehr hinaussehen, könnten diese Klagen doch noch kommen – mit höchst ungewissem Ausgang für den Bund.

Übrigens war auch mit dem Ergebnis der Auktion für den Bundeshaushalt faktisch nichts gewonnen. Denn seit dem August 2000 sind die Börsenwerte der Telekommunikationsunternehmen rapide gefallen – nicht zuletzt wegen der hohen Lizenzgebühren. Und das bedeutet Verluste für den Bund, denn der ist immer noch zu 43 Prozent an der Deutschen Telekom beteiligt. Seit der Versteigerung hat allein dieser Aktienanteil rund 44 Milliarden Euro an Wert verloren. Den Verfall von Aktienwerten mag man, so lange die Aktien nicht verkauft werden, noch als reinen Buchverlust werten können. Ganz unmittelbar treffen den Staat aber die Steuerausfälle, weil Telekommunikationskonzerne ihre hohen Investitionen und ihre aufgehäuften Schulden für Lizenzerwerb und Netzausbau abschreiben und kaum noch Steuern zahlen. Dazu kommen noch einmal Millionen und Milliarden an Folgekosten, wenn der Staat die entlassenen Arbeitnehmer der sich selbst gesundschrumpfenden Telefonkonzerne unterstützen muss. Es kann also gut sein, dass die 50,8 Milliarden letztendlich nur der vorübergehende Kapitalgewinn in einem Nullsummenspiel waren.

Kommt die Pleite, bevor es losgeht?

Auch die Branche glaubt mittlerweile, dass von den ursprünglich sechs Lizenzinhabern für die deutschen Frequenzen höchstens drei übrig bleiben werden, und auch die werden zu kämpfen haben. Für die Mobilfunkgegner sind das freilich nicht nur rosige Aussichten, so zuversichtlich sie auf den ersten Blick auch das finanzielle Desaster stimmen mag, das den Konzernen jetzt schon droht. Denn das heißt ja nicht, dass die Unternehmen auf den UMTS-Aufbau verzichten werden: Die Banken wollen ja irgendwann etwas wiedersehen von ihren Krediten.

Der Bereitschaft, zusätzliche Ausgaben für die Gesundheitsvorsorge einzuplanen, für weniger gefährliche Sendetechnik beispielsweise oder für erweiterte Forschung, ist das sicher nicht dienlich. Die drohende Pleite großer Telefonkonzerne könnte für die Mobilfunkgegner auch ein Pyrrhus-Sieg werden. Denn das ändert nichts daran, dass in ganz Europa und in großen Teilen der Welt die Sendeanlagen weiterhin aufgestellt werden. Gegen den Widerstand vieler Bürger. Den können die Betreiber aber am allerwenigsten gebrauchen, gerade weil die wirtschaftliche Lage der Branche derzeit gar nicht gut aussieht und der geplante UMTS-Ausbau unwägbare Risiken birgt. Deshalb tun sie alles, um sich in der Öffentlichkeit ein gutes Image zu verschaffen.

Die Betreiber kämpfen um die Meinungshoheit

Der erste Kontakt zu Immo von Fallois kommt eher unerwartet zustande. Eigentlich war es nur um ein paar Standortdetails einer Münchner Sendeanlage gegangen, und das Fax mit der Anfrage war an die Vodafone-Pressestelle in Düsseldorf gegangen. Der Rückruf kommt jedoch wenig später aus Berlin, vom dortigen »Informationszentrum Mobilfunk«. Am Apparat ist Immo von Fallois, dessen Leiter. Man habe erfahren, sagt er, dass eine Geschichte über Mobilfunkinitiativen geplant sei, und da wolle man doch gleich mal anbieten, dass auch die andere Seite, die der Betreiber nämlich, etwas dazu sagen könne.

Herr von Fallois erweist sich dann als durchaus hartnäckiger Öffentlichkeitsarbeiter. Die erste Antwort, man sei noch am Recherchieren, die Geschichte erscheine erst in einigen Wochen, und man werde sich rühren, wenn man noch Informationen brauche, genügt ihm nicht. Er ruft in den folgenden Wochen noch mehrmals und stets von sich aus an.

Es ist inzwischen nicht mehr ganz so einfach, den Mobilfunk als segensreiche Technologie zu verkaufen, und da muss man als PR-Mann gelegentlich ein wenig aufdringlich werden. Als die deutschen Netzbetreiber im Juni 2001 ihr »Informationszentrum Mobilfunk«, abgekürzt IZMF, ins Leben riefen, war das Kind gewissermaßen schon in den Brunnen gefallen. Die Industrie hatte den Protest lange unterschätzt – der atemberaubende und in diesem Ausmaß unerwartet schnelle Erfolg des Produkts »Handy« ließ die Manager in dem Glauben, dass die Nutzer, immerhin mittlerweile mehr als zwei Drittel aller Deutschen, dann auch bereitwillig den Sendemast beim Nachbarn in Kauf nähmen.

Die Wirklichkeit sieht anders aus. Mobilfunkfans erzählen gerne und triumphierend von Bürgerinitiativen, die als Kontakttelefonnummer einen Mobilanschluss angeben. Auf den ersten Blick wirkt das auch unfreiwillig komisch und reichlich inkonsequent. Andererseits zeigt es aber auch das ganze Dilemma auf, mit dem die Branche zu kämpfen hat: Grundsätzlich hat ja kaum jemand etwas gegen Mobiltelefone. Warum auch? Nur: Gesundheitsschädlich sollten sie nicht sein. So lange es aber begründete Zweifel an der Unbedenklichkeit gibt, möchte man ungern dauerbestrahlt werden. Und deshalb machen selbst Handybesitzer einen Unterschied zwischen dem Selbertelefonieren und dem Sendemast nebenan.

Das hatte die Branche längere Zeit nicht erkannt. Für die Werbung neuer Kunden gab sie Unsummen aus; eine Zeitlang war die Telekommunikationsindustrie praktisch der wichtigste Werbetreibende in Deutschland. Allein im Jahr 2000 betrug der Etat für Anzeigen, Plakate und Werbespots knapp drei Milliarden Mark (er sollte dann aber schon im kommenden Jahr, wohl wegen der angesammelten Schuldenlast der Konzerne und einer gewissen Marktsättigung, drastisch um rund 40 Prozent sinken). Dabei ging es jedoch vor allem darum, neue Handy-Kunden zu gewinnen und nicht darum, Mobilfunkskeptiker zu überzeugen.

Das aber, so scheint es, wird nun doch immer wichtiger. Und deshalb hat die Industrie im Juni 2001 ihr Informationszentrum als eingetragenen Verein gegründet. Geschäftsführer Immo von Fallois traute sich damals zwar zu behaupten: »Wir sind kein Lobbyverband und versuchen, die Bürger unabhängig von den Betreibern zu informieren«[4], aber die Träger des Vereins sind die sechs deutschen UMTS-Lizenzinhaber sowie der Bündelfunk-Betreiber Dolphin Telecom. Die geben dem IZMF rund fünf Millionen Euro im Jahr, um die Bevölkerung in ihrem Sinne zu beeinflussen. Mit Immo von Fallois haben sie sich einen versierten PR-Mann ausgesucht, der Erfahrung in Sachen Krisenmanagement hat. Der 40-jährige war nach seinem Studium der Politikwissenschaft, Geschichte und Öffentlichem Recht vier Jahre lang Journalist bei der *Berliner Morgenpost* und der *Berliner Zeitung* und wurde dann Kommunikationschef beim Papier- und Schreibwarenhersteller Herlitz und später beim maroden ostdeutschen Stromversorger Veag. Bei beiden Unternehmen ging es darum, publizistisch zu retten, was zu retten war, und so wird von Fallois in Presseberichten aus dieser Zeit leider fast nur mit Zitaten erwähnt, in denen er etwa einen »deutlich niedrigeren Verlust« erwartet[5] oder sagen muss: »Die Situation ist angespannt, aber keineswegs dramatisch«[6] – Formulierungen, die in etwa so glaubwürdig sind wie die eines Vereinspräsidenten in der Fußballbundesliga, der Vorstand stehe »voll und ganz hinter dem Trainer«. Bekanntlich immer ein untrügliches Anzeichen für dessen Rausschmiss innerhalb der kommenden zwei Wochen.

Auch von Fallois' neuester Job ist eine Aufgabe, die einen sensiblen Umgang mit den Fakten verlangt. Seine Zielgruppe sind, klar erkennbar, verunsicherte Bürger, Kommunalpolitiker, Medienleute und andere Multiplikatoren sowie Kinder – die potenzielle Mobilfunkkundschaft der Zukunft. Menschen mithin, die noch zu beeinflussen sind.

Immo von Fallois und seine drei Mitarbeiter sprechen denn auch viel von einer »Dialog-Offensive« der Netzbetreiber und davon, dass die Diskussion sachlicher und seriöser werden müsse. Das scheint zum IZMF-Konzept zu gehören: so gut wie keine Polemik, möglichst nur blanke Information. Kritisches wird unter der bekannten Formel zusammengefasst: Es besteht noch Forschungsbedarf.

Mit dieser Strategie sind das IZMF und die PR-Abteilungen der Betreiberfirmen in allen Zielgruppen unterwegs. Und das offenbar mit beträchtlichem Erfolg. Im März 2002 konnte das IZMF zum Beispiel stolz vermelden, innerhalb von nur vier Monaten habe man bereits mehr als 500.000 Informationshefte und Lehrmaterialien an Schüler und Lehrer verschickt; bundesweit hätten 14.200 Schulen um das eigens erstellte Infopaket gebeten[7]. Zu diesem Zeitpunkt konnte die Telekommunikationsindustrie zugleich eine ordentliche Marktdeckung bei Kindern und Jugendlichen zwischen 12 und 19 Jahren melden: 74 Prozent von ihnen besaßen ein Handy.

Es lohnt sich, speziell das Heft mit dem Titel »Mobile Kommunikation – Eine Information für Schüler/innen« genauer anzusehen. Kinder und Heranwachsende, das sagen auch weniger industriekritische

Wissenschaftler, sind von den möglichen Gefahren des Mobilfunks besonders betroffen. Ihre Köpfe sind kleiner, die elektromagnetischen Wellen, die von der Handy-Antenne ausgesandt werden, dringen deshalb beim Telefonieren tiefer in das Gehirn ein als bei Erwachsenen. Auch sei der Organismus Heranwachsender unter Umständen anfälliger für die Wirkungen elektromagnetischer Felder. Nicht zuletzt deshalb warnen etwa die britische Independent Expert Group on Mobile Phones, die eine Studie im Auftrag der Regierung zum Thema erstellte[8], und der Präsident des deutschen Bundesamts für Strahlenschutz (BfS), Wolfram König, vor einem übermäßigen Gebrauch von Handys durch Kinder.

In der achtseitigen Broschüre des IZMF findet sich davon freilich kein Wort. Die Themen Wissenschaft und Gesundheit werden auf einer Dreiviertelseite ganz kurz abgehandelt, unter den Überschriften: »Die Wissenschaft gibt Entwarnung« und »Eine Frage der Psyche?« Darin geht es dann vor allem um Elektrosensibilität, die »allerdings nicht eindeutig nachgewiesen« werden könne. »Die meisten Experten«, schreibt das IZMF weiter, »gehen darum von versteckten Ängsten aus, die solche Menschen glauben lassen, Handys schadeten ihrer Gesundheit.« Die Botschaft ist klar: Mobilfunkgegner können nicht ganz dicht sein. Untermauert wird das noch durch Sätze wie: »Die Weltgesundheitsorganisation (WHO) sieht das als vollkommen ungefährlich an« und: »Darum stellt auch die deutsche Strahlenschutzkommission fest: Bei Einhaltung der Grenzwerte hat der Mobilfunk keine Auswirkungen auf die Gesundheit.« Und damit Schluss der Debatte.

Ansonsten geht es auf acht hübsch bebilderten Seiten vor allem um die Segnungen der modernen Technik, die Vorteile grenzenloser Kommunikation, den Wirtschaftsfaktor Mobilfunk mit seinen interessanten Zukunftsberufen und natürlich auch darum, dass exzessives Handy-Telefonieren ziemlich nerven kann. Man hat deshalb auch einen »Handy-Knigge« beigefügt. Dort liest der aufmerksame Schüler dann, dass er im Bus oder Zug möglichst nicht zu laut telefonieren solle, um andere nicht zu stören – kein Wort natürlich davon, dass elektromagnetische Wellen in geschlossenen Metallkäfigen durch Reflexion auf ein Vielfaches ihrer normalen Strahlungsstärke ansteigen können. Ansonsten freilich hat das IZMF wirklich an alles gedacht. Punkt 10 des

Knigge: »Wenn du in der Fußgängerzone einen Anruf bekommst, bleib nicht mitten auf der Straße stehen, sondern gehe an den Rand. Du störst sonst den Bewegungsfluss.«

Da kann ja dann nicht mehr allzu viel passieren, wenn man derart umfassend informiert wird. Wie schreibt Immo von Fallois in einer Verlagsbeilage mit dem Titel »Mobilfunk und Umwelt«, die im März 2002 dem Verbandsorgan *Journalist* beilag und somit einen Großteil aller deutschen Medienschaffenden erreichte? »Nur eine durch stichhaltige Fakten geprägte Debatte kann verunsicherte Bürger orientieren und uns in Deutschland und Europa wirklich voranbringen.« Die verunsicherten Journalisten wurden jedenfalls kompetent »orientiert«; denn für den Inhalt der Verlagsbeilage war laut Impressum das IZMF verantwortlich.

Ähnliche Aktionen ziehen die Mobilfunker natürlich auch für andere Zielgruppen durch. Ärzten wird eine Patientenbroschüre zum Thema »Mobilfunk und Gesundheit« fürs Wartezimmer angeboten, Lokaljournalisten – naturgemäß eine Berufsgruppe, die sehr direkt mit dem Widerstand gegen Sendemasten zu tun hat – werden zu Medienforen eingeladen, um über »aktuelle Fragen der mobilen Kommunikation« zu diskutieren und, vermuten wir mal, »orientiert« zu werden. Immo von Fallois erklärt, wo es lang geht: »Wir wollen die Dialogkampagne fortsetzen, den Internetauftritt weiter ausbauen. Foren, Experten-Hearings, Umfragen, neue Info-Broschüren wie auch Workshops und Pressereisen für Journalisten werden aktuelle Themen rund um den Mobilfunk aufgreifen«, sagte er im Januar 2002 auf dem Düsseldorfer Euroforum, »denn der Mobilfunk ist – Sie alle wissen es – von enormer Bedeutung. Nicht nur wirtschaftlich, auch gesellschaftlich.«

Da wird ihm kaum jemand widersprechen, auch wenn er es ein wenig anders meint als die Bürgerinitiativen, mit denen das Informationszentrum angeblich einen Dialog führen möchte. Um die jedoch geht es am allerwenigsten – viele von ihnen sind ja bestens informiert, was die aktuelle Lage in Wissenschaft und Forschung, in Recht und Politik angeht. Die kann man mit farbigen Broschüren, mit kostenlosen Pressereisen, mit Foren und Hearings, nicht mehr groß beeindrucken. Hier ist die Dialog-Offensive längst verloren. Deshalb wendet sich das

IZMF an die breite Masse, die noch nicht ganz so viel weiß und für einigermaßen sachlich gehaltene Werbemaßnahmen zugänglich ist.

Mit einer Aussage hat IZMF-Geschäftsführer von Fallois allerdings zweifellos recht: »Der Mobilfunk benötigt einen tragfähigen und dauerhaften Konsens zwischen Politik, Industrie und Verbrauchern.«[9]

Der Senderwald im Alpenraum
Widerstand in Österreich und der Schweiz

Zum Beispiel: Österreich

Wenn in Europa die Frage nach den Grenzwerten auftaucht, fällt fast immer der Name Salzburg. Die Stadt ist nämlich in den vergangenen Jahren zu einem Zentrum des Widerstands gegen Mobilfunk-Willkür geworden. Obwohl sich die Ausgangslage in Österreich nicht wesentlich von anderen europäischen Ländern unterscheidet. Vier Betreiberfirmen gibt es hier derzeit. Geltendes Recht ist die sogenannte Ö-NORM: der offizielle Grenzwert, der von unternehmensnahen Technikern erlassen wurde und identisch ist mit den gängigen EU- und ICNIRP-Werten. Er ist zwar nicht gesetzlich zwingend, aber von den Betreibern gewünscht. Auch in Österreich hat der Staat viel Geld für Lizenzen kassiert. Gegen die schnelle Aufrüstung mit Sendemasten für den Mobilfunk regte sich aber schon Mitte der neunziger Jahre teils vehementer Widerstand. Die Tendenz ist steigend. Konnte man 1997 im ganzen Land 34 Bürgerinitiativen in Städten und Gemeinden zählen, waren es 2001 bereits 600. Eine wichtige Dachorganisation, in der zahlreiche Initiativen untergebracht sind, ist die »Plattform GSM-Initiativen«. Auch wenn die Wut gegen Mobilfunkmasten im Land ständig wuchs, so war das Hauptproblem, dass in Österreich wie in allen anderen Ländern die Bürger nichts mitzureden haben, wenn Masten aufgestellt werden. Anlagen werden auch hier gegen den Willen der Menschen aufgebaut. »Die Rechte der Bürger werden mit Füßen getreten«, sagte die grüne Nationalratsabgeordnete Gabriela Moser schon 1998. Beim flächendeckenden Aufbau des Netzes wird eben keine Rücksicht genommen, weder auf die Gesundheit noch auf die schöne Landschaft oder das Ortsbild. Wie viele Sender es genau sind, weiß niemand genau. 2001 wurde die Zahl auf 11.500 geschätzt.

Trotz der »Dampfwalzentaktik der Netzbetreiber«[1], die die Bürger vor vollendete Tatsachen stellen, kam es in einigen Fällen zu erfolgreichen Aktionen gegen neue Anlagen. Vor allem in Nieder- und Oberösterreich. Das aber blieben Einzelfälle. In der oberösterreichischen Industriestadt Steyr forderten Anwohner und Gemeinderat in einer Petition an den oberösterreichischen Landtag, das Fernmeldegesetz oder Telekommunikationsgesetz, wie es später genannt wurde, so zu ändern, dass den betroffenen Anrainern Parteienstellung eingeräumt würde. Denn bis dato hatten die Anwohner überhaupt kein Mitspracherecht. Alle politischen Parteien im Landtag einigten sich auf einen Antrag, der diesen aus ihrer Sicht verfassungsrechtlich bedenklichen Zustand endlich beenden sollte. Die Bundesregierung jedoch antwortete kurz und kühl, dass dem nicht nachgekommen werde. Alle Vorstöße auf Bundesebene scheiterten bislang.

Parallel dazu gab es auch in Österreich von Anfang an eine wissenschaftliche Debatte. Professor Norbert Leitgeb vom Institut für Biomedizinische Technik der Universität Graz tritt dabei als Kronzeuge der Betreiber auf, denn Leitgeb sieht »bisher keine gesundheitlichen Beeinträchtigungen« durch Mobilfunk. Ganz anders Professor Michael Kundi vom Institut für Umwelthygiene der Universität Wien. Er kritisiert seit Jahren die Beschwichtigungsreden und moniert, dass man doch erst die gesundheitlichen Gefahren untersuchen müsse, bevor man die Anlagen flächendeckend in Betrieb nehme. Erst kürzlich hat Kundi mit seiner Kärntner Studie gezeigt, dass zahlreiche Gesundheitsschäden wie Herzpochen, Herzrhythmusstörungen, Schwindel, Kurzatmigkeit und andere Symptome durch Mobilfunksender verursacht werden.[2] In dieser weltweit ersten Studie, die sich mit der Dauerexposition von Sendeanlagen beschäftigt hat, heißt es:

»Herz-Kreislaufbeschwerden zeigen einen Zusammenhang mit den gemessenen Feldstärken unabhängig davon, ob die Person Auswirkungen des Handy-Mastes befürchtet oder nicht«.

Kundis Botschaft blieb freilich ungehört. Und die der Anwohner auch. Nicht nur in Steyr, sondern in ganz Oberösterreich und dem Rest der Republik. »Trotz aller Widerstände von Bürgern, Politikern und Gemeinden blieb die Dampfwalzengesinnung der Betreiber ungebrochen. Ihre Waffe ist das Telekommunikationsgesetz, das die ›Duldung‹ der Sendeanlagen bundesweit vorschreibt.«[3]

Nur in Salzburg kam Bewegung ins Spiel. Dort haben im Mai 1998 Bürger eine Baustelle besetzt, auf der die Betreiberfirma Connect Austria mitten in der Stadt einen Mobilfunksender errichten wollte. Als es im Land Salzburg im Sommer 1998 dennoch wieder zu Nacht-und-Nebel-Aufbau-Aktionen kam, schalteten sich lokale Politiker und Ärzte ein. Der Umweltmediziner Gerd Oberfeld von der Salzburger Landessanitätsdirektion und der stellvertretende Bürgermeister Salzburgs, Johann Padutsch, setzten zusammen mit der Aktivistin Hedwig Pesti und den kritischen Bürgern die sogenannte »Lex Connect« durch. Der Landeshauptmann erließ eine Novelle des Ortsbildschutz- und Naturschutzgesetzes. Die Betreiber von Connect und tele.ring einigten sich schließlich mit den Bürgern für die meisten Sendestandorte auf den Grenzwert des Umweltmediziners Oberfeld. Dieser Wert liegt bei einem Milliwatt pro Quadratmeter. Im Vergleich dazu: Der ICNIRP-Wert, der auch in Deutschland, Frankreich und Österreich gilt, liegt bei 9000 Milliwatt pro Quadratmeter. Diese Senkung um den Faktor 9.000, so forderten die Salzburger, solle künftig bundesweit gelten. Aber die Konsumentenschutzministerin wollte darauf nicht eingehen. »Immerhin kam es 1998 zu einer Vereinbarung zwischen dem dritten Netzbetreiber Connect Austria und den Salzburger Bürgerinitiativen zum Schutz vor GSM-Antennen durch Anwendung des Vorsorgeprinzips. Sendemasten sind im Land Salzburg seit Mai 1998 nach dem Ortsbildschutzgesetz beziehungsweise dem Naturschutzgesetz bewilligungspflichtig.«[4]

Das Salzburger Modell wurde beispielhaft für die Kritiker in ganz Österreich und darüber hinaus. Im Juni 1999 bestätigte die Geschäftsführerin des Forums Mobilkommunikation, einer Interessengemeinschaft der Betreiber in Österreich, dass die Einhaltung des Salzburger Werts technisch möglich wäre. Die Sache bekam plötzlich eine große Dynamik. Denn kurz darauf, im Juli 1999, trafen sich in der Mozartstadt verschiedene Ärzteorganisationen, die die bestehende Ö-NORM kritisierten und den Salzburger Grenzwert begrüßten. Die Betreiber ahnten Fürchterliches: Wenn sich das durchsetzte – denn verbreitet hatte sich die Nachricht bereits wie ein Lauffeuer in der Trockensteppe –, dann wird es unangenehm für die Mobilfunkindustrie in ganz Europa. Erste Beispiele gab es bald in Österreich selbst: So verhängte die Stadt Wien im Januar 2001 einen regionalen Baustopp für Handy-Masten auf Gemeindebauten. Dabei wurde auf die als unzureichend bezeichneten Grenzwerte nach der Ö-NORM S 1120 und die Vorbildfunktion der Salzburger Vorsorgewerte verwiesen, die in Wien nicht zum Tragen kommen. Dieser Baustopp wurde im Juni 2001 wieder aufgehoben, unter der Bedingung, dass die Anlagen einen Grenzwert von 10 mW/m^2 nicht überschreiten dürften.

Am 7./8. Juni 2000 fand in Salzburg die »Internationale Konferenz zur Situierung von Mobilfunksendern« statt. Dort kamen Experten zu Wort, die für die Gesamtheit der Immissionen hochfrequenter elektromagnetischer Felder einen Richtwert von 100 mW/m^2 forderten, für gepulste Felder wie die von GSM-Mobilfunkanlagen einen Wert von 1 mW/m^2. Dieser Vorsorgewert wurde Bestandteil der sogenannten »Salzburger Resolution«.

Die Vereinbarung zwischen den Betreibern und der Stadt lief zwei Jahre lang einigermaßen gut. Man einigte sich auf so manchen Standort, an dem der Grenzwert 1 mW/m^2 eingehalten wurde. Die Stadt Salzburg wollte auf diese Weise in die Planung eingebunden sein, und sie wollte zeigen, dass es technisch möglich ist, diesen Grenzwert einzuhalten. Natürlich konnte sie nie alle Standorte überprüfen, um zu sehen, ob die Werte auch wirklich eingehalten wurden. Aber immerhin hatten es die Betreiber vorgerechnet, plausibel gemacht und zugesagt.

Doch irgendwann wurde ihnen das Prozedere offenbar zu langwierig. An manchen Orten war der Wert überschritten, also mussten neue Standorte gefunden werden. Und es gab Prozesse mit Anrainern, die ein bis zwei Jahre dauern konnten. Also machten die beiden Betreiberfirmen, die sich ursprünglich kooperativ gezeigt hatten, jetzt einen Rückzieher. Die Zusage sei nur unter der Bedingung gegeben worden, dass es technisch möglich sei. Genau dies sei aber nicht der Fall. Der Salzburger Wert sei nämlich nur eine Illusion, sagten die Betreiber und beauftragten eine Schweizer Behörde mit Messungen, die das bestätigen sollten: »Was die Netzbetreiber immer offen sagen, aber manche nicht hören wollen, ist nun quasi amtlich: Das Salzburger Milliwatt ist politische PR, aber nicht Realität. Mit den im Auftrag des Schweizer Bundesamtes für Kommunikation (BAKOM) von den Austrian Research Centers Seibersdorf vorgenommenen Messungen an Salzburger GSM-Basisstationen wurde nachgeprüft, ob in Salzburg ein flächendeckendes Mobilfunknetz mit einem Milliwatt pro Quadratmeter Leistungsflussdichte existiert oder nicht. Allem medialen Süßholz lokaler PolitikerInnen zum Trotz erweist sich nun: ›Ein solches Netz existiert nicht‹, stellte Thomas Barmüller, Geschäftsführer des Forums Mobilkommunikation, heute anlässlich der Veröffentlichung des BAKOM-Berichtes fest.«[5]

Bei der Stadt Salzburg sieht man das jedoch anders. Wenn vier Firmen einen Standort nutzen, aber nur zwei sich an ihre 0,25 mW/m² halten, dann wird insgesamt 1 mW/m² natürlich überschritten. Deshalb sollten sich eben alle an den ihnen zustehenden Wert halten. Dann gäbe es auch kein Problem.

Die Betreiber freilich jammerten über die Kosten für den zusätzlichen Aufwand: bis zu 200.000 Euro pro Sendeanlage, behaupten sie. Und sie drohten mit Klagen. Aber die Salzburger ließen nicht locker und verschärften im Jahr 2002 ihre Forderungen. Dr. Oberfeld wollte den Salzburger Grenzwert erneut gesenkt sehen. Im Februar 2002 wurde von der Landessanitätsdirektion Salzburg für Innenräume ein Wert von 1 µW/m² vorgeschlagen. Für das Freie wird ein Höchstwert von 10 µW/m² empfohlen. Der Vorschlag wurde mit empirischen Erkenntnissen aus den vergangenen Jahren begründet. Er liegt nur noch wenig über den Richtwerten von Baubiologen und sehr deutlich unter den gültigen Grenzwerten der meisten Länder. In Deutschland zum Beispiel gilt der Wert von 4,5 beziehungsweise 9 Mio µW/m² für das D- und E-Netz. Diese erneute Senkung überschritten die meisten Mobilfunksender, obwohl die Kritiker sagen, diese Werte seien »relativ problemlos« einzuhalten. Das zeigten viele Beispiele: sehr hohe Standorte außerhalb von Ortschaften und Wohnbebauung.[6]

Der vielzitierte Salzburger Vorsorgewert und sein verschärfter Nachfolger sind in ganz Europa zur Messlatte für Mobilfunkkritiker geworden. Es gehört sicherlich zum politischen Kalkül der europäischen Betreiber, diesen Brandherd im Salzburgischen nicht zum Flächenbrand werden zu lassen. Die Grenzwerte-Debatte beschäftigte zunehmend auch Politiker anderer österreichischer Bundesländer. Die Umweltlandesräte verlangten plötzlich Maßnahmen zum Schutz der Bevölkerung.

Es gebe »zunehmende Beschwerden über negative gesundheitliche Auswirkungen von Mobilfunksendeanlagen«.

Die Betreiber hingegen sprachen von »Gesundheitspopulismus«. Ein Dorn im Auge ist ihnen vor allem ein ganz bestimmter Salzburger Politiker, den sie im Sommer 2002 verklagten. Der Planungs-Stadtrat Johann Padutsch von der Bürgerliste sollte sich wegen Amtsmissbrauchs vor Gericht verantworten. Padutsch habe als Ressortchef der Magistratsabteilung 9 (Raumplanung und Verkehr) die Entscheidung über die Bewilligung von Handymasten verhindert beziehungsweise verzögert, warf ihm der Staatsanwalt vor und folgerte: »Der Angeklagte hat das Verbrechen des Missbrauchs der Amtsgewalt begangen.« Padutsch bestritt auch gar nicht, Akten nicht an die zuständige Baurechtsabteilung weitergeleitet zu haben. Allerdings habe er das nur getan, um die Bevölkerung vor möglicherweise gesundheitsgefährlicher Strahlung zu schützen. Und der Schutz der Gesundheit sei ein Verfassungsrecht. »Darüber steht nichts und niemand. Kein Mobilfunkbetreiber, kein Politiker, kein Gesetz«, zitierten die *Salzburger Nachrichten* vom 5. Juli 2002 den Stadtrat. »Zudem begründete Padutsch sein Vorgehen damit, dass die Mobilfunkbetreiber eine Vereinbarung mit der Stadt aus dem Jahr 2000 gebrochen hätten. Danach sollte jeder Netzbetreiber Berechnungen über die Strahlungsintensität vorlegen. Die Zeugen Bürgermeister Heinz Schaden und Vizebürgermeister Karl Gollegger bestätigen in kurzen Auftritten, dass Padutsch für die Überprüfung des Vorsorgewertes zuständig war. Das Gericht sah es schließlich als erwiesen an, dass es die genannte Vereinbarung zwischen Stadt und Netzbetreibern gegeben hat. Padutsch habe sich bei der Zurückhaltung der Akte an diese Übereinkunft gehalten. Es könne kein ›Schädigungsvorsatz‹ nachgewiesen werden. Deshalb: Freispruch.«[7] Der Schöffensenat hat den Stadtrat also vom Vorwurf des Amtsmissbrauchs freigesprochen. Die Mobilfunkkritiker jubelten und empfingen Padutsch mit gelben Rosen und kräftigem Applaus. Doch ausgestanden ist die Sache nicht. Die Betreiber gingen in die nächste Instanz und kündigten gleichzeitig an, an den Verhandlungstisch zurückkehren zu wollen. Zwei Wochen später war aber wieder kein Kompromiss in Sicht. Die Stadt blockiere nach wie vor die Genehmigung von Anlagen, wenn der »Salzburger Grenzwert« nicht eingehalten würde, kritisierte das Forum Mobilkommunikation (FMK). Antwort aus dem Büro Padutsch: »Bei uns liegt derzeit kein behördlicher Bauakt.«[8]

Der Kampf wird wohl noch eine Zeit weitergehen. Demnächst steht die Einführung von UMTS auch in Österreich an. Die Stadt jedenfalls hält an ihrem ersten Vorsorgegrenzwert fest, den Mobilfunkkritiker als längst überholt ansehen. 1 mW/m² sei viel zu hoch und werde an vielen Orten ohnehin deutlich unterschritten. Der Kritiker Wulf-Dietrich Rose, der selbst Messungen anstellt und schon so manchen gerichtlichen Strauß mit den Betreibern in Österreich erfolgreich ausgefochten hat, schreibt über den alten Salzburger Vorsorgewert: »Wenn eine Bürgerinitiative für die Einhaltung des Salzburger Vorsorgewertes von 1 mW/m², also 1000 μW/m², kämpft und nach zähen Verhandlungen mit Behörden, Gemeinderat und Mobilfunk-Unternehmen auch die Zusage dafür erreicht, ist man nicht selten überrascht, wenn dann eine beanstandete Mobilfunk-Sendeanlage am Kindergarten nicht abgebaut wird, sondern weitere Antennen in unmittelbarer Nähe neu installiert werden. Das kann passieren, weil der ›Salzburger Vorsorgewert‹ vorher bei weitem nicht erreicht war!« Entscheidend sei schließlich, was als Strahlung beim Menschen ankommt. Und da solle künftig der neue Salzburger Vorsorgewert von Dr. Gerd Oberfeld gelten: in Innenräumen 1 μW/m². Diese Forderung hat aber selbst die Stadt Salzburg bislang nicht übernommen.

So mancher Kritiker mag nach Wien blicken und hoffen, dass sich auf Bundesebene etwas bewegt. Andere haben da ihre Zweifel. Schließlich hat der Bund 830 Millionen Euro verdient mit den Lizenzen, die an die Auflage geknüpft sind, ein funktionierendes Netz aufzubauen. Da wird er so schnell wohl keine massiven Grenzwertsenkungen durchsetzen.

Zum Beispiel: Schweiz

Wer hat's erfunden? Richtig: die Schweizer! Die Rede ist hier allerdings nicht von Süßwaren, die in der Fernsehreklame angepriesen werden, wobei die Eidgenossen als energischer und etwas schrulliger Stamm von Schokoriegel- und Kräuterbonbonfabrikanten erscheinen. Nein, die Rede ist hier von einer echten Mogelpackung made in Helvetia: dem

Schweizer Grenzwert. Nur allzu oft wird er auch in Deutschland als Heilmittel gegen drohende Gesundheitsschäden durch Mobilfunk angepriesen.

In der Schweiz gibt es Grenzwerte und Vorsorgewerte. Die sogenannten Schweizer Vorsorgewerte betragen ein Zehntel des ICNIRP-üblichen Grenzwertes. Ein raffiniertes Täuschungsmanöver, sagt die Schweizerische Interessengemeinschaft Elektrosmogbetroffener. Denn sie gelten nur in Zonen mit empfindlicher Nutzung, das heißt in Wohn- und Schlafräumen und auch nur dann, wenn dies »betrieblich und technisch machbar und wirtschaftlich tragbar ist«. Wenn sie für die Betreiber zu teuer oder zu umständlich sind, dann gelten sie eben nicht. Nicht für Kinder, nicht für Schwangere und nicht für Kranke. Und auf Balkonen, Dachterrassen oder Kinderspielplätzen gelten diese Vorsorgewerte ohnehin nicht, weil diese nicht zu den Zonen mit empfindlicher Nutzung gehören. Weil aber in Räumen die Vorsorgewerte so gut wie nie erreicht werden, geht es den Schweizern nicht anders als anderen Menschen. Weshalb die Kritiker gern den Vergleich mit dem Nichtschwimmer ziehen: Ob er in ein Becken mit 40 Meter Wassertiefe geworfen wird oder in eines mit vier Meter, bleibt sich gleich – ertrinken wird er so oder so, daran ändert die Senkung um den Faktor 10 gar nichts.

Zahlreiche Schweizer, die in der Nähe von Mobilfunk-Basisstationen leben, leiden unter massiven Gesundheitsbeschwerden. Wo die sogenannte NIS-Verordnung vom Dezember 1999 mit ihren Werten wirksam wird, da erkranken 60 Prozent der Bevölkerung, sagen Kritiker von Gigaherz, der schweizerischen Interessensgemeinschaft Elektrosmogbetroffener[9]. Denn die Menschen litten schon bei Werten, die um das Zwanzigfache niedriger sind als der Schweizer Vorsorgewert. Jedenfalls kommt es immer wieder zu Petitionen von Bürgern, die keine Natel-D-GSM-Anlagen (wie GSM in der Schweiz heißt) mehr vor ihrer Haustür haben wollen. Als zum Beispiel im Herbst 2002 in Au/Heerbrugg die Betreiberfirma Orange eine Sendeanlage nachrüsten wollte, sagten viele Bürger nein: »Es kann nicht sein, dass in einem so dicht besiedelten Gebiet auch noch eine dritte Antenne errichtet wird. Wir hätten dann im Umkreis von rund 300 Metern drei Antennen«, klagte der Anwohner Wisi Langenegger, dessen Haus nur 30 Meter vom Antennenstandort entfernt ist. Die in der Umgebung lebende Bevölkerung werde einer erhöhten Strahlenbelastung ausgesetzt. In unmittelbarer Nähe befinden sich zudem der Kindergarten Weed sowie die Schule Nefenfeld. Die Bürger wehrten sich. In nur zwei Tagen hatten sie über hundert Unterschriften gegen den Standort gesammelt. Die Antenne soll woanders hin.

Weil das aber landauf, landab so ist und die Betreiber schon ein wenig nervös werden, haben sie im Oktober 2002 mit einer Million Franken eine so genannte Ombudsstelle finanziert. Die soll unabhängig sein und als Stiftung funktionieren. Die *Neue Zürcher Zeitung* spricht von einem »Sorgentelefon zu Handy- und Antennen-Smog« und schüttet reichlich Häme über die betroffenen Bürger und Mobilfunkkritiker aus.[10] Jedenfalls soll die Stiftung auf Anfrage tätig werden und vermitteln, damit es bei Streitigkeiten zu außergerichtlichen Lösungen kommt. Der Mobilfunkgegner Hans-Ulrich Jakob spricht von »Wölfen im Schafspelz«: »Das Ganze wird als Stiftung getarnt und sei einzig dem Stiftungsrat gegenüber verantwortlich, heißt es. Und dreimal darf man raten, wer in diesem Stiftungsrat sitzt: Neben vier unbekannten Hobby-Parlamentariern selbstverständlich die Mobilfunkbetreiber. Es sei die Frage erlaubt: Für wie blöd haltet ihr eigentlich das Volk?«[11]

Hans-Ulrich Jakob ist in der Schweiz kein Unbekannter. Der Elektrotechniker kommt aus einem Ort zwischen Bern und Fribourg, der mit dem Widerstand gegen einen Radiosender verbunden wird: Schwarzenburg. Dort stand auf einem Hochplateau in 800 Meter Höhe jahrelang der Kurzwellensender von Schweizer Radio International und strahlte seine Sendungen in die Überseegebiete, nach Fernost, Nahost, Afrika, Südamerika und Nordamerika. Was den reiselustigen Schweizer im fernen Ausland erfreut haben mag, ging den Menschen daheim in Schwarzenburg an die Nieren. Die elektromagnetische Strahlung wurde zu verschiedenen Tages- und Nachtzeiten in stark gebündelter Form über Richtantennen in fünf verschiedene Hauptrichtungen abgestrahlt. Weil sich die Kurzwellenstrahlen an der Ionosphäre brechen müssen, um ihre fernen Ziele zu erreichen, verlieren sie »unterwegs« viel an Leistung. Deshalb musste in einer Intensität abgestrahlt werden, die man sonst in der ganzen Telekommunikation nirgendwo erreicht. Die Sendeleistungen ohne Antennengewinn lagen, je nach Anzahl der benutzten Sender, zwischen 150 und 550 Kilowatt gleichzeitig in dieselbe Richtung. Gesendet wurde rund um die Uhr.

Die bestrahlte Bevölkerung klagte schon seit Jahrzehnten über massive Gesundheitsbeschwerden. Und dort, wo die Strahlenbündel auf das ansteigende Gelände stießen, hatte der Wald mehrere Hektar große Löcher.

Wer sich gegen den Sender kritisch äußerte, bekam es bis Ende der achtziger Jahre mit dem Schweizer Staatsschutz zu tun, berichten Aktivisten von damals.[12] Sie wurden nach eigenen Angaben überwacht und als Sowjet-Spitzel verdächtigt. Bis die Sache aufflog und der Bundesrat seine Staatsschützer in Umweltschutzangelegenheiten zurückpfeifen musste.[13]

Die Anwohner forderten für den Sender Schwarzenburg eine wissenschaftliche Untersuchung. Schließlich wurde nach hinhaltendem Widerstand der Behörden 1992 bei der Universität Bern eine wissenschaftliche Studie in Auftrag gegeben; bezahlt haben sie die Senderbetreiber.

Die Untersuchung habe von Beginn an Mängel gehabt, klagt Hans-Ulrich Jakob. Stark bestrahlte und unbestrahlte Sektoren seien einfach zusammengelegt worden, sagt er, man habe Tiere untersucht, deren Ställe besonders gut abgeschirmt oder kaum bestrahlt waren. Oder es sei zu Zeiten gemessen worden, an denen der Sender gar nicht sendete: »Es ist noch heute nicht klar, ob die Wissenschaftler bei den Mogeleien bewusst mitgemacht haben oder ob sie von den Senderbetreibern und Technokraten, die in allen Arbeitsgruppen übervertreten waren, ganz einfach an der Nase herumgeführt wurden«, schreibt Jakob im Infopaket der Schweizer E-Smog-Initiativen.[14]

Trotz dieser Ungereimtheiten kam die Schwarzenburg-Studie aber doch zu einem Ergebnis: »Verschiedene gesundheitliche Beschwerden wie Nervosität, Unruhe, Schlaflosigkeit, allgemeine Schwäche, Müdigkeit, Gliederschmerzen« träten gehäuft in der Nähe des Senders auf, hieß es im Abschlussbericht.[15] Neurovegetative Störungen nennt das der Mediziner. Eine Häufung von Krebserkrankungen wollte die Studie mit dem Sender nicht in Zusammenhang bringen. Dass es diese Häufung in Schwarzenburg gibt, zeigte dann der Schweizer Krebs-Atlas, der 1997 veröffentlicht wurde: Die Region rund um den Kurzwellensender wies (zusammen mit Biel) die höchste Zahl von Tumoren auf und gehörte außerdem zu den Gebieten mit der kürzesten Lebenserwartung und den meisten Selbstmorden.

Zwischen bestrahltem und unbestrahltem Gebiet ergaben sich folgende Verhältniszahlen:

- Schwere Schlafstörungen 5:1
- Depressionen 4:1
- Krebs (alle Arten zusammengefasst) 3:1
- Diabetes 2:1 [16]

Störungen traten bereits bei Feldstärken auf, die um den Faktor 7 bis 70 unter den Grenzwerten der IRPA und des Schweizerischen Bundesamtes für Umwelt, Wald und Landschaft lagen. 1995 wurde die Bürgervereinigung »SchoK« (Schwarzenburg ohne Kurzwellensender«) gegründet, und zwei Jahre später kam es zu massivem Bürgerprotest, als die Telecom die Sendeanlagen modernisieren und verstärken wollte. Das wäre in der Region aber nur mehr mit dem Einsatz von Polizei und Militär durchzusetzen gewesen. Im Herbst 1997 entschloss sich die Regierung daraufhin, die Anlage stillzulegen. »Aus wirtschaftlichen Gründen«, wie es hieß.

Am 29. März 1998 wurde der Kurzwellensender Schwarzenburg von Schweizer Radio International endgültig abgeschaltet und danach abgerissen. Bereits eine Woche nach Abschaltung, berichten Anwohner selbst in zehn Kilometer Entfernung, konnten sie wieder gut schlafen. So genannte hyperaktive Kinder sollen wieder viel ruhiger geworden, Gelenk- und Gliederschmerzen fast völlig verschwunden sein.[17]

Der Sender Schwarzenburg verschwand, aber gleichzeitig wurde in der Schweiz der Mobilfunk ausgebaut. Wieder hochfrequente Strahlung, nur diesmal flächendeckend, in der ganzen Schweiz. Diese Natel-Mobilfunk-Anlagen hält Jakob aber für noch gefährlicher als den Schwarzenburger Kurzwellensender. Zum einen sind Mikrowellen von einer höheren Frequenz, zum anderen sind die Natel-Signale scharf gepulst, wodurch es zum »Schlagbohrer-Effekt« komme.[18]

Dass ein permanenter Hirn-Bohrer mit Natel-Mikrowellen nicht gesund sein kann, leuchtet jedem Laien ein. Die Zahl der Widerstandsgruppen in der Schweiz steigt jedenfalls. Die Bürger bombardieren die hoffnungslos überforderten Behörden mit sogenannten Einsprachen. Der Kampf gegen den Mobilfunk in der Schweiz reicht mittlerweile über die Landesgrenzen hinaus. Er richtet sich zum Beispiel gegen die ICNIRP, jene Organisation, die die internationalen Mobilfunk-Grenzwerte errechnet. Die Gruppe von Hans-Ulrich Jakob hat im Januar 2001 eine Petition an den UNO-Generalsekretär Kofi Annan eingereicht, die nach Angaben der Gruppe weltweit von 65 Organisationen mit 40.000 Mitgliedern sowie von 63 Wissenschaftlern mitgetragen wurde. Darin forderten die Unterzeichner, Kofi Annan möge in der ICNIRP die Wirtschaftsvertreter durch unabhängige Wissenschaftler ersetzen. Die Entgegennahme der Petition wurde sowohl von den Direktoren des UNO-Sitzes in Genf wie von denjenigen in Wien kategorisch abgelehnt, so dass die Kiste mit Material im Januar 2001 direkt an des Sekretariat von Kofi Annan in New York geschickt werden musste. Es dauerte, bis Jakobs Gruppe eine Antwort bekam: »Nach mehrmaligem Nachhaken beim Sekretariat von Kofi Annan hat uns nun in dessen Auftrag die WHO-Direktorin Ann Kern aus Genf geantwortet. Volle neun Monate hat es also gedauert, bis die UNO respektive die Weltgesundheitsorganisation WHO folgendes festgestellt haben: Die ICNIRP ist weder eine WHO- noch eine UNO-Organisation, sondern schlicht und einfach eine private Nichtregierungsorganisation (NGO), die allerdings in enger Verbindung zur WHO und zur UNO stehe.«[19]

Der Feldzug des Staranwalts
Die Milliardenklagen in den USA

Peter Angelos ist gewiss nicht der Typ, den man als »Bruder Leichtfuß« bezeichnen würde. Er ist 73 Jahre alt und hat in seinem Leben viel Geld verdient, gerade weil er stets sehr vorsichtig war, wenn es um Geschäftliches ging. Sein Privatvermögen beträgt wohl einige hundert Millionen Dollar, und Angelos konnte es sich 1993 sogar leisten, in seiner Heimatstadt den bekannten Baseballklub The Baltimore Orioles für rund 173 Millionen Dollar zu kaufen – in den USA gewiss ein Anzeichen für Reichtum. Peter Angelos ist Alleininhaber einer großen Anwaltskanzlei, die pro Jahr mindestens 15 Millionen Dollar umsetzt und 300 Angestellte beschäftigt. Er tut etwas für das Gemeinwohl, ist nicht nur einer der großen Sponsoren der Demokratischen Partei, sondern spendet auch mal eine Million Dollar für die amerikanische Hilfsorganisation United Way wie im Herbst 2000. Was ihm jetzt aber Ende des Jahres 2000 eingefallen war, schien wirklich verrückt zu sein. So verrückt, dass der renommierte Wirtschaftsanalyst einer großen Berliner Investmentbank dazu nur mit einem Satz in der Presse zitiert wird: »Wir haben uns kaputt gelacht.«[1]

Ob ihm dann später das Lachen vergangen ist, wie so vielen, die beruflich mit der wirtschaftlichen Lage von Telekommunikationskonzernen zu tun haben, ist weiter nicht bekannt. Denn Peter Angelos ist einer jener Staranwälte der USA, die der Tabakindustrie in jahrelangen Gerichtsverhandlungen viele Milliarden Dollar an Schadensersatz abgetrotzt haben. In den USA liegt das Risiko vor allem bei der Anwaltskanzlei, denn sie, nicht der Kläger, muss die Prozesskosten vorstrecken, die sich bei derartigen Musterprozessen leicht in zigfacher Millionenhöhe bewegen können. Deshalb überlegen sich Anwälte sehr genau, ob sie einen Fall übernehmen, denn nur wenn sie gewinnen, erhalten sie ihren Einsatz zurück und verdienen etwas – im günstigsten Fall einige hundert Millionen Dollar. Und auch Peter Angelos hatte lange nachgedacht, bevor er Ende Dezember 2000 verkündete, er wolle den Handyhersteller Motorola, den Netzbetreiber Verizon Wireless (einem Joint Venture von Vodafone und Bell Atlantic) und weitere 22 Handyhersteller und Funknetzanbieter verklagen, weil ihre Produkte Gehirntumore verursachen könnten.

Fälle dieser Größenordnung übernimmt der Staranwalt eigentlich nur, wenn die Wahrscheinlichkeit, den Prozess zu gewinnen, »um die 90 Prozent« beträgt, so sagt er. Und im Fall von Christopher Newman hatte er anfangs seine Zweifel. Der Neurologe Newman war zu Beginn des Jahres 2000 zu ihm gekommen und wollte die amerikanischen Mobilfunkkonzerne auf Schadensersatz verklagen, weil er an Gehirntumor erkrankt war. Fünfeinhalb Jahre lang, erzählte Newman, habe er jeden Tag etwa zehn Minuten lang mit dem Handy telefoniert, insgesamt also rund 340 Stunden. 1998 haben die Ärzte den Tumor diagnostiziert. 39 Jahre alt war Christopher Newman damals.

Angelos war erst skeptisch, was die Erfolgsaussichten einer Schadensersatzklage anging, versprach aber, sich näher zu informieren, bevor er endgültig absagte. Die Recherchen seiner Kanzlei müssen ihn dann bald davon überzeugt haben, dass es sich lohnen könnte, den Fall doch zu übernehmen. Ende Dezember 2000 kündigte er an, er wolle die Klage von Christopher Newman vertreten und möglicherweise noch zehn bis 15 weitere Fälle dazu. Die Nachricht von der drohenden Sammelklage sorgte weltweit für Aufsehen, kurzfristig gab gar der Aktienkurs des Branchenriesen und Weltmarktführers Vodafone um zwei Prozent nach.

Peter Angelos hat als Anwalt einen Ruf wie Donnerhall. Aufgewachsen als Sohn griechischer Einwanderer in Pittsburgh, ließ er sich mit 30 nach Abschluss seines Jurastudiums in Baltimore nieder. Dort war er bald bekannt als – nach amerikanischen Verhältnissen – »linker« Anwalt. Der junge Strafverteidiger vertrat die örtliche Gewerkschaft der Stahlarbeiter, wandte sich dann vom Strafrecht ab und spezialisierte sich vor allem auf Verbraucherschutz und Umweltrecht. Mehrmals kandidierte er in den fünfziger und sechziger Jahren für die Demokratische Partei: In den Stadtrat von Baltimore schaffte er es, bei den Wahlen zum Senator und zum Oberbürgermeister unterlag er aber jeweils dem republikanischen Kandidaten.

Einen Namen machte er sich in den frühen achtziger Jahren durch die Vertretung von Werftarbeitern aus Baltimore, die wegen der schweren Gesundheitsschäden, die sie durch den Umgang mit Asbeststoffen erlitten hatten, gegen ihre Arbeitgeber klagten. Schon dieses Verfahren sorgte in den USA für Aufsehen. Denn im Lauf der Jahre – der Prozess zog sich bis in die frühen neunziger Jahre hin – gelang es Angelos überraschend, für seine Klienten Schadensersatz in Höhe von mehr als einer Milliarde Dollar zu erstreiten. Für ihn selbst fielen dabei einige hundert Millionen Dollar Honorar ab, so die *Washington Post* im Februar 2001, und das gab ihm die Möglichkeit, weitere Großprozesse zu führen. Der bislang spektakulärste war wohl die Milliarden-Dollar-Klage des Bundesstaats Maryland gegen große Tabakkonzerne wie Philip Morris. Der Prozess endete nach 17.000 Stunden Verhandlungsdauer mit einem Vergleich, der für Angelos aber letztlich ein voller Erfolg war: 4,2 Milliarden Dollar mussten die Tabakkonzerne an den Staat zahlen. Eine gute Milliarde davon, 25 Prozent, beanspruchte Angelos als Anwaltshonorar, noch hat er sie freilich nicht: Eine dermaßen hohe Summe wollte der Bundesstaat Maryland bislang nicht zahlen und meinte, eine halbe Milliarde wären auch noch angemessen. Die gerichtlichen Auseinandersetzungen um das Honorar dauern an.

Nun steht Angelos also mitten in einem neuen Milliardenprozess, der aller Wahrscheinlichkeit nach sogar den Tabakprozess in den Schatten stellen wird. Was das Rauchen angeht, ist die öffentliche Meinung in den USA weitgehend eindeutig: Kaum jemand glaubt noch, es sei ungefährlich, und die Zigarettenhersteller, deren Ansehen in der Öffentlichkeit schlecht ist, konnten fast noch froh sein, mit einem Vergleich davongekommen zu sein. Telefonieren aber hält bis jetzt kaum jemand für schädlich, und die Mobilfunkkonzerne werden wohl alles tun, was in ihrer Macht steht, damit das auch so bleibt. Ein anderes Ergebnis vor Gericht hätte schließlich verheerende Folgen für einen ganzen Industriezweig.

Dementsprechend schlecht standen bislang die Chancen, die Konzerne zu verklagen. Wer gegen ihre Rechtsanwälte antreten will, braucht viel Geld und einen langen Atem, denn bevor ein Fall überhaupt vor Gericht kommt, wird erst die Zulässigkeit der Klage in diversen Expertenanhörungen geprüft. Allein schon diese Hürde konnte bisher kaum genommen werden. Auch der Fall Christopher Newman schien aussichtslos: Das Bundesgericht von Maryland hatte den Prozess fast schon zu den Akten gelegt und Newmans Anwältin Joanne Suder gerade noch einmal die Chance gegeben, ihre Argumente nachzubessern, bevor der Fall endgültig abgewiesen werden müsste, als Peter Angelos im Januar 2001 einstieg. Angelos legte nach, mit einer 86-seitigen Klageschrift, in der unter anderem zu lesen war, die Industrie hätte Studien und Forschungsergebnisse über die gesundheitlichen Auswirkungen von Hochfrequenzstrahlung ignoriert, die zum Teil schon seit den zwanziger Jahren vorlägen. Geradezu »konspiratives Verhalten« hätten die Unternehmen an den Tag gelegt, um diese Auswirkungen zu verschleiern. Angelos forderte 800 Millionen Dollar – 100 Millionen als Schadensersatz für Newman, 700 Millionen als Strafe.

Doch die Causa Newman ist nicht die einzige, um die sich Angelos kümmerte. Von nun an reichte er Klage um Klage ein – unter anderem in Baltimore, Philadelphia, New Jersey und New York, an allen wichtigen Firmensitzen der großen Mobilfunkunternehmen eben. Neben Newman vertritt Angelos weitere Geschädigte, insgesamt neun sind es in einer ersten Runde. Er bringt die Handyhersteller Motorola, Ericsson und Nokia vor Gericht, außerdem die Netzbetreiber Verizon, Sprint und 20 andere Großunternehmen der Telekommunikationsbranche. »Falls diese Unternehmen von den Gefahren wussten«, so John A. Pica, einer von Angelos' zuständigen Topanwälten, »so müssen sie bestraft werden, und sie müssen teuer bestraft werden: nicht nur dafür, was sie der Öffentlichkeit angetan haben, sondern wegen der Milliarden von Dollar, die sie an Profit gemacht haben.«

Neben dem Fall Newman gibt es noch eine ganze Reihe weiterer in den USA, aber er ist der Aufsehen erregendste. Die Kanzleien Joanne Suder und Morganroth/Miller fordern beispielsweise 1,5 Milliarden Dollar Schadensersatz für den ebenfalls an Gehirntumor erkrankten ehemaligen Motorola-Techniker Michael Murray. In San Diego klagt der Landschaftsgärtner Gibb Brower gegen die Handyhersteller Motorola und Sony, nachdem die Ärzte einen Tumor auf der rechten Kopfseite entdeckt hatten. In New Orleans reichte der Anwalt Michael Allweiss eine Klage ein, die vom Gericht schließlich auch angenommen wurde. Und die Liste lässt sich fortsetzen: Da ist Brian Barrett aus

Atlanta, bei dem man 2000 einen Gehirntumor im Endstadium festgestellt hat. Oder Sharesa Price: Gehirntumor, unheilbar. Ihre Anwältin Joanne Suder weiß von »mehr als 100 potenziellen Klägern in den USA und Europa, mit denen wir gesprochen haben. Wir sehen hier ein Muster.« Im Februar 2002 reichte sie mit einigen Kollegen beim Obersten Gericht im District Columbia fünf weitere Klagen ein. Nach Angaben des Fernsehsenders ABC ergaben die Klagesummen im März 2002 bereits mehr als 20 Milliarden Dollar.

Kein Zweifel, die Klagen gegen die Mobilfunkindustrie sind zum Politikum geworden. Einer der wichtigsten Schritte: In Sammelklagen will die Kanzlei Angelos das Problem auch grundsätzlich angehen. Dabei geht es weniger um konkrete Schicksale, und Angelos behauptet in den Klageschriften auch nicht, dass Mobiltelefone mit absoluter Sicherheit Gehirntumor verursachen – aber er behauptet, dass die Hersteller von Gesundheitsrisiken wussten, aber nichts dagegen unternommen haben. Unter anderem fordert er, alle Handybesitzer müssten kostenlos mit Kopfhörern für ihre Geräte ausgestattet werden, um die Gesundheitsgefahren zu reduzieren – ein sicher nur beschränkt taugliches Mittel, aber das amerikanische Rechtssystem und die öffentliche Meinung in den USA wollen es nun einmal, dass man dem Beklagten auch möglichst konkrete Versäumnisse nachweisen kann. Nun betreibt Angelos die formelle Anerkennung dieser Klagen als Sammelklage – kommt er damit durch, so hat er einen Dammbruch geschafft. Dann könnte sich theoretisch jeder an der Klage beteiligen, der ein Mobiltelefon benutzt. Das waren allein im Jahr 2002 schon 138 Millionen Menschen in den Vereinigten Staaten, hinzu kämen noch viele Millionen weltweit, falls ihr Mobilfunkbetreiber einen Firmensitz in den USA hat und Geschäftsbeziehungen dorthin unterhält, was bei den meisten der Fall ist. So könnte neben Vodafone beispielsweise auch die Deutsche Telekom in den Vereinigten Staaten haftbar gemacht werden: Durch ihre Beteiligung an Voicestream – einem Unternehmen, das auch von Angelos verklagt wird – steht der Konzern ebenfalls auf der Liste der Prozessgegner.

Das würde aber zugleich bedeuten, dass auch Deutsche auf dem Weg der Sammelklage in den USA klagen könnten. Deutsche Bürgerinitiativen wissen schon von etwa 250 Einzelpersonen aus der Bundesrepublik, die sich für eine Teilnahme an einer amerikanischen Sammelklage zumindest interessieren – ob sie es dann auch tun werden, ist freilich eine andere Sache. Die US-Kanzlei Suggs & Kelly, eine Anwaltsfirma, die sich auf Produkthaftungs- und Umweltrecht spezialisiert hat, ist jedenfalls bereits eifrig auf der Suche nach Klienten aus Übersee. Einer ihrer Staranwälte, Richard H. Middleton Jr., ehemaliger Präsident der amerikanischen Vereinigung der Straf- und Zivilrechtsanwälte, war bereits mehrfach in Europa, um potenzielle Kläger zu informieren. Chancen rechnet er sich insbesondere dann aus, wenn es um den Wertverlust von Immobilien durch einen Sendemast in der Nachbarschaft geht, das lässt sich am leichtesten nachweisen. Klagen auf Körperverletzung seien schon schwieriger, da sei man auf wissenschaftliche Gutachten angewiesen, und die seien oft widersprüchlich. Middleton arbeitet in Deutschland mit dem Baden-Badener Rechtsanwalt Lutz Kaiser zusammen. Seine Kanzlei will allein 50 deutsche Staatsbürger bei einer möglichen Sammelklage in den USA vertreten.

Middleton weiß jedenfalls, warum er den Schwerpunkt seiner Klagen erst einmal auf den Wertverlust von Immobilien legt. Denn was die Klagen wegen Gesundheitsschädigung angeht, ist in den Vereinigten Staaten offensichtlich noch ein weiter Weg zu gehen. Der Oberste Gerichtshof der USA hatte 1993 hohe Hürden für solche Fälle aufgebaut: Bevor ein Verfahren überhaupt zur Verhandlung zugelassen wird, müssen die Richter in einer Vorverhandlung unter anderem prüfen, ob die eingereichten Gutachten und Studien auch dem allgemein anerkannten Stand der Wissenschaft entsprechen. Und da wird es schwierig – denn nach wie vor gelten mobilfunkkritische Wissenschaftler als Minderheit innerhalb der Branche, auch wenn ihre Zahl wächst. So gesehen war es schon ein gewaltiger Erfolg für das Team von Peter Angelos, mit dem Fall von Christopher Newman bis ins Vorverfahren zu gelangen, denn alle anderen vergleichbaren Fälle kamen nicht einmal so weit und wurden von den Richtern schon vor der ersten Anhörung abgewiesen.

Bei der ersten Expertenanhörung Ende Februar 2002 im Bundesgericht wurden im Fall Newman dann unter anderem die internationalen Fachleute Neil Cherry, der Zellbiologe Jerry Phillips, der Biotechniker Henry Lai von der University of Washington in Seattle und der schwedische Krebsforscher Lennart Hardell gehört. Letzterer hatte gerade erst seine zweite epidemiologische Studie abgeschlossen, die einen deutlichen Zusammenhang zwischen der Nutzung eines Mobiltelefons und Gehirntumor feststellte (siehe Kapitel »Was man weiß«, Seite 66 ff.). Brandneu waren Hardells Forschungsergebnisse, denn sie wurden erst während des laufenden Vorverfahrens in anerkannten wissenschaftlichen Zeitschriften veröffentlicht – ein wichtiger Schritt, der als Bestätigung der Relevanz von neuen Studien gilt.

Für das Vorverfahren in Sachen Newman kam diese Anerkennung freilich zu spät. Richterin Catherine Blake lehnte am 30. September 2002 die Eröffnung des Hauptverfahrens mit der Begründung ab, die vorgelegten Studien und Untersuchungen der Klägerseite seien von der herrschenden Lehrmeinung »nicht allgemein akzeptiert«. Dies aber sei eine zwingende Voraussetzung, um die Klage zur Hauptverhandlung zuzulassen.

Peter Angelos will dennoch weitermachen. Seine Kanzlei legte mittlerweile Berufung beim Bundesgericht in Richmond ein. Keine leichte Angelegenheit; der dortige vierte Gerichtshof gilt als eines der konservativsten Berufungsgerichte der USA. Aber für Angelos und sein Team ist es auch ein Spiel auf Zeit – eines Tages, so rechnet er offenbar, werden die Ergebnisse jener Forschungen, die heute noch nicht die allgemeine Lehrmeinung darstellen, zum gültigen Stand der Wissenschaft zählen. Und dann hat er gute Karten. Anwältin Joanne Suder erinnerte nach dem Urteil an spektakuläre vorausgegangene Gerichtsentscheidungen, die auch viele Jahre Vorlauf brauchten: »Wir müssen das Gesamtbild betrachten – es erinnert deutlich an Urteile in Tabak- und Asbestfällen. Die Entscheidung ist keine gute für Newman, aber sie ist keineswegs verbindlich für die große Zahl an Gehirntumoropfer auf der ganzen Welt.«

Ein endgültiges Urteil wird nach diesem Aufschub also wohl erst nach vielen Jahren gefällt werden. Nichtsdestotrotz, allein der Einstieg des berühmten Anwalts Peter Angelos in die Mobilfunkthematik war für die Telekommunikationsbranche ein Schlag ins Kontor. »Der größte legale Angriff auf die Mobilfunkindustrie«, so wiederum die Londoner *Times* am 28. Dezember 2000, wird eben nicht nur »die aufwändigste Untersuchung der Behauptung, dass Mobiltelefone Krebs verursachen«, sein, sondern es handelt sich natürlich auch um ein politisches Signal: Vielleicht ist doch etwas dran an den Befürchtungen der Skeptiker.

Seitenwechsel: Robert C. Kane

Doch es gibt noch zwei weitere Schlüsselfiguren in der Auseinandersetzung: den Techniker Robert C. Kane und den Wissenschaftler George Carlo (siehe Kapitel »Was man weiß«, Seite 75 ff.). Kane ist selbst einer der Kläger in den Millionenprozessen gegen die Mobilfunkindustrie, denn er ist unheilbar an Gehirntumor erkrankt. In seinem Leben davor war er mehr als 30 Jahre in der Telekommunikationsbranche tätig, zuletzt beim Handyhersteller Motorola, er nahm an Projekten und Programmen zur Entwicklung von Telefonen und Kommunikationssystemen auf Mikrowellenbasis teil und hatte auch Einblick in die Erforschung biologischer Auswirkungen des Mobilfunks. Für seine Erkrankung macht er das Handy verantwortlich, und er schrieb auch ein Buch mit dem Titel *Russisches Roulette Mobiltelefon* (im Original: *Cellular Telephone Russian Roulette,* erschienen 2001, New York). Es liest sich wie eine volkstümliche Version der Klageschrift des Angelos-Teams: Auf 235 Seiten listet Kane zahlreiche wissenschaftliche Untersuchungen zur Schädlichkeit des Mobilfunks von 1950 bis Mitte der neunziger Jahre detailliert auf. Das Handy am Ohr, so Kane, kann jederzeit Auslöser für eine ernste Erkrankung des Gehirns sein, niemand kann sie gänzlich ausschließen. Sein Fazit: Ginge es nicht um Mikrowellenstrahlung, sondern um eine chemische Substanz in Lebensmitteln, so hätten die vorliegenden Forschungsergebnisse längst zum Verbot geführt.

Gefahrenabwehr oder Risikovorsorge?
Wie der Staat reagieren sollte

Würden Sie in einem Taxi mitfahren, das nicht ausreichend auf seine Fahrtauglichkeit geprüft wurde? Wie würden Sie reagieren, wenn der Fahrer Ihnen sagt: Kein Problem, die Heizung sei schließlich geprüft worden – bei korrekter Bedienung werde es im Auto garantiert nicht zu heiß, man müsse also keine gesundheitlichen Bedenken haben. Sie würden vielleicht die Frage stellen, was denn mit den Reifen sei, mit der Lenkung, den Bremsen oder ob nicht die Gefahr bestünde, dass die ganze Kiste samt Tank einfach in die Luft fliegt. Zumal es ein wenig nach Benzin riecht, das Lenkrad knarrt, der Radkasten scheppert und die Bremsen quietschen. Der Taxifahrer antwortet Ihnen lapidar, es gebe überhaupt keine Beweise dafür, dass die Räder davon fliegen, der Motor explodieren oder die Lenkstange brechen könnte – auf Ihre Frage, ob dies denn alles genau geprüft sei, antwortet er: Da gebe es in der Tat noch Forschungsbedarf, nach derzeitigem Stand der Erkenntnisse sei eine Fahrt jedoch unbedenklich. Und schon geht's flott los.

Was beim Autofahren eine normale Reaktion wäre, gilt nicht unbedingt für Handynutzer. Viele Menschen bedienen sich einer Technologie, deren Folgen für die Gesundheit des Nutzers und seiner Umgebung nicht abschätzbar sind. Es gibt zwar Grenzwerte, die aber nur die thermische Dimension des Problems berücksichtigen; die Antwort auf die Frage also, ab wann die Temperatur durch elektromagnetische Felder (EMF) so hoch steigt, dass Mensch und Tier keinen Schaden nehmen. Alle anderen – nämlich die athermischen – Aspekte, die biochemischen und neurologischen Auswirkungen auf den Organismus sind bei diesen Grenzwerten überhaupt nicht berücksichtigt. Diese athermischen Effekte werden trotz zahlreicher Hinweise auf ihre Bedrohlichkeit für die Gesundheit von den Verantwortlichen der Betreiberfirmen negiert oder heruntergespielt. Dagegen wird der Mobilfunk im Eiltempo ausgebaut: Ergebnisse werden jetzt im Freilandversuch gesammelt. Der Staat, selbst am Geschäft beteiligt, unternimmt faktisch nichts. Das Fahrzeug ist bereits in voller Fahrt. Eine Gefahr, so heißt es, bestehe nicht – nach derzeitigem Stand der Forschung. Aber stimmt das wirklich?

Wie dem Taxigast in unserem Beispiel geht es vielen Menschen mit der Mobilfunktechnik. Sie haben Angst und kommen sich vor wie Geiseln, für die es – zur Zeit wenigstens – kein Entrinnen gibt. Wer die Frage nach der Sicherheit diskutiert, darf diese psychische Dimension nicht auslassen. Angst ist zwar vielleicht nicht der beste politische Berater, aber sie ist in einer Demokratie ernst zu nehmen. Dass psychogene Faktoren krank machen können, ist hinlänglich bekannt. Dass aber elektromagnetische Felder nur durch die Angst, die sie verursachen, krank machen, ist einigermaßen unwahrscheinlich geworden, seit man von Rindern und Schweinen weiß, die EMF ausgesetzt waren und vielfältige Krankheitsbilder entwickelten. Angst und Mobilfunk-Hysterie war bei den Tieren wohl kaum die Ursache. Auch wenn die Wirkung elektromagnetischer Felder noch nicht bis ins Letzte bewiesen ist: Klar ist, dass gesundheitliche Schäden auftreten.

Eine der wenigen Rechtfertigungen des modernen Staates, die noch nicht in Frage gestellt wurden und daher wohl als grundlegend und unverbrüchlich gelten dürfen, ist der Zweck, die äußere und innere Sicherheit seiner Mitglieder zu gewährleisten. Wie kommt der Staat beim Thema Mobilfunk seiner ureigensten Aufgabe nach, Schaden von seiner Bevölkerung fern zu halten? Nach traditionellem Politikverständnis hat der Staat für die Sicherheit seiner Bevölkerung zu sorgen, indem er Gefahren abwendet. Ein Denken, das in Anlehnung an die klassische Physik von kausal-linearen Bezügen ausgeht, und das Ursache-Wirkung-Modell auch in sein gesellschaftliches Konzept übernimmt, mit dem es die potenziellen Bedrohungen der Zukunft zu meistern hofft. Grundlage dafür ist der Glaube an die prinzipielle Erkennbarkeit von Naturgesetzen, die ein für allemal gelten – die Probleme der Zukunft werden demnach künftig nicht anders sein als in vergangener Zeit. Gefahrenabwehr bedeutet also, dass man im Fall einer Störung der Ordnung eingreift, um diese Ordnung wieder herzustellen, und zwar im Sinn der Gesetzmäßigkeiten, die man sicher erkannt zu haben glaubt.

Die Erfahrungen des Menschen in der fortgeschrittenen Industriegesellschaft mit plötzlich auftretenden, destabilisierenden ökologischen und sozialen Ereignissen haben allerdings die Gewissheit erschüttert, dass man mit diesem Modell künftige potenzielle Gefahren meistern kann. Es können neue Gefahren auftreten und Zusammenhänge erkannt werden, von denen sich heute nicht eindeutig sagen lässt, dass eine bestimmte Wirkung auf eine bestimmte Ursache zurückzuführen ist. Deshalb hat sich das rechtliche Prinzip der »Vorsorge« vor allem im Umweltschutzrecht entwickelt. Ulrich K. Preuß schreibt in seinem Aufsatz »Risikovorsorge als Staatsaufgabe« über den Grundgedanken dieses Vorsorgeprinzips: »Statt mit einem gewissen Grad an Wahrscheinlichkeit eintretende Schadensereignisse abzuwehren oder gar bereits eingetretene Schäden nachträglich zu beseitigen, setzt das Vorsorgeprinzip an den möglichen Quellen von Schäden an und zielt auf eine Beeinflussung menschlichen Verhaltens im Sinne einer Schadensvermeidung durch hoheitlich regulierenden Zugriff auf die Gefahrenherde.«[1]

Die Vorsorgepflicht gilt also dort, wo man nicht mit letzter Sicherheit oder zuverlässiger Wahrscheinlichkeit sagen kann, ob und welche Schäden entstehen, wo aber ein Verdacht auf eine Gefahr vorhanden ist. Und wo »Risiken mit bisher nicht erkannter Gefahrenqualität« vorliegen. Hinweise darauf liegen beim Mobilfunk zahlreich vor. Es ist jederzeit mit neuen Erkenntnissen zu den Gesundheitsgefahren durch Mobilfunk zu rechnen. Der Staat müsste also im Sinne einer Vorsorge eingreifen. Zumal die ganze Bevölkerung betroffen ist und somit auch ein relativ kleiner Schaden gravierende, weil zahlreiche Auswirkungen hätte. Reine Gefahrenabwehr reicht da nicht. Professor Rainer Frentzel-Beyme vom Bremer Institut für Präventionsforschung und Sozialmedizin (BIPS) präzisiert diese Forderung: »Wenn Beobachtungsstudien bei Menschen in zwei Fällen ein Ergebnis in derselben Richtung ergeben haben, ist Anlass für Vorsorge und Präventionsmaßnahmen gegeben, auch wenn ein pathogenetischer Mechanismus noch nicht geklärt ist. Ich erinnere daran, dass viele Präventionsmaßnahmen nicht stattgefunden hätten, wenn man gewartet hätte, bis in die letzten Zweifel hinein die Mechanismen geklärt worden sind. Es hat bei Blasenkrebs durch Anilin oder ß-Naphthylamin zum Beispiel 50 Jahre gedauert, bis man herausbekommen hat, woran es genau liegt. Trotzdem konnte man Prävention schon 50 Jahre vorher durch Vermeidung der Einwirkungen empfehlen.«[2]

Wie lange aber wird es noch dauern, bis sich die staatlichen Stellen auch beim Mobilfunk auf das Vorsorgeprinzip einlassen? Der Physiker Horst-Peter Neitzke vom Ecolog-Institut hat vor dem Hessischen Landtag auf Europa verwiesen: »Im Sinne der Kategorien, wie sie die Europäische Kommission zur Risikobewertung benutzt, haben wir hinreichend Hinweise, um Vorsorgemaßnahmen einzuleiten. Wir können immer noch darüber diskutieren, welche Vorsorgemaßnahmen adäquat sind. Ich halte auch Vorsorgegrenzwerte für nötig, weil sie eine gewisse Sicherheit schaffen, auch in der Planung, zumal wir sehen, dass zum Beispiel in Italien der Mobilfunk ohne weiteres mit deutlich niedrigeren Grenzwerten funktioniert, die rein pragmatisch eingeführt worden sind.«[3]

Ob niedrigere Grenzwerte schon ausreichen, um die Bevölkerung vor Gesundheitsschäden zu schützen, ist natürlich nicht sicher. In Schweden gibt es Befunde, dass niedrigere SARs, also »specific absorption rates« bei Handys, einen stärkeren Effekt haben als hohe. Nicht immer muss eine geringere Dosis auch gleichbedeutend mit geringem Schaden sein. Es gibt Hinweise auf die so genannten Fenstereffekte, bei denen Schäden bei niedriger Bestrahlung auftreten, bei höherer hingegen nicht. Doch das darf kein Grund sein, die Grenzwerte nicht zu senken. Um das »Prinzip Verantwortung« (Hans Jonas)[4] werden wir auch in der »Risikogesellschaft« (Ulrich Beck)[5] nicht herumkommen. Ob aber der Schweizer Grenzwert reicht oder der toskanische, der Salzburger oder der von Ecolog? Im Sinne einer Vorsorge ist eine breite Diskussion dringlich erforderlich. Auch die Europäische Kommission verfolgt das Vorsorgeprinzip zum Schutz von Mensch und Umwelt. In der Mitteilung zur Anwendbarkeit des Vorsorgeprinzips vom 2. Februar 2000 heißt es: »Es kommt in Fällen zum Tragen, in denen die wissenschaftlichen Beweise nicht ausreichen, keine eindeutigen Schlüsse zulassen oder unklar sind, in denen jedoch aufgrund einer vorläufigen wissenschaftlichen Risikobewertung begründeter Anlass zu der Besorgnis besteht, dass die möglicherweise gefährlichen Folgen für die Umwelt und die Gesundheit von Menschen, Tieren und Pflanzen mit dem von der EU angestrebten hohen Schutzniveau unvereinbar sein könnten.«

Lassen Sie uns zurückkommen auf das Beispiel mit dem Taxi. Sie sitzen also hilflos in dem ungeprüften Gefährt und rasen bei voller Geschwindigkeit dahin.

Bei durchschnittlicher Lebensfreude und noch vorhandenem Selbsterhaltungstrieb werden Sie den Taxilenker bitten, die rasante Fahrt sofort zu beenden, damit die unsicheren Teile noch einmal genau geprüft werden. Und damit Sie sich gegebenenfalls ein anderes, sichereres Fahrzeug besorgen können. Und was tut der Fahrer? Kommt gar nicht in Frage, sagt er, schließlich habe er jetzt auch schon seine Kosten gehabt. Und überhaupt habe er ein Heidengeld für seine Lizenz gezahlt. In Ihrer Not werden Sie also das Fenster runterkurbeln und dem nächstbesten staatlichen Ordnungshüter zurufen, er möge doch das Fahrzeug stoppen. Der aber will vom Vorsorgegedanken auch nicht viel wissen und erwidert, er sehe keine Veranlassung für einen solchen Schritt – das Taxigewerbe schaffe schließlich Arbeitsplätze, die nicht gefährdet werden dürfen. Genau, wirft der Taxifahrer ein, und schließlich sei es ja der Staat gewesen, der ihm so viel Geld für die Taxilizenz abgeknöpft habe. Und an den Einnahmen sei er auch beteiligt. Der Ordnungshüter meint dazu lapidar, dass man sich am besten selbst einigen solle. Der Taxifahrer möge einfach ein wenig langsamer in die Kurven fahren. Was diesen allerdings wenig interessiert – das Fahrzeug ist bereits in voller Fahrt. Zeit ist Geld, Geschäft ist Geschäft. Ihre Hilferufe vom Rücksitz werden wahrscheinlich lauter, der Fahrer aber dreht einfach das Autoradio an. Kein Mensch weiß, wie die Fahrt ausgeht.

Telefonier, aber halt den Mund!
Demokratie im technischen Zeitalter

In politischen Sonntagsreden wird gern gefordert, dass moderne Technik transparent und demokratisch sein müsse. Sie dürfe die Freiheitsrechte der Bürger nicht einschränken. Der Bürger soll den Risiken, die mit einer neuen Technologie verbunden sind, nicht einfach ausgesetzt werden. Weder Fachleute noch Politiker sollen über die Köpfe der Menschen hinweg entscheiden. Mitbestimmung muss sein.[1] Doch die Wirklichkeit sieht anders aus. Mit der Expansion des Mobilfunks entstand in den neunziger Jahren in rasender Geschwindigkeit ein neues technisches Feld, das den Gedanken von politischer Transparenz und demokratischer Mitbestimmung auf eine harte Probe stellt. Zuerst kümmerte sich kaum jemand um die neue Technik und ihre Folgen. Der Widerstand blieb zunächst verhalten. Doch plötzlich war in jedem Dorf und in jedem Stadtviertel ein Sendemast zu sehen. Heute sind vom Mobilfunk nahezu alle Bürger betroffen. Mitspracherechte haben sie aber keine. Jeder, der angesichts eines neu montierten Mobilfunkmasts vor seinem Fenster schon einmal versucht hat, bei der Betreiberfirma nähere Informationen zu bekommen, kann ein Lied davon singen, wie wenig transparent es zugeht im Mobilfunkland. Tagelang wird er recherchieren und so gut wie nichts herausfinden darüber, was da eigentlich gebaut wurde und wieviel Strahlung in welche Richtung abgegeben wird. Transparenz? Fehlanzeige. Auch seine Gemeindeverwaltung wird ihm vielleicht bescheinigen, dass sie nichts Näheres weiß, ja dass sie selbst erst kürzlich von dem Antennenstandort erfahren hat. Der Bürger staunt und wundert sich. Eine fast zehn Meter hohe Antenne, die kräftig vor sich hinstrahlt – und die Organe des Staates wissen nichts Genaues? Eine Genehmigung oder Prüfung ist nicht erforderlich? Und das in einem Land wie der Bundesrepublik Deutschland, in dem jeder Plan für ein Holzhäuschen im Vorgarten den gestrengen Blicken einer Lokalbaukommission vorgelegt werden muss?

Der einzelne Bürger hat in Deutschland, anders als in Großbritannien[2], bislang so gut wie keine Rechte auf Informationen über die Antennenstandorte. Zugriff auf die Datenbank, die im Sommer 2002 eingerichtet wurde, erhalten nur Landes- und Kommunalbehörden sowie die kommunalen Spitzenverbände. Doch selbst diese unterliegen Einschränkungen und Auflagen: Bei der Online-Registrierung sind von den künftigen Nutzern die Postleitzahlen anzugeben. Auf diese Weise wird sichergestellt, dass die Suche nur im jeweiligen Zuständigkeitsbereich – also zum Beispiel der eigenen Kommune – erfolgen kann. Dazu kommt, dass per Unterschrift und Siegel gegenüber der Regulierungsbehörde Telekommunikation und Post (RegTP) im Antrag auf Freischaltung bestätigt werden muss, dass »eine Weiterübermittlung der abgerufenen Daten an Dritte« nicht vorgesehen ist.

In Großbritannien hingegen können die einzelnen Bürger ohne Probleme im Internet die relevanten Daten über den Netzbetreiber, die Montagehöhe der Antenne, den Frequenzbereich, die äquivalente isotrope Strahlungsleistung (EIRP) pro Kanal, die genehmigte Maximalleistung pro Kanal und die Art der Mobilfunktechnik abfragen.

Eine ähnliche Einrichtung für Deutschland beantragte auch der bayerische Landtagsabgeordnete Volker Hartenstein. Er forderte die Bayerische Staatsregierung auf, »unverzüglich eine Bundesratsinitiative mit dem Ziel zu ergreifen, dass die von der Regulierungsbehörde für Telekommunikation und Post im Auftrag des Bundesministeriums für Wirtschaft und Technologie im Sommer 2002 eingerichtete Internet-Datenbank für Funksysteme frei zugänglich gestaltet und ständig aktualisiert wird.«[3] Der Antrag wurde am 10.10.2002 vom Landtag abgelehnt, mit den Stimmen der CSU-Abgeordneten und gegen die Stimmen der Abgeordneten von SPD und Bündnis 90/Die Grünen. Als Grund für die Ablehnung wurde der Datenschutz genannt. Hartenstein brachte nachträglich in seinen Antrag die Passage »unter Beachtung datenschutzrechtlicher Anforderungen« ein, mit Verweis auf Großbritannien. Dort werden in der Datenbank die Namen der Grundstückseigentümer und die Hausnummern der entsprechenden Gebäude nicht eingeblendet. Stattdessen wird die Position der Basisstation mit Antenne in einem zoombaren Kartenausschnitt dargestellt.

So könne man auch in Deutschland die Bürger informieren und den

Datenschutz gewährleisten, forderte Hartenstein. Bei der Vorberatung des Themas hatte die Mehrheitsfraktion den ursprünglichen Antrag im Wirtschaftsausschuss zunächst abgelehnt, ihm jedoch kurz darauf auf Empfehlung der Abgeordneten Marianne Demel im Umweltausschuss zugestimmt. Bis auf drei Abgeordnete aus den Reihen der CSU stimmte der Bayerische Landtag dem Antrag in der neuen Fassung zu. Die Fraktionen der Grünen und der SPD hatten sich bereits in den Ausschüssen vehement für eine Zustimmung zum Antrag ausgesprochen. Die Staatsregierung wird also eine entsprechende Bundesratsinitiative ergreifen müssen. Sollte diese fruchten, hätte der deutsche Bürger immerhin schon eine Möglichkeit, sich darüber zu informieren, wer vor seiner Haustür welche Sendeanlagen mit welchen technischen Daten betreibt. Aber er hätte damit natürlich noch absolut keine Rechte auf eine Mitsprache bei der Frage, ob solche Antennen überhaupt aufgestellt werden sollen.

Die Kunst des Versteckens

Wenn der Bürger Pech hat, bekommt er nicht einmal mit, dass da etwas aufgestellt worden ist, was ihm ins Wohnzimmer hinein strahlt. Denn oft genug sind es Aktionen im Verborgenen, bei denen die Trupps der Betreiber nachts anrücken, um ihre Anlagen zu installieren. Und selbst solche verdeckten Manöver reichen oft schon nicht mehr, weil immer mehr Bürger aus Angst vor neuen Sendeanlagen argwöhnisch die Dächer in ihrer Nachbarschaft beäugen. Also muss Kosmetik im großen Stil betrieben werden. Die Objekte werden verschönt, getarnt oder versteckt. Man verlegt sich zum Beispiel auf Mikroantennen wie in Münchens Innenstadt, wo zu den bestehenden 750 Mobilfunkmasten rund 600 neue dazukommen sollen. Diese so genannten Mikrozellen sind nur etwa 30 Zentimeter lang und haben einen Durchmesser von eineinhalb Zentimetern. An Ampeln und Lichtmasten montiert, leiten sie Daten über das vorhandene Kabelnetz an eine Basisstation weiter. Die Strahlenbelastung der einzelnen Antenne ist geringer, dafür aber ist das Netz viel dichter, und die Mikroantennen senden fast in Kopf- oder Herzhöhe der Passanten. Ein groß angelegtes Täuschungsmanöver, kritisieren die Mobilfunkgegner.

Im erbitterten Kampf um neue Standorte für Sendeanlagen sind die Betreiber auch auf andere Ideen gekommen, wo Antennen installiert werden können: Attrappen von Schornsteinen und Alarmanlagen, Vogelhäuschen, sich drehende Litfasssäulen oder das Innere von Kirchtürmen – der Phantasie sind offenbar keine Grenzen gesetzt. Und der Bürger hat keine Ahnung, dass sich dahinter Antennen verbergen. Warum aber soll er nichts wissen dürfen, der mündige Bürger?

Die deutsche Firma Nautico warb bis vor kurzem auf ihrer Homepage mit dem Satz »Die EMVU-Vorbehalte werden minimiert, weil man die Funkeinrichtungen nicht sieht.« EMVU ist die Abkürzung für »Elektromagnetische Verträglichkeit in Bezug auf die Umwelt«. Oder anders formuliert: »Was der Anwohner nicht weiß, macht ihn nicht heiß.« Der Gedanke, dass etwas gefährlich sein könnte, wird einfach verdrängt, seine Ursache mehr oder minder elegant kaschiert. Übrig bleiben soll das Gefühl, unbeschwert konsumieren zu können. Ein fairer Tausch? Man fühlt sich an Lewis Mumford und seine Unterscheidung zwischen autoritärer und demokratischer Technik aus dem Jahr 1980 erinnert: »Der Tausch, dem wir dabei zustimmen sollen, ist nichts anderes als eine ausgeklügelte Bestechung. Der demokratisch-autoritäre Gesellschaftsvertrag erlaubt es jedem Mitglied der Gemeinschaft, Anspruch auf jeden nur denkbaren materiellen Vorteil, auf jeden intellektuellen und emotionalen Reiz zu erheben, den er sich wünschen mag, und das in Größenordnungen, die bisher nicht einmal einer begrenzten Minderheit erreichbar waren: Essen, Wohnung, schnelle Beförderungsmöglichkeiten, jederzeit herstellbare Kommunikation, medizinische Versorgung, Unterhaltung, Ausbildung. Aber nur unter einer Bedingung: dass man alles so akzeptiert, wie es vom System fabriziert und standardisiert worden ist, in genau den Mengen, die das System, nicht der einzelne bestimmt, und nichts verlangt, was das System nicht geben kann.« [4]

Beim Mobilfunk könnte man das auf die paradox anmutende Formel bringen: Telefonier, aber halt den Mund! Zumindest wenn es um die Frage nach der Verträglichkeit dieser Technologie geht. Nun wird dem von Betreibern und Politikern immer wieder gern entgegengehalten, dass die Menschen ja nicht gezwungen werden, so viel mit dem Handy zu telefonieren. Das ist nicht ganz falsch. Aber wird denn wirklich mit offenen Karten gespielt, wenn den Menschen mit Hilfe von Werbung, Medien, willfährigen Wissenschaftlern und umgebauten Vogelhäuschen eine heile Handy-Welt vorgegaukelt wird? Ein schnurloses Telefon kann man ausschalten, einen Mobilfunkmasten vor dem Schlafzimmerfenster hingegen nicht. Da hört die Freiwilligkeit ganz schnell auf. Und kein Verantwortlicher interessiert sich dafür, ob in dem betroffenen Schlafzimmer kleine Kinder, alte Menschen mit Herzschrittmacher oder besonders elektrosensible Personen leben. Minderheitenschutz? Fehlanzeige.

Die Selbstverpflichtung der Betreiber

Die Politik setzt beim Umgang mit der Mobilfunktechnologie auf die Selbstverpflichtung der Industrie. Mehr Transparenz bei der Planung, mehr Bürgerbeteiligung bei der Errichtung von Sendeanlagen, bessere Absprachen mit den Kommunen – so war's gedacht. Und das Ergebnis? Im August 2002 hat im Deutschen Bundestag ein Fachgespräch zum Thema Mobilfunk stattgefunden, bei dem Parlamentarier der Grünen sowie Vertreter der Bundesregierung, der Betreiber, der Kommunen, der Bürgerinitiativen sowie von Verbraucherschutzorganisationen anwesend waren.[5] Aus Sicht der betroffenen Bürger sind die Ergebnisse der Selbstverpflichtung mager. Die Datenbank mit den Antennenstandorten, die von der Regulierungsbehörde Telekommunikation und Post (RegTP) bereitgestellt wurde, bietet den Kommunen nur beschränkten Zugang. Die Informationen dürfen nicht an die Bürger weitergegeben werden. Aus Datenschutzgründen, weil die Antennenstandorte Betriebsgeheimnisse der Betreiber seien. Obwohl das Umweltinformationsgesetz (UIG) des Bundes zur Offenlegung umweltrelevanter Daten verpflichtet, wie der Datenschutzbeauftragte von Brandenburg bei dem Fachgespräch betonte. Jeder einzelne Bürger hat einen Anspruch auf Zugang zu Umweltinformationen. Der Begriff Umweltinformation sei dabei weit auszulegen. Nach der Rechtssprechung des Europäischen Gerichtshofes seien darunter alle Informationen zu verstehen, die potenziell Auswirkungen auf die Umwelt haben können. Der Datenschutzbeauftragte jedenfalls vertrat den Standpunkt, dass das Interesse des Eigentümers an der Geheimhaltung dieser Informationen nachrangig sei gegenüber dem Interesse der Öffentlichkeit an der Offenlegung. Mehr Transparenz sei also dringend erforderlich.

Zudem beklagen die Bürgerinitiativen, dass in den Kommunen oft die Zuständigkeiten unklar seien, dass Informationsveranstaltungen nicht öffentlich angekündigt würden und Planungsbesprechungen unter Ausschluss der Bürger stattfänden. Auch hätten die Gemeinden kein echtes Mitspracherecht, sondern nur die Möglichkeit, einen alternativen Standort vorzuschlagen. Fazit: »Der Ansatz einer freiwilligen Selbstverpflichtung ist falsch und lässt der Industrie mehr Freiräume als vorher. Die Regierung entzieht sich der Verantwortung, anstatt regulativ einzugreifen. Jegliche verbindlichen Mitwirkungsrechte der Kommunen sind ausgeschlossen.«[6]

Weder die Vertreter der Kommunen noch die Verbraucherschützer konnten da widersprechen. Die Betreiber verwiesen auf die große Zahl von Anlagen – man sei beim Informieren einfach noch nicht ganz nachgekommen. Und die Bundesregierung konnte sich nicht entschließen, was sie von der Selbstverpflichtung halten soll: »Für eine abschließende Bewertung ist es nach Auffassung des Bundesministeriums für Umwelt noch zu früh.« Man müsse abwarten und weiter forschen. Allerdings stelle sich schon die Frage, hieß es von Seiten der Bundesregierung, ob die Selbstverpflichtung präzise genug sei.[7]

Zweifel dürfen geäußert werden. Vollends zum Flop wurde die Selbstverpflichtung jedenfalls beim sogenannten Handylabel, das den Bürgern deutlich machen soll, welches Handy »umweltfreundlich, weil strahlungsarm« ist. Einmal abgesehen von der Frage, ob ein solches Label wirklich halten kann, was es verspricht, nämlich Sicherheit und gesundheitliche Unbedenklichkeit: Das Interesse der Bürger an solchen Informationen ist grundsätzlich groß. Das zeigen einschlägige Anfragen im Internet. Aber die Industrie weigert sich, auf eine solche Informationspolitik einzugehen. Ihr Argument: Alles, was den Grenzwert einhält – und das sind alle auf dem Markt befindlichen Geräte – sei ohnehin unschädlich. Eine weitere Kennzeichnung sei daher nicht erforderlich. Unglücklicherweise wurde die Selbstverpflichtung mit den Mobilfunkbetreibern und nicht mit den Geräteherstellern ausgehandelt. So wurde der blaue Engel bald zum umweltpolitischen Pleitegeier.

Und der Gedanke, dass sich die Industrie selbst verpflichtet, wurde schnell als Illusion enttarnt.

Denn allzu transparent will man bei den Firmen offenbar nicht sein. Zuviel Mitsprache könnte dem Geschäft schaden. Die Mobilfunkkritiker jedenfalls fühlen sich in ihren Bürgerrechten nicht ernst genommen. Sie glauben, es sei an der Zeit, dass die Politik endlich für mehr Transparenz und Bürgerbeteiligung beim Mobilfunk sorgt. Nicht wenige wünschen sich bei dieser Frage deshalb mehr praktizierte Demokratie in unserer Demokratie.

Die Grenzbereiche von Freiheit, Rechtsstaatlichkeit und Demokratie werden nur allzu deutlich, wenn man sich etwas genauer ansieht, was der Mobilfunk technisch zu leisten im Stande ist. Zum Beispiel bei der Überwachung von Bürgern.

Das Handy und der Überwachungsstaat

Ein elektronisches Gerät in der Größe eines Umzugskartons wird dem international gesuchten Terroristen Ramzi Binalshibh in Karachi zum Verhängnis. Am frühen Morgen des 11. September 2002 holen ihn CIA-Agenten und pakistanische Geheimdienstkräfte aus dem Bett; Binalshibh hatte noch geschlafen und leistete keinen Widerstand. Der Al-Quaida-Aktivist war gesucht worden, weil er die Anschläge auf das World Trade Center mit vorbereitet und unter anderem auch eine Weile mit Mohammed Atta, einem der Terrorpiloten des 11. September 2001, in Hamburg zusammengelebt hatte. Kurz vor seiner Ergreifung hatte Binalshibh dem arabischen Fernsehsender Al Dschasira ein Interview über Osama Bin Ladens Netzwerk gegeben und dabei auch mit Al-Dschasira-Reporter Yosri Fouda telefoniert.

Dieses Telefongespräch war wohl ein Fehler. Denn dadurch kam ihm der pakistanische Geheimdienst auf die Spur. Der nämlich hatte einen so genannten »IMSI-Catcher« im Einsatz, mit dem sich der Aufenthaltsort jedes beliebigen Handys bis auf wenige hundert Meter genau und nahezu problemlos feststellen lässt. Denn jedes Handy hat auf seinem Kartenchip einen Identifizierungscode, die so genannte IMSI-Nummer, wobei IMSI für *International Mobile Subscriber Identity* steht. Diesen Code sendet es, sobald es eingeschaltet ist, an die nächste

Mobilfunkstation und kann so identifiziert werden – ist somit erreichbar, und die geführten Gespräche können so später auch zugeordnet und abgerechnet werden.

Oder eben auch abgehört. Denn der IMSI-Catcher ist ein Gerät, das sozusagen eine Mobilfunkstation simuliert. Alle Mobiltelefone in der Umgebung senden ihre Kennung an den Catcher und geben auf Anforderung ihre IMSI-Nummer heraus – ist die gewünschte dabei, so schlägt das Gerät an und ortet das Handy. Für Geheimdienste und Polizei ein praktisches Hilfsmittel: Sie wissen gleich, wo der Gesuchte ist, müssen nicht umständlich den Weg über die beim Mobilfunkbetreiber gespeicherten Verbindungsdaten gehen, was natürlich viel mehr Zeit kostet. Immerhin, auch damit hat man in der Vergangenheit schon einige spektakuläre Fahndungserfolge erzielt: Die Mörder des berühmten italienischen Richters und Mafiajägers Giovanni Falcone konnten im März 1993 gefasst werden, weil die Fahnder das Handy eines Komplizen abgehört hatten. Falcone war am 23. Mai 1992 mit einer ferngezündeten Autobombe in der Nähe von Palermo umgebracht worden; auch seine Frau und drei Leibwächter kamen bei dem Anschlag ums Leben. Auf die Spur der Täter stießen die Ermittler fast ein Jahr später, nachdem sie die Verbindungsdaten zweier verhafteter Mafiosi überprüft hatten.

Gegen solche Fahndungserfolge wird niemand Protest einlegen, und dass Kriminellen und Terroristen das Handwerk gelegt wird, finden in der Regel nur Angehörige dieser beiden Personengruppen verwerflich. Kaum jemand aber weiß, welche Ausmaße die Handy-Überwachung schon angenommen hat – und zwar weltweit. Der amerikanische Geheimdienst NSA (National Security Agency) zum Beispiel fängt »systematisch sämtliche E-Mails, Telefonate und Faxe« ab, stellte ein Bericht des Arbeitsausschusses für Bürgerrechte und Innere Angelegenheiten im Europaparlament 1999 fest, und lässt sie von umfangreichen Computerprogrammen automatisch nach verdächtigen Schlüsselwörtern durchforsten. Die globale Lauschaktion basiert auf einem schon 1948, in Zeiten des Kalten Krieges, geschlossenen Geheimpakt zwischen den USA und Großbritannien unter der Bezeichnung UKUSA, dem sich später auch Australien, Neuseeland und Kanada angeschlossen haben. Die britische Tageszeitung *Guardian* hat recherchiert, dass die Europäische Union 1997 ein Geheimabkommen mit den UKUSA-Staaten abgeschlossen hat, wonach ihnen die Infrastruktur für die Überwachung aller EU-Mitgliedsstaaten zur Verfügung gestellt wird. So werden also bereits jetzt international alle Anrufe, Faxe, Internetmails und andere digitale Signale gesammelt und von ausgefeilten Computerprogrammen auf Schlüsselwörter durchforstet. Schlägt der elektronische Wachhund an, dann werden die betreffenden Nachrichten automatisch an den zuständigen Geheimdienst weitergeleitet.

Das System scheint freilich noch seine Lücken zu haben. Warum hätte die europäische Polizei Europol sonst 1998 in einem internen Papier mit dem Titel »Enfopol 98« eine flächendeckende Abhörstruktur für Mobilkommunikation gefordert? Und warum sonst steigt die Zahl der beantragten und genehmigten Telefonüberwachungen in den letzten Jahren sprunghaft an, werden die Gesetze besonders nach den New Yorker Terroranschlägen Zug um Zug gelockert, bis fast nichts mehr übrig bleibt vom ebenfalls gesetzlich garantierten Schutz der Privatsphäre vor staatlicher Überwachung?

Nicht nur Datenschützer finden alarmierend, wie stark das Interesse des Staates am Lauschangriff gestiegen ist. Gab es 1995 in Deutschland noch 3.667 »Anordnungen zur Überwachung der Telekommunikation«, abgekürzt TKÜ, so waren es 2001 bereits 19.896. Im Normalfall dauert so eine Überwachung rund drei Monate; etwa bei jedem hundertsten Telefonat stoßen die Ermittler auf eine heiße Spur. Datenschutzbeauftragte schätzen, dass insgesamt rund eine Million Bürger von den Abhörmaßnahmen betroffen sind, die wenigsten von ihnen sind auch nur Verdächtige im Sinne des Gesetzes. »Die heutige Praxis der Telefonüberwachung verheißt für die Zukunft nichts Gutes«, sagt etwa die Professorin am Bremer Institut für Kriminalpolitik, Edda Weßlau, und Joachim Jacob, der Bundesbeauftragte für den Datenschutz findet: »So kann es nicht weitergehen.« Die Überwachung der Kommunikation hätte nahezu inflationäre Ausmaße angenommen. Das meint auch der ehemalige Verfassungsrichter und frühere Bundestagsvizepräsident Burkhard Hirsch (FDP): Deutschland sei mittlerweile »Weltmeister« unter den demokratischen Staaten beim Abhören von Telefongesprächen, sagte er im Juni 2002 bei der Vorstellung des »Grundrechte-Reports 2002« in Berlin.

Seit den Terroranschlägen vom 11. September werden derlei Bedenken schnell vom Tisch gewischt. Schon im so genannten »Sicherheitspaket II« von Bundesinnenminister Otto Schily, flapsig »Otto-Katalog« genannt, wurden drei Monate nach den New Yorker Anschlägen im Schnelldurchgang Antiterrorgesetze beschlossen, die ein bisher ungeahntes Ausmaß an Überwachung ermöglichen. Strafverfolger dürfen seither zum Beispiel Verbindungsdaten bei Telefonkonzernen und Netzbetreibern abfragen, und das gleich für drei Monate im Voraus. Außerdem müssen Netzbetreiber auch die Daten unbeteiligter Dritter herausgeben, wenn sich Polizei und Staatsanwaltschaft davon Erkenntnisse versprechen. Auch der Einsatz des IMSI-Catchers, bislang gewissermaßen im rechtsfreien Raum angewandt, wurde endgültig legalisiert. Und der Bundesrat, angeführt von Bayern und Thüringen, startete im Juni 2002 gar eine eigene Gesetzesinitiative, nach der die Telekommunikationsunternehmen verpflichtet werden sollen, sämtliche Verbindungsdaten aller Bürger auf Vorrat zu speichern – so lange, wie eine Rechtsverordnung der Bundesregierung das vorsehe. Eine Praxis, wie sie in anderen EU-Staaten bereits besteht: In Italien müssen die Daten beispielsweise fünf Jahre lang gespeichert bleiben.

Das gefällt natürlich auch den Konzernen nicht, schon aus Personal- und Kostengründen, denn die Anfragen von Polizei und Staatsanwaltschaft müssen ja von irgendwem bearbeitet werden. »Wer einen Überwachungsstaat will«, wetterte etwa Harald A. Summa, Geschäftsführer des deutschen Branchenverbands Electronic Commerce Forum, »soll ihn auch finanzieren.« Und Michael Bock von E-Plus findet: »Die Entwicklung geht in Richtung totaler Überwachbarkeit.«

Da ist was dran. Nicht nur, weil das Fernmeldegeheimnis, eigentlich verfassungsrechtlich geschützt, dadurch gefährdet ist. Es werden ja faktisch nicht nur Kriminelle überwacht, sondern auch potenzielle Kriminelle: wir alle. Und im Grunde ist die langfristige Speicherung der Verbindungsdaten nichts anderes, als wenn die Post jeden abgesandten Brief, jede Postkarte registrieren müsste und festhalten würde, wer wann welchen Brief an wen geschickt hat. Kaum jemand würde sich das gefallen lassen, mit Recht würde es heißen: Was passiert, wenn diese Daten in falsche Hände geraten? Was würde eine weniger demokratische

Regierung mit diesen Daten alles anfangen können? Datenschützer und Juristen warnen vor einem Zuviel an Beobachtung des Bürgers. »Der Grenzverlauf zwischen dem Rechts- und dem Präventionsstaat lässt sich nicht eindeutig markieren«, sagte etwa Jutta Limbach, die ehemalige Präsidentin des Bundesverfassungsgerichts im Mai 2002 zur *Financial Times Deutschland,* »es gibt allemal Grauzonen und schleichende Übergänge zum Polizeistaat.« Zugleich spricht sie von einer »Unersättlichkeit der Sicherheitsbehörden«.

Noch grundsätzlicher sieht der kanadische Soziologe David Lyon von der Universität Ontario, ein führender Experte auf dem Gebiet öffentlicher Sicherheit und Überwachungstechnik, die Lage nach dem 11. September: Was völlig unterschätzt werde, seien die weit reichenden gesellschaftlichen Folgen neuer Überwachungssysteme und -technologien, sagte er ein Jahr nach den Anschlägen zur Hamburger Wochenzeitung *Die Zeit:* »Ein Überwachungssystem sucht ja nicht nur nach bestimmten Einzelpersonen, es wächst schnell zu einem System der sozialen Sortierung heran. Es muss aus einer Masse von ›Normalen‹ die ›Abweichler‹ aussortieren, auf die Behörden noch mal ein zusätzliches Auge werfen möchten. Wer in der ›falschen‹ Kategorie steckt – nach dem 11. September waren das zum Beispiel Muslime und Araber –, hat es in einer elektronischen Überwachungszukunft schwer.« Und in diese schöne neue Welt seien wir gerade unterwegs, meint Lyon weiter, fernab von demokratischen Debatten oder öffentlicher Reflexion. Das Schlagwort von der Privatsphäre führe da nicht weiter, weil es sich in Wahrheit gar nicht um ein individuelles, sondern um ein gesellschaftliches Problem handele: »Wer überwacht denn die Überwacher? Wer überwacht diejenigen, die die Kategorien für ›verdächtig‹ und ›unverdächtig‹ festlegen? Im Augenblick kaum jemand.«[8]

Wer ein Handy besitzt und es eingeschaltet hat, ist ja bereits heute ein gläserner Bürger. Nahezu lückenlos lässt sich auch noch Monate später nachverfolgen, wo er sich wann aufgehalten und mit wem er telefoniert hat. Das Handy sendet beständig Positionsmeldungen zur nächstgelegenen Funkzelle, um auf Sendung bleiben zu können. Es ist also der einfachste Positionsmelder, den man sich denken kann. Und, so scheint es: Jeder, der es wissen will, kann diese Bewegungen des Handys und damit seines Besitzers verfolgen.

Nicht nur Kriminalpolizisten und Geheimdienste verfügen über die entsprechende Technologie. Das musste im November 1997 auch der ehemalige Sprecher des amerikanischen Repräsentantenhauses, der Republikaner Newt Gingrich, erfahren. Der bekannte Kongressabgeordnete hatte sich per Handy mit Kollegen über ein Problem unterhalten. An diesem Tag hatte Gingrich öffentlich eingestehen müssen, dass er im Parlament unrichtige Angaben über die Verwendung steuerfreier Gelder gemacht hatte. Zusammen mit den Kollegen erörterte er nun am Telefon, wie er aus dieser Geschichte politisch wieder herauskommen konnte. Dummerweise hatte ein Paar aus Florida das Gespräch abgefangen und mitgeschnitten, was in den USA nicht eindeutig verboten ist; ein Teil der Abschrift erschien in der *New York Times.*

Man muss kein amerikanischer Kongressabgeordneter sein, um derlei fürchten zu müssen. Auch in Europa und in Deutschland sind erschwingliche Geräte auf dem Markt, mit denen sich der Mitmensch relativ problemlos überwachen lässt. Eine PC Funk GmbH aus dem brandenburgischen Teltow bei Berlin bietet etwa den so genannten »Phonetracker« an, ein knapp 100 Euro teures Zusatzgerät fürs Handy, mit dem sich nicht nur die Bewegungen zwischen zwei Funkzellen orten, sondern auch Gespräche unerkannt mithören lassen. Zudem lassen sich bestimmte »Sicherheitszonen« zuweisen: Verlässt die überwachte Person mit dem Handy diese Zone, so erhält die Kontrollperson eine SMS.

Praktisch sei das, sagen die Hersteller, um beispielsweise Kinder zu schützen und sie zu überwachen oder, nun ja, auch zu belauschen, wenn es denn nötig sein sollte. Freilich könnte man damit auch den untreuen Ehemann kontrollieren oder den eigenen Chef in seinem Büro abhören, was dann wiederum verboten wäre. Tatsächlich, sagen Einzelhändler, seien es hauptsächlich Mütter, die das Zusatzteil erwerben, um immer ein wachsames Ohr bei den Kindern haben zu können.

Eigentlich eine gespenstische Vorstellung, ständig unter Kontrolle zu sein. Die elektronische Fußfessel fürs eigene Kind: auf dass sich die neue Generation schon frühzeitig an das gewöhnen möge, was ihr später einmal blüht. Ob zum Großwerden nicht auch ein gewisser Freiraum gehört?

Aber vielleicht ist das nur ein vergleichsweise harmloser Ausdruck eines Sicherheitsdenkens, das langsam zu pervertieren droht. In England schlugen Wissenschaftler bereits allen Ernstes vor, man solle Kindern einen Chip in die Haut implantieren, um sie jederzeit orten zu können. Kinderschänder hätten es dann schwerer, meinen sie, weil sie damit rechnen müssten, auf frischer Tat ertappt zu werden. Um sie vor Gefahren zu schützen, darf man Menschen anscheinend schon ein bisschen verstümmeln. Die Schamgrenze scheint hier bereits tief gesunken.

Stell dir vor, es klingelt, und keiner geht hin!
Was der Einzelne gegen Elektrosmog tun kann

Es gibt Situationen im Leben, da könnte einem Handygegner sogar das Sterben vergehen. Wenn er zum Beispiel für die eigene Beerdigung einen Pfarrer erwischt hat, der während der Leichenpredigt sein klingelndes Handy unter der Kutte hervorholt und anfängt zu telefonieren. So geschehen in Italien. Ob der Hingeschiedene Mobilfunkgegner war und sich daraufhin im Grab umgedreht hat, ist nicht überliefert. Aber gottlob gibt es auch Situationen, in denen Kritiker mehr Spielraum haben, auf das leidige Handythema zu reagieren. Denn natürlich drängt sich heute die Frage auf, was der Einzelne gegen eine bedenkliche Technik wie den Mobilfunk tun kann.

Die Antwort ist klar: Alles. Oder fast alles. Denn wo keine Nachfrage ist – so will es das eherne Gesetz des Marktes – da ist auch bald kein Angebot mehr. Selbst wenn Bedürfnisse und somit Nachfrage erst künstlich geschaffen werden. Angesichts der weltweiten Verbreitung von Mobilfunk dürfte es etwas Geduld erfordern, bis eine Totalverweigerungsstrategie, wie sie manche Handygegner fordern, Früchte trägt. Bis dahin gilt der Grundsatz, dass es im Glaubenssystem Marktwirtschaft kein Gut und kein Böse gibt. Geheiligt ist, was gekauft wird. Die Botschaft dieser Warenwelt lässt sich mit Günther Anders so formulieren: »›Ich bin käuflich, also bin ich anständig‹, spricht jede Ware.«[1] Unanständig wird sie erst, wenn sie zum Ladenhüter wird. Ein Boykott ließe Handyhändler müde lächeln – allerdings nur so lange, bis er von großen Teilen der Bevölkerung getragen wird. Dann würde wohl schnell eine neue – hoffentlich bessere – Technologie auf den Weg gebracht werden. Vermutlich sogar schneller, als sich Mobilfunkkritiker heute vorstellen können. Bis dahin aber wird noch verkauft, was geht. Zumal in der Branche mit einem immensen Werbeaufwand gearbeitet wird, der vor allem auf junge Käufer zielt. Vielleicht kann nicht jeder Jugendliche selbst entscheiden, ob er Sportstars, die für Handys werben,

Glauben schenken will oder nicht. Solange der Gesetzgeber nicht in der Lage ist, Werbung für bedenkliche Waren schlicht zu verbieten – und die Interessenverbindungen zwischen Wirtschaft und Politik, wie sie hier gezeigt wurden, lassen vermuten, dass er noch lange nicht in der Lage sein wird –, so lange also bleibt es eine Frage der Erziehung, ob Jugendliche auf einschlägige Werbung hereinfallen. Oder auf Handys für einen Euro, bei denen die teuren Rechnungen erst später kommen. Die teuerste Rechnung, die der Jugendliche unter Umständen in einigen Jahren präsentiert bekommt, wäre mit Geld gar nicht zu bezahlen: die Schädigung seiner Gesundheit, etwa durch einen Gehirntumor. Deshalb rät die Umweltkommission der Deutschen Akademie für Kinderheilhunde und Jugendmedizin e.V.: »Kinder und Jugendliche brauchen nur in sehr seltenen Ausnahmesituationen Mobiltelefone für wichtige Telekommunikation. Von unnötiger, häufiger und langer Benutzung muss dringend abgeraten werden.«[2]

Auch Wolfram König, Präsident des Bundesamtes für Strahlenschutz (BfS), warnte im Juli 2001 in einem Interview mit der *Berliner Zeitung*: »Zudem sollten Eltern ihre Kinder möglichst von dieser Technologie fern halten.«

Folgende Ratschläge kommen ebenfalls vom Bundesamt für Strahlenschutz und gelten grundsätzlich für alle Benutzer:[3]

- In Situationen, in denen genauso gut mit einem Festnetz wie mit einem Handy telefoniert werden kann, sollte das Festnetz benutzt werden.
- Die Dauer der Exposition verringern, also beispielsweise Telefonate per Handys kurz halten. Nicht benötigte Handys können ausgeschaltet werden.
- Abstand halten: Wenn beim mobilen Telefonieren Head-Sets benutzt werden, verringert sich wegen des größeren Abstands zwischen Kopf und Antenne der SAR-Wert – und damit die Exposition deutlich. Ähnliches gilt beim Versand von Short-Messages (SMS).
- Möglichst nicht bei schlechtem Empfang telefonieren: Die Leistung, mit der das Handy sendet, richtet sich nach der Güte der Verbindung zur nächsten Basisstation.
- Autokarosserien verschlechtern die Verbindung für Handys ohne

Außenantenne, die Handys senden deshalb mit einer höheren Leistung.

- SAR-Werte der Handys beachten: Handys verwenden, bei denen der Kopf möglichst geringen Feldern ausgesetzt ist, Maßstab dafür ist der SAR-Wert von 2 W/kg, der so weit wie möglich unterschritten werden sollte.

Die entsprechende Kennzeichnung strahlungsarmer Geräte mit dem sogenannten Blauen Engel ist von der Industrie bislang boykottiert worden. Sie hat damit einmal mehr bewiesen, dass sie weder an einer Minimierung der Belastung noch an der Transparenz für Bürger und Verbraucher interessiert ist. Das Label sollte Geräte mit einem SAR unter 0,6 Watt/kg ausweisen. Schon jetzt sollte sich jedoch jeder Käufer vorher die SAR-Werte zeigen lassen, die in der Regel in der Gebrauchsanleitung des Gerätes aufgeführt sind. Oder auf den Internetseiten des Bundesamtes für Strahlenschutz. Dies alles ist zwar keine Garantie für hinreichenden Gesundheitsschutz, aber besser als gar nichts. Wenn man schon mit einem Mobiltelefon telefonieren muss, dann nur im Freien und an einem exponierten Ort, an dem man guten Empfang hat. Am besten freilich ist es, sich so weit wie möglich fern zu halten von Handys. Meistens kein Problem: Ausweichen, wenn neben einem telefoniert wird. Vier oder fünf Meter weggehen von der Strahlenquelle. Und wenn man nicht ausweichen kann – im Bus und in der Bahn, wo die Strahlung besonders hoch wird, oder auch in einer Warteschlange –, kann man ja freundlich, aber bestimmt darauf hinweisen, dass man Handystrahlung nicht verträgt. Sollte dies nichts nutzen, dann könnte vielleicht der Hinweis auf die schwedischen Professoren Arne Brun, Bertil Persson und Leif Salford von der Universität Lund helfen, die zu dem Ergebnis kamen: »Rattenhirne sind nach Bestrahlung mit Mikrowellen, wie man sie vom Mobilfunk kennt, übersät mit dunklen Flecken und deutlich geschädigt. Es tritt Flüssigkeit aus den Blutgefäßen aus, verursacht durch diese Felder. Proteine und Schadstoffe durchdringen die Blut-Hirn-Schranke, nachdem sie von der Strahlung geöffnet wurde.«[4]

Auch alle, die noch Kinder haben wollen, sollten die Finger und andere Regionen des Körpers vom Handy lassen. Eine österreichische

Studie zeigte nämlich unlängst, dass es unter Handystrahlen-Einfluss zu einer signifikanten Reduzierung der schnellbeweglichen Spermatozoen kam. Bei einem Patienten konnte sogar eine Asthenozoospermie festgestellt werden, das heißt, es waren keine Samenzellen mehr im Ejakulat.[5]

DECT-Mobiltelefone raus!

Die Aussage ist klar und deutlich. Digitale schnurlose Telefone des DECT-Standards sind wie Mobilfunksender in den eigenen vier Wänden. Sie strahlen gepulste Mikrowellen mit einer Spitzenleistung von 250 Milliwatt aus. Und das 24 Stunden täglich, egal, ob Sie gerade telefonieren oder nicht. Auch hier gilt, der wissenschaftliche Nachweis für die gesundheitlichen Schäden ist nicht bis ins Letzte erbracht. Aber die Hinweise aus Studien verdichten sich, »dass das Nerven- und Hormonsystem des Menschen beeinträchtigt sowie Erbgutschäden und Krebs gefördert werden«. Das schreibt die Zeitschrift *Öko-Test* in ihrer Ausgabe vom September 2002. Berater der Zeitschrift ist der Baubiologe Wolfgang Maes, der aus seiner Praxis einige Beispiele schildert: »Ein Kunde klagte über Schlafstörungen und Kopfschmerzen, seit gegenüber ein Mobilfunkmast installiert wurde. Beim Messen stellte sich heraus, dass der Sendemast noch gar nicht in Betrieb war, sondern der Übeltäter die unscheinbare Basisstation eines zeitgleich gekauften DECT-Telefons auf dem Nachttisch war.«

Öko-Test untersuchte die Strahlungsintensität von 13 DECT-Modellen. Das Testergebnis ist eindeutig: »Elf getestete Telefone sind ›ungenügend‹, zwei schnitten knapp mit ›mangelhaft‹ ab. Unsere Untersuchung bestätigte, dass Telefone des DECT-Standards permanent eine erhebliche Dosis gepulster Strahlen aussenden. Die Strahlungsstärke der Telefone unterscheidet sich je nach Produkt, ist insgesamt aber bei allen Apparaten deutlich zu hoch.«[6]

Weit weg von der Basisstation!

Für Erwachsene ist die Benutzung von Mobiltelefonen ein freiwillig eingegangenes Risiko. Es steht jedem frei, auf den Gebrauch von Mobiltelefonen weitgehend oder ganz zu verzichten. Allerdings ist das nur die halbe Wahrheit. Denn zum Handy gehört die Basisstation, und die kann man als Einzelner nicht ungestraft abschalten. Deshalb stellt sich die Frage, wie man sich davor schützt. Am besten ist es natürlich, wenn man einer Bürgerinitiative beitritt, die den Betrieb vereitelt, bevor es überhaupt losgeht. Um Beweise zu sichern, organisieren Bürgerinitiativen in Deutschland immer häufiger Blutuntersuchungen, um mögliche Veränderungen im Blutbild nach der Inbetriebnahme von Mobilfunksendern zu dokumentieren. Im hessischen Korbach fand die bisher größte Blutuntersuchung dieser Art statt, ähnliche Aktionen gab es auch in anderen Orten. Die Blutuntersuchungen sollen in eine geplante internationale Studie der unabhängigen Wissenschaftsorganisation ICRESERVE einfließen. Die Auswertung erfolgt anonym, zu rein statistischen Zwecken und unter Beachtung der Datenschutzbestimmungen.[7]

Sendet die Basisstation bereits, dann wird es natürlich schwieriger. Dennoch kann man noch viel tun, wie zahlreiche Beispiele in der ganzen Republik zeigen. Das Bundesamt für Strahlenschutz hat am 22. April 2002 ein Infoblatt in das Internet gestellt, das betroffene Bürger informiert, an wen sie sich wenden können, wenn die Bautrupps anrücken.[8]

Leben im Käfig?

Strahlt die Basisstation in der Nähe der eigenen Wohnung bereits, kann man darüber nachdenken, seine vier Wände abzuschirmen. Denn ein Umzug bringt meist nicht viel. In fast allen Gebieten der Republik stehen schon Antennen oder sind in Planung. Glücklich also, wer sich selbst helfen kann. Mit Aluminiumplatten zum Beispiel, ein mal zwei Meter groß, und einen Millimeter dick. Es gibt sie in jedem Baumarkt, das Stück kostet 25 Euro. Damit hat sich zum Beispiel ein ehemaliger Elektrotechnik-Ingenieur aus München beholfen, der mit drei solchen Platten seine Schlafzimmerwand abgeschirmt hat. Der Mann ist vom Fach, hat jahrzehntelang für Siemens gearbeitet. Ein klassischer Fall: »Zuerst habe ich mir nichts gedacht wegen des Mobilfunks. Doch plötzlich kam es dauernd zu Störungen in meinen Radio- und Tonbandgeräten. Und dann hab ich Schlafstörungen bekommen.« Der Grund war schnell klar: 17 Mobilfunkmasten auf drei Gebäuden stehen ganze

70 Meter von seinem Balkon entfernt. Messungen haben sehr hohe Werte ergeben.

Wer also sich und seine Familie schützen will, versucht, seine Wohnung dicht zu machen. Was leichter gesagt als getan ist. Denn es hängt von vielen Faktoren ab, ob und wie man die elektromagnetischen Immissionen draußen halten kann: von der Entfernung des Senders, vom Winkel zur Hauptstrahlrichtung, von den Baumaterialien des Hauses. Es ist also immer notwendig, die bauliche Gesamtsituation zu beachten und Messungen in der Wohnung vorzunehmen. Baubiologen kennen eine Reihe von Abschirmmaterialien: Unterputzmatten, beschichtete Gipsplatten, metallbedampfte Isolierverglasung, abschirmender Vorhangstoff, EMV-Abschirmtapeten, Kupfervlies und vieles mehr. In Kliniken, Kindergärten, Forschungszentren, EDV-Räumen und Labors werden solche Materialien schon längst eingesetzt. Nach Angaben eines Herstellers von Abschirmmaterialien lassen sich auch leitende Angestellte von Mobilfunk-Betreiberfirmen ihre Privatwohnungen abschirmen. Sie wissen, was sie tun …

Der Markt für Materialien wird ständig größer. In Japan entwickelten Forscher magnetische Holztafeln, mit denen die Wellenübertragung um 97 Prozent reduziert werden kann. Ganz billig ist das professionelle Abschirmen freilich nicht. Nehmen wir das Beispiel einer Drei-Zimmer-Wohnung mit 80 Quadratmetern. Wenn man selber tapezieren kann und ohnehin Rollos und Gardinen bräuchte, belaufen sich die Kosten für eine abschirmende Untertapete auf etwa 500 Euro. Ein schützender Baldachin, den man über das Bett stellt, kommt auf 350 Euro. Das sind freilich die günstigsten Varianten. Man kann auch viel mehr ausgeben. Ob man damit weniger Strahlenbelastung erreicht, muss im Einzelfall geprüft werden. Man kann aber auch selber basteln. Das so genannte E-Smog-Zelt aus Alugitter (Maschenweite 1,3 mm) soll die elektromagnetischen Felder in den Schlafzeiten reduzieren. Wichtig ist dabei eine gute Erdung der gesamten Abschirmung, so dass die aufgefangene Sendeenergie auch abgeleitet und nicht als Sekundärstrahlung wieder abgegeben wird.

Hersteller von Abschirmmaterialien weisen allerdings immer darauf hin, dass man eine Wohnung nie komplett dicht machen kann, weil sie dann praktisch nicht mehr zu benutzen wäre. 90 oder 95 Prozent der Strahlung kann man aber fernhalten. Geht man davon aus, dass der deutsche Grenzwert für D-Netze bei 4.500.000 $\mu W/m^2$ (in Worten: viereinhalb Millionen!) liegt, aber schon bei 1–10 $\mu W/m^2$ biologische Einflüsse auf den Körper gefunden wurden, dann wird deutlich, wie begrenzt wirksam das einfache Abschirmen ist. Baubiologen empfehlen daher oft mehrere Schichten, die jeweils zu 99 Prozent die Strahlen herausfiltern. Das Problem mit der Taktung ist damit allerdings immer noch nicht gelöst, denn die ist nicht abhängig von der Stärke des Signals, das auf den Körper einwirkt. Auch bei geringster Strahlenexposition bleibt die Wirkung der Taktung auf den Körper.

Und dann ist da natürlich noch die grundsätzliche Frage: Will man tatsächlich Tausende von Euro ausgeben, um selbst in einer Art Faradayscher Käfig zu leben, nur weil andere Leute viel Geld mit der neuen Technik verdienen wollen, ohne sich auf gesundheitsverträgliche Technologien und vernünftige Standorte von Antennen einzulassen? Die Antwort liegt eigentlich auf der Hand. Die Verantwortung muss bei den Mobilfunkfirmen, den Politikern und der Verwaltung liegen. Sie haben für umweltverträglichen Mobilfunk zu sorgen. Alles andere ist eine unzulässige Externalisierung von Kosten, wie wir sie leider aus anderen Bereichen der Umweltverschmutzung nur allzu gut kennen. Wem dieses Spiel nicht gefällt, der wird sich allein deshalb schon überlegen, ob er weiterhin zum Handy greift oder nicht.

Und wie geht es weiter?
Eine Schlussbetrachtung

Kritiker des Mobilfunks schicken über Jahre hinweg Sachinformationen in die zuständigen Ministerien oder an Parlamentarier, ohne Gehör zu finden oder einen politischen Wandel zu bewirken. Andererseits reicht oft schon ein Anruf des Konzernchefs oder ein Kamingespräch, damit der Kanzler zugunsten der bestehenden Technologie ein Machtwort spricht. Zum Beispiel gegen verschärfte Grenzwerte. Das Beispiel Mobilfunk zeigt, dass der Staat nicht für alle Interessengruppen und sozialen Kräfte gleichermaßen zugänglich ist. Nur mangelhaft erfüllen seine Organe die Aufgabe, neutral abzuwägen und im Sinne politischer, sozialer und ökologischer Vernunft zu entscheiden. Sie bevorzugen die ökonomischen Verwertungsinteressen, indem sie den Gruppen, die diese Interessen vertreten, im Prozess der politischen Entscheidungsfindung bessere Informations- und Kommunikationskanäle gewähren. Diese Form der »strukturellen Selektivität«[1] ist auch beim Thema Mobilfunk sehr wirksam. Die Sicherung von Arbeitsplätzen hat sich längst zum zentralen Argument in der öffentlichen Diskussion entwickelt, auch wenn sich dabei alle Zugeständnisse der Politik an die Wirtschaft als unfruchtbar erwiesen haben, das Problem der Massenarbeitslosigkeit zu lösen. Als Argument für nahezu jedes politische Handeln, aber vor allem auch für politisches Nicht-Handeln, taugt der Arbeitsplatz allemal. Geheiligt ist, was die Industrie nicht verunsichert.

Die neuen Formen der Staatsintervention folgen in erster Linie der neoliberalen Philosophie eines intensivierten marktgetriebenen Wettbewerbs. Es wird dereguliert und privatisiert, wodurch die Kräfte des Marktes entfesselt werden sollen. Dabei werden nicht unbedingt weniger staatliche Interventionen notwendig, nur ihr Charakter ändert sich. Verdient der Finanzminister auf der einen Seite Milliarden mit UMTS-Lizenzen in der Hoffnung, damit den maroden Staatshaushalt sanieren zu können, muss er sie auf der anderen Seite wieder als verkappte Subventionen an die Firmen zurückgeben, um einen Kollaps kränkelnder Märkte zu verhindern. Das zahlt dann, je nach Verschränkung der übernationalen Firmen, der deutsche oder der französische Steuerzahler. Er zahlt aber nicht nur in Euro und Cent. Er bezahlt auch mit der Beeinträchtigung seiner Gesundheit und dem Verlust bürgerlicher Rechte. Denn so lange die Menschen bei der Mobilfunkfrage kein echtes Mitspracherecht haben, geht die Etablierung dieser Technologie mit einer massiven Entdemokratisierung einher. Auch die Kommunen als wesentlicher Teil des Staatsverbands haben bisher keine wirklichen Entscheidungsmöglichkeiten. Die Gemeinden sind oft heillos überfordert mit der Mobilfunkfrage, weil sie zu wenig Befugnisse haben, nicht genügend Informationen über die Technik und die Anlagen bekommen und oft noch nicht über das geschulte Personal verfügen, das sich der Thematik annehmen könnte. Viele Kommunen fühlen sich daher vom Bund und den Ländern im Stich gelassen. Man hat den Eindruck, der Staat habe sich bis hinunter zur kommunalen Ebene systematisch selbst eingeschränkt. Verwickelt in ökonomische Interessen, gibt er seinen Behörden und Bürgern keine Möglichkeit, in der Mobilfunkfrage mitzureden. Er gibt seine Entscheidungsfähigkeit in dieser Frage weitgehend an die Industrie ab. Das mag verwundern in einer Welt, in der das Verwaltungsnetz sonst sehr eng geknüpft ist und in der Regel mit einer ausgeprägten sozialen Kontrolle der Bürger verbunden ist. Diese Kontrolle gilt aber offenbar nur dem Häuslebauer, der seine Dachgauben nicht vorschriftgemäß angebracht hat. Sie gilt nicht, wenn fast zehn Meter hohe Antennenmasten mit elektromagnetischen Strahlenschleudern in unmittelbarer Nachbarschaft zu Kinderzimmern aufgestellt werden. Wo sonst für jeden Gartenzaun eine Verwaltungsvorschrift wirksam wird, belässt man es im Fall des Mobilfunks bei einer Selbstverpflichtung der Betreiber. Die wird manchmal eingehalten oder – was häufiger geschieht – auch nicht. Ist eine Technologie im ökonomischen Interesse der Industrie, daher politisch erwünscht und für viele Bürger angenehm, weil bequem, nimmt das Mitspracherecht der Bürger ab, das Ver- und Entsorgungsnetz dagegen totale Ausmaße an. Der Bürger soll an jedem beliebigen Ort telefonisch erreichbar sein und sich Bilder, Videos oder Spiele herunterladen können. Dass solch eine totale Versorgung tendenziell auch totalitäre

Qualität bekommen kann, wurde gezeigt: Mit dem Mobilfunk ergeben sich ganz neue Dimensionen der Überwachung. Ob dies von den politischen Entscheidungsträgern billigend in Kauf genommen wird oder gezielt beabsichtigt ist, kann nur die Zukunft zeigen. Tatsache ist, dass die Politik in enger Verflechtung mit den Mobilfunkbetreibern steht und mit ihnen gemeinsame ökonomische Interessen verfolgt. Der totalen Versorgungslogik und ihren wirtschaftlichen Verwertungsinteressen vermögen sich heute offenbar auch jene nicht mehr zu entziehen, die einst unter dem Banner der Ökologie und der Bürgerrechte angetreten und heute längst in den Parlamenten und auf den Chefsesseln angekommen sind. Dass sich gerade die Amts-Grünen weit von ihrer einst so hochgelobten Basis entfernt haben, ist nicht nur beim Thema Mobilfunk zu beobachten.

Lange Zeit setzte die Politik auf die Abstimmung mit dem Daumen: Solange viele Bürger fleißig telefonieren und SMS verschicken, kann die Mehrheit nichts gegen die Technologie haben. Mittlerweile ist das Land aber längst geteilt in Handynutzer und jene, die unter der Entwicklung leiden, wie jene geschätzten vier bis zehn Prozent der Bevölkerung, die heute als elektrosensibel gelten.[2] Wie steht es da eigentlich mit dem Minderheitenschutz, der zu den großen Errungenschaften des demokratischen Rechtsstaats gehört? Dürften 95 von 100 mit dem Handy telefonieren, wenn die verbleibenden fünf unter den Schmerzen, die durch Elektrosmog verursacht werden, leiden? Dürfte eine Technik ein- und weitergeführt werden, wenn sie nur für die Mehrheit verträglich wäre? Einmal abgesehen von der Frage, wann die heute noch weniger Sensiblen anfangen, krank zu werden, weil sich ihr Immunsystem auch immer weiter, nur eben langsamer, verschlechtert?

Aber auch all jene Menschen, die »nur« die langfristigen gesundheitlichen Folgen für sich und vor allem ihre Kinder fürchten, können nicht mehr einfach als Spinner und Querulanten abgetan werden. Politiker und Betreiber versprechen, die Ängste und Bedenken der Menschen ernst zu nehmen. Dass dies in jüngster Zeit ständig, ja fast mantraartig betont wird, obwohl es sich in einer Demokratie eigentlich von selbst verstehen müsste, wirft die Frage auf, welche Haltung in Wirklichkeit dahinter stehen mag. Mobilfunkgegner und Elektrosmoggeschädigte jedenfalls beklagen, dass man ihre Bedenken lange Zeit nicht ernst genommen hat, und bis heute oft nicht ernst nimmt. Wenn überhaupt, dann bewegen sich die Verantwortlichen nur zögerlich aus dieser Abwehrhaltung heraus, und zwar immer nur in dem Maß, in dem sich die Zahl der aufgebrachten Bürger einer kritischen, politisch relevanten Masse nähert. Bis dahin gilt die oft zitierte Freiheit der Rede mit schnurlosen Telefonen offenbar mehr als der Schutz der Bürger vor Gesundheitsgefährdungen durch diese Technik.

Wenn sich mehrere hundert Menschen an einem Abend in den Räumen eines Bürgerzentrums treffen, um über Sender und Frequenzen und andere technische Details zu reden, ist dies mehr als ein Hinweis auf die Ernsthaftigkeit der Menschen, die sich des Themas annehmen. Die Zahl der tatsächlich betroffenen und interessierten Bürger liegt überdies um ein Vielfaches höher. Dass darunter vielleicht einige sind, die selbst – noch – Handys und DECT-Telefone nutzen, ist kein Argument gegen die Seriosität ihrer Bedenken und Anliegen. In der Regel wird jeder, der sich etwas genauer mit der Materie befasst, schnurlose Telefone, wie sie heute auf dem Markt sind, bald nur noch voller Unbehagen und mit spitzen Fingern anfassen. Dennoch dürfte die Mehrheit der Mobilfunkkritiker eine sinnvolle, verantwortungsbewusste und auch sozialverträgliche Nutzung dieser Technik nicht ablehnen, auch wenn es in den Bürgerinitiativen durchaus Menschen gibt, die am liebsten die Technologie ganz abschaffen würden. Solch eine Hopp-oder Top-Strategie wird auch gern von Befürwortern des Mobilfunks vertreten, die die Menschen vor die Schein-Alternative stellen: ganz oder gar nicht, Mobilfunk oder Steinzeit, Freiheit und Mobilität oder Stillstand und Schweigen. Die Gesundheitsverträglichkeit einer Technik zu gewährleisten ist jedoch die Aufgabe derjenigen, die diese Technik ein- und weiterführen wollen.

Aber darf man von der Industrie, die verständlicherweise ihre Interessen vertritt, erwarten, dass sie unabhängige Forschung betreibt, wie es Wolfram König, Präsident des Bundesamtes für Strahlenschutz, im Juli 2001 gefordert hat? Sollte nicht die Regierung, die 50,8 Milliarden Euro für die UMTS-Lizenzen erhalten hat, einen größeren Teil dieses Geldes in eben jene unabhängige Forschung stecken?

Mobilfunkkritiker weisen zu Recht darauf hin, dass die Zeit drängt. Sollte sich nur ein Bruchteil dessen als zutreffend herausstellen, was Wissenschaftler warnend über die mögliche Wirkung der Mobilfunkstrahlen auf das genetische Material des Menschen vorhersagen, dann wäre der Begriff Fahrlässigkeit in der Tat ein Euphemismus. Wenn es um Erbgutschäden und Krebs geht, darf der Hinweis auf erhöhten Forschungsbedarf nicht reichen. Vor allem dann nicht, wenn zugleich *business as usual* zelebriert wird und die Zahl der Mobilfunkstationen täglich steigt. Soll sich erst wirklich etwas ändern, wenn etwa die Zahl der Leukämie-Fälle, wie sie heute bereits bei Kindern im Zusammenhang mit elektromagnetischer Strahlung auftreten, eine Dimension erreicht, die statistisch auch von Rechenkünstlern nicht mehr wegzuzaubern ist? Dann hätten am Ende jene Mobilfunkkritiker recht behalten, die schon heute nicht nur von fahrlässiger Körperverletzung reden, sondern von fahrlässiger Tötung.

Das *Non-decision-making,* das Nicht-Treffen von politischen Entscheidungen, ist beim Mobilfunk das Hauptproblem. Die verantwortlichen Politiker halten an bestehenden Grenzwerten fest und verweisen dabei auf bestimmte Wissenschaftler. Die wiederum ziehen enge definitorische Grenzen bei der Beurteilung des Elektrosmogs und weisen so alle Hinweise auf nicht-thermische Wirkungen der elektromagnetischen Strahlung auf die Gesundheit zurück. Sie schlagen auf dieser Basis Grenzwerte vor, bei denen angeblich keine Schäden zu erwarten sind, betonen aber gleichzeitig, damit keine Handlungsanweisungen zu geben. Das sei Sache der Politik. Die verweist ihrerseits auf die Wissenschaft, über deren Erkenntnisse man sich nicht hinwegsetzen könne. Beide – Wissenschaft und Politik – stehen im unmittelbaren Einflussbereich der Wirtschaft: Die Politik via Lobbyismus und volkswirtschaftlichem Erfolgsdruck auf dem Arbeitsmarkt; die Wissenschaft via Drittmittelforschung und bestellte Gutachten. Die Betreiberseite, angesprochen auf mögliche gesundheitliche und haftungsrechtliche Konsequenzen des Mobilfunkexperiments, verweist ihrerseits auf Wissenschaft und Politik. Von da kämen die Grenzwerte schließlich, als Betreiber könne man ja keine wissenschaftlichen oder medizinischen Aussagen machen. Und daher auch keine Haftung übernehmen.

Der Kreis hat sich geschlossen. Wenn am Ende des großen weltweiten Freilandversuchs gravierende gesundheitliche Schäden für

Mensch und Tier auftreten, dann, so darf man sicher sein, wird es bestimmt keiner gewesen sein. Jeder der verantwortlich Beteiligten weiß heute schon genau, in welche Richtung er den Ball weiterspielt.

Dass auch Medien diese Verschleppungstaktik mittragen, ist nicht nur journalistischer Unbedarftheit zuzuschreiben. Oft verbergen sich handfeste finanzielle Interessen hinter einer Berichterstattung, die kritische Distanz vermissen lässt. Wer Zeitungen und Zeitschriften aufschlägt, findet häufig ganzseitige Werbeanzeigen von Mobilfunkbetreibern. Leser, die neue Abonnenten werben, bekommen von Zeitungsverlagen schnurlose Telefone gratis. Und in manchen Städten lassen sich große Verlagshäuser Mobilfunkbasisstationen auf das Dach verlagseigener Häuser setzen, auch wenn in der unmittelbaren Nachbarschaft Wohnhäuser, Schulzentren, Kindergärten und Behindertenwohnheime stehen.[3] Auch öffentlich-rechtliche Rundfunkanstalten wie etwa der Bayerische Rundfunk in München haben Mobilfunksendemasten auf ihren Gebäuden. Über die Verbreitungswege der Nachrichtenagentur dpa laufen unter dem Kürzel ots die von Firmen bezahlten Pressemeldungen mit mobilfunkfreundlichen Inhalten. Ots gehört zur News Aktuell GmbH, einer Tochtergesellschaft der Nachrichtenagentur dpa. Ots ist »Ihr Weg auf den Nachrichtenticker«, verspricht die Werbung von News Aktuell auf ihren Internetseiten: »Mehr als 320 Redaktionen aus Print, TV und Hörfunk verfolgen ots via Nachrichtensatellit. ots ist Teil der Nachrichtenticker und erreicht die Journalisten genau wie eine dpa-Meldung.«[4]

Man kann sich darüber streiten, ob und inwieweit solche geschäftlichen Verflechtungen Auswirkungen auf eine kritische und unabhängige Berichterstattung der jeweiligen Medien haben. Mobilfunkgegner jedenfalls beklagen, dass im Gegensatz zu den Erfolgsmeldungen aus der Industrie zahlreiche Meldungen, die die Unbedenklichkeit der Technologie sehr deutlich in Frage stellen, nie über den Ticker von Nachrichtenagenturen gegangen und nicht in den Medien erschienen sind.[5] Neben den bewusst lancierten Meldungen im Sinne der Betreiber geht es eben oft auch um das, was in den Medien nicht auftaucht. Jene kritischen Berichte, die nie geschrieben, nie gedruckt oder gesendet wurden. Wird auch hier ein Thema verschleppt, wie Kritiker meinen, obwohl es ein Problem betrifft, das einer schnellen Lösung bedarf? Wie steht es mit der journalistischen Verantwortung gegenüber einer Technologie, die im Verdacht steht, Krebs und Erbschäden und vieles mehr zu verursachen?

Die Kosten unseres Gesundheitssystems explodieren jetzt schon. Man kann sich ausrechnen, was passieren wird, wenn eine große Welle von Umwelterkrankungen über unsere Sozialversicherungssysteme hereinbricht. Sicher wird sich dann wieder jemand finden, der erklärt, dafür könne man nicht allein den Mobilfunk verantwortlich machen. Und wahrscheinlich hat er damit sogar recht. Den Nachweis, welches Umweltgift welche prozentualen Anteile bei der Entstehung von Krebs hat, wird man vermutlich auch dann noch nicht führen können. Es wird die Betroffenen aber auch nicht mehr wirklich interessieren. Außer wenn es um Schadensersatzklagen geht. Allerdings gibt es heute schon Versicherungen, die es ausschließen, bei möglichen Folgeschäden durch Mobilfunk zu haften. Bereits 1994 haben sich die Versicherer gedanklich auf mögliche Schadenersatzansprüche eingestellt. Schon damals war klar: Sollte die Gefahr durch elektromagnetische Mobilfunkstrahlung nachgewiesen werden, dann wäre dies der größte Schaden, den die Versicherungswirtschaft jemals zu bewältigen hatte.[6]

Wir brauchen dringend eine Umkehr der Beweislast. Denn die entscheidende Frage ist: Wer muss hier eigentlich wem was beweisen? Soll weiterhin der Geschädigte dem Verursacher Rede und Antwort stehen müssen? Oder steht nicht eigentlich derjenige in der Pflicht, der eine Technologie einführt? Er soll schlüssig darlegen, dass seine Innovation den Kriterien der Sicherheit entspricht. Die Technik muss sich einer Unbedenklichkeitsprüfung nach allen bereits bestehenden Spielregeln unterziehen. Der Ingenieur und Gerichtsgutachter Professor Alexander Volger hat in einem Aufsatz[7] das Schema des dreistufigen Unbedenklichkeitsnachweises skizziert. Die Stufen lauten: wissenschaftlich-technische Basisaussagen, Generalisierungshypothese, Vorsorgeprinzip. Nach diesem Schema werden in der Regel neue Produkte und Technologien beurteilt. Und wenn nur ein einziger glaubwürdiger Einspruch diese Unbedenklichkeit in Frage stellt, reicht das, um das Produkt nicht zuzulassen. Beim Mobilfunk gilt dieses Verfahren derzeit nicht. Dabei gibt es mehr als einen Einspruch gegen die Unbedenklichkeit. Bei Medikamenten jedenfalls geht man wesentlich strenger vor, obwohl bei Schäden durch Mobilfunk die Zahl der Opfer ungleich größer sein dürfte als bei einem pharmazeutischen GAU. Professor Wolfgang Löscher von der Tierärztlichen Hochschule Hannover hat es schon 1997 auf den Punkt gebracht: »Keine Firma der Welt entwickelt ein Arzneimittel, das bei Versuchstieren Krebs auslöst, und sagt dann, wie das Bundesamt für Strahlenschutz, die Handyhersteller und Mobilfunkindustrie, das werde beim Menschen schon nicht auftreten.«[8]

Das Umwelthaftungsrecht in Deutschland muss systematisiert, vereinheitlicht und vereinfacht werden, heißt es in einer Studie, die unlängst vom Umweltbundesamt veröffentlicht wurde.[9] Regelungslücken sind zu schließen. Denn nur durch solche Veränderungen können die Ziele des Umwelthaftungsrechts, nämlich die Vermeidung und die verursachergerechte Kompensation von Umweltschäden, wirksam erfüllt werden. Dies muss auch für die Schäden gelten, die durch Mobilfunk entstehen. Haften soll der, der diese Schäden verursacht hat!

Das Mobilfunk-Experiment ist weit fortgeschritten. Der Punkt, an dem wir einfach so entscheiden können, ob wir die bestehende Technik wollen oder nicht, ist längst überschritten. Es ist unrealistisch zu glauben, die ganze GSM- und UMTS-Technik könnte von heute auf morgen eingestellt und abgebaut werden. Sollte es freilich zum *worst case* kommen, wie er von kritischen Wissenschaftlern und Technikern als Möglichkeit bereits angesprochen wurde, dann wird uns nichts anderes übrigbleiben, als die Technologie in der bestehenden Form schnell abzuschalten. Für viele Betroffene mag dieser Punkt jetzt schon erreicht sein. Politisch relevant ist diese Einschätzung nicht. Noch nicht. Die Frage nach dem sinnvollen politischen Handeln aber bleibt.

Was ist zu tun? Im September 2002 haben sich im italienischen Catania renommierte Wissenschaftler aus verschiedenen Ländern getroffen. Sie haben eine internationale Kommission für elektromagnetische (EM-) Felder gegründet und eine Resolution verabschiedet. Ihr Ziel ist es, für EM-Felder ein ähnlich hohes Schutzniveau zu erreichen, wie es etwa für Luftschadstoffe schon selbstverständlich ist. In der Resolution von Catania heißt es:

1. Epidemiologische Erkenntnisse, sowie Experimente im Labor und an lebenden Organismen zeigen, dass elektromagnetische Felder (EMF) Wirkungen haben, von denen einige die Gesundheit beeinträchtigen können.
2. Wir nehmen Anstoß an den Meinungen, die unterstellen wollen, dass schwache EMF (von niedriger Intensität) nicht auf das Gewebe einwirken können.
3. Es gibt plausible Erklärungen zum Mechanismus der durch EMF ausgelösten Effekte, die bereits unterhalb der bestehenden Richtlinien der ICNIRP und der IEEE sowie den Empfehlungen der EU über die Strahlenbelastung auftreten.
4. Die Stärke der Beweise zwingt zu vorbeugenden Strategien, die auf dem Vorsorgeprinzip beruhen. Bis dahin kann nach dem Vorsorgeprinzip nur eine umsichtige Vermeidung und eine vorsichtige Nutzung erfolgen.
5. Wir wissen, dass es in den biologischen und physikalischen Erkenntnissen zu den mit den EMF verbundenen Gesundheitsrisiken noch Wissenslücken gibt, die zusätzliche, unabhängige Forschungsarbeit erfordern.
6. Die unterzeichnenden Wissenschaftler stimmen darin überein, dass eine Internationale Wissenschaftliche Kommission eingesetzt werden muss. Sie soll – basierend auf dem Vorsorgeprinzip – eine wissenschaftliche Forschung zum Schutz der öffentlichen Gesundheit vor EMF voranbringen sowie die wissenschaftliche Basis und die Strategien entwickeln, um die Risiken zu bewerten, sie zu verhindern, zu managen und darüber aufzuklären.[10]

Die Anweisungen sind deutlich. Wir brauchen unabhängige Gremien der Wissenschaft und ein schnelles Handeln im Sinne des Vorsorgegedankens. Vielleicht brauchen wir auch eine Vereidigung von Wissenschaftlern, die sich einem Ehrenkodex unterwerfen und schwören, nur nach bestem Wissen und Gewissen zu forschen und Aussagen zu treffen, anhand derer politische Entscheidungen getroffen werden. In jedem Fall aber brauchen wir Entscheidungsträger, die sich nicht auf die bestehende Grenzwert-Scholastik verlassen, sondern die empirischen Befunde ernst nehmen.

Es geht nicht darum, einer Handy-Hysterie das Wort zu reden. Aber angesichts der zahlreichen Quellen elektromagnetischer Felder, die uns im Haus und in der Umwelt heute umgeben, kann ein ausgeprägteres Strahlenbewusstsein bestimmt nicht schaden. Mobilfunk steht dabei als elektromagnetischer Umweltverschmutzer an erster Stelle. Deshalb brauchen wir eine drastische Senkung der Grenzwerte. Und wir brauchen ein klares Bekenntnis des Staates, gesundheitliche Vorsorge über ökonomische Interessen zu stellen. Er kann diese Gesundheitspolitik mit finanziellen Maßnahmen, Gesetzen und Informationskampagnen umsetzen. Im Einzelnen mag man darüber diskutieren, ob – ähnlich wie bei Zigaretten – die Werbung für Handys einzuschränken oder ganz zu untersagen ist. Oder ob man den Verkauf von Handys an Kinder unter 16 Jahren verbietet. Vieles spräche dafür. Man kann auch darüber diskutieren, ob man Handytelefonate höher besteuert, um diese Art der Umweltverschmutzung zu reduzieren. Man kann aber wohl nicht mehr darüber diskutieren, dass der Staat klare Warnhinweise aussprechen muss. Wie es in anderen Ländern, in England und Frankreich etwa, längst der Fall ist. Warnhinweise, die nicht nur gewiefte Internetbenutzer, sondern eine breite Öffentlichkeit erreichen.

Die Öffentlichkeit ist am Entscheidungsprozess zu beteiligen. Die Kommunen brauchen ein Instrumentarium, mit dem sie den sozialen Frieden in ihren Gemeindegrenzen aufrecht erhalten können. Wer Sendeanlagen aufstellen will, der soll sie bei der Stadt oder der Gemeindeverwaltung genehmigen lassen. Dass die Verwaltung dann nicht nur die relevanten Daten in Händen hält, sondern auch an die Bürger weitergibt, sollte sich in der Demokratie von selbst verstehen. Transparenz tut not. Und warum soll man eigentlich nicht abstimmen lassen über die Frage, ob in einem Stadtviertel Handymasten stehen dürfen oder nicht? Bürgerabstimmungen sind in einer Demokratie nicht verkehrt. Zunächst müsste der Bürger freilich umfassend informiert werden, dann erst kann er sich wirklich entscheiden. Die Einwände gegen eine Volksabstimmung über Mobilfunk im größeren Zusammenhang liegen natürlich auch auf der Hand. Zum einen haben solche plebiszitären Elemente auf Bundesebene derzeit (noch) keine rechtliche Grundlage, auch wenn das Grundgesetz in Artikel 20 (2) nicht nur von Wahlen, sondern auch von Abstimmungen spricht, durch die das Volk seine

Staatsgewalt ausübt. Zum anderen ergibt sich aus Sicht des mobilfunkkritischen Teils der Bevölkerung ein gewichtiger Einwand: Es dürfte keineswegs gesichert sein, dass Gesundheitsschutz und Vorsorgegedanke bei einer solchen Abstimmung eine Mehrheit finden, wenn zuvor etwa massive Öffentlichkeitsarbeit der Betreiberseite stattgefunden hat.

Und natürlich wird auch der gängige Einwand gegen Bürgerentscheide kommen, dass nämlich alle immer nur nach dem Floriansprinzip handeln und entscheiden: »… verschon mein Haus, zünd andere an!« Aber das nach dem Schutzheiligen benannte Prinzip könnte man sinngemäß auf die Mobilfunkantenne umdichten: »Was ist schlecht am Florian? Wenn keiner will, schalten wir nicht an!« Eine Technologie, die mit ihren gesundheitsschädlichen Auswirkungen keine Akzeptanz beim Bürger fände, hätte in einer Demokratie auch nichts verloren. Und wenn die Menschen keine Antennen in Wohngebieten haben wollen, dann muss man eben eine andere Technik entwickeln. Oder aufs mobile Telefonieren verzichten, etwa im Inneren von Häusern, denn da gibt es ja den Festnetzanschluss. Und um im Freien telefonieren zu können, reichten wesentlich niedrigere Grenzwerte. Mehr Transparenz und Bürgerbeteiligung – und zwar nicht nur auf dem Papier – das wäre in jedem Fall auch im Interesse der Industrie. Denn sie will ihre Produkte schließlich verkaufen, und zwar auch morgen noch. Kranke Menschen sind aber keine guten Konsumenten. Wenigstens dieses zynisch anmutende Argument sollte in einer von der Wirtschaft bestimmten Welt auf offene Ohren stoßen. Wenn das Argument einer intakten Gesundheit allein nicht reichen sollte, um eine Wende beim Mobilfunkexperiment herbeizuführen.

Anhang

Ein Techniker im Hochfrequenz-Schutzanzug bei der Montage
(© Autoflug GmbH)

Zwölf Behauptungen, auf die Sie künftig nicht mehr hereinfallen müssen

1. Behauptung: Elektromagnetische Strahlung ist ganz normal. Sie kommt auch in der Natur vor!

Stimmt, aber die natürliche Strahlung unterscheidet sich von der technisch erzeugten. Verglichen mit den seit jeher vorhandenen natürlichen Feldern hat die Stärke der vom Menschen erzeugten künstlichen Felder in der Umwelt, im Wohnbereich und am Arbeitsplatz innerhalb kurzer Zeit erheblich zugenommen. Dazu kommt, dass technisch erzeugte Strahlen Frequenzbereiche betreffen, die von der Natur – vermutlich mit gutem Grund – ausgespart wurden.

2. Behauptung: Die Grenzwerte werden weit unterschritten. Es besteht daher keine Gesundheitsgefahr.

Falsch. Weit unterhalb der Grenzwerte kann man beobachten, dass Schlafstörungen, Kopfschmerzen, Konzentrations-, Gedächtnis- und Lernstörungen, Allergien, Immunschwäche, Erbgutschäden, Herzrhythmusstörungen, depressive Verstimmung sowie erhöhtes Krebs- und Tumorrisiko auftreten.

3. Behauptung: Die höhere Belastung geht vom Handy aus, nicht von der Basisstation.

Richtig ist, dass auch Handys, so »strahlungsarm« sie auch sein mögen, immer eine Gefährdung darstellen. Aber man kann sie immerhin ausschalten. Durch die Basisstation auf dem Hausdach jedoch wird man zwangsweise dauerbestrahlt. Und zwar 24 Stunden täglich.

4. Behauptung: Mobilfunkstrahlen sind nicht schlimmer als das, was Sie von Ihrem Fernseher schon kennen. Die Strahlen von Fernsehsendern sind schließlich auch gepulst.

Das Fernsehsignal hat einen 50 Hertz-Synchronpuls. Die Pulsdynamik, also das Verhältnis vom Grundpegel zum Spitzenpegel, ist beim Fernsehen 1 zu 30. Beim Mobilfunk hingegen reicht das Verhältnis bis 1 zu 1 Million. Die wesentlich höhere Pulsdynamik kann zum Beispiel Nervenschäden verursachen. Und auch durch Fernseh- und Rundfunksender können schwere Schäden entstehen, wenn die Sicherheitsabstände nicht eingehalten werden. Es geht nicht so sehr um die Leistung, die vom Sender ausgeht. Entscheidend ist immer, was bei den Menschen als Immission ankommt. Und das ist beim Mobilfunk immer zu viel, während beim Fernseh- und Rundfunksender »nur« die Menschen in der unmittelbaren Umgebung von einigen Kilometern betroffen sind.

5. Behauptung: Ein Mobilfunksender hat nicht mehr Leistung als die Rückleuchte eines Autos.

Stimmt vielleicht, ist aber nicht miteinander vergleichbar. Denn es handelt sich um eine ganz andere Form von Energie. Das ist wie beim Verhältnis einer Glühbirne zu einem Stroboskop. Das Stroboskop hat auch nur 20 Watt, aber die Pulsung des Lichts kann bei manchen Menschen Epilepsie bewirken.

6. Behauptung: Direkt unterhalb der Antenne gibt es keine Strahlung.

Falsch. Auch unter der Antenne gibt es erhebliche Strahlung. Mit der Behauptung sollen Hausbesitzer geködert werden, damit sie ihr Dach als Antennenstandort vermieten, ein bisschen Geld verdienen und angeblich selbst nicht belastet werden.

7. Behauptung: Es gibt 20.000 Studien, die die Unbedenklichkeit von hochfrequenter elektromagnetischer Strahlung beweisen.

Falsch. Niemand konnte diese 20.000 Studien bislang vorlegen. Sie sind offenbar ein reines Propagandainstrument der Mobilfunkindustrie. Es gibt zwar viele Studien, aber man kann nicht sagen, dass die gepulsten hochfrequenten Felder der GSM-Technik, wie sie im D- und E-Netz verwendet wird, wirklich eingehend untersucht wurden. Zahlreiche bestehende Untersuchungen dazu weisen zudem auf Gesundheitsprobleme hin.

8. Behauptung: Es gibt keine Beweise für die Schädlichkeit von Mobilfunkstrahlen.

Falsch. Es gibt zahlreiche Hinweise, Verdachtsmomente und auch Beweise – sie werden von den einschlägigen Gremien nur nicht als solche wahrgenommen. Als Beweis wird nur akzeptiert, was in seinen Wirkzusammenhängen vollständig erklärt und nachgewiesen ist. Würden Sie einer Unbedenklichkeitsempfehlung folgen und einen Sprung aus dem 23. Stock wagen, nur weil nicht in allen einzelnen Details und Zusammenhängen nachgewiesen ist, ob Sie sich erst das Genick brechen und dann den Schädel? Oder weil vielleicht nicht auszuschließen ist, dass zufällig ein Lastwagen mit Heu vorbeifahren könnte, auf dem Sie sanft landen.

9. Behauptung: Die Mehrheitsmeinung der etablierten Wissenschaft besagt, dass die Mobilfunktechnik unbedenklich sei.

Diese Aussage lässt sich nicht halten. Viele seriöse Wissenschaftler sehen ernste Probleme. Wäre man diesen zahlreichen Hinweisen und Erkenntnissen konsequent nachgegangen, so lägen längst eindeutige Ergebnisse vor, die eine Gesundheitsgefährdung durch Mobilfunk belegen.

10. Behauptung: Schnurlose Haustelefone sind nicht schädlich.

Falsch. Vor allem die nach DECT-Standard gepulsten Anlagen sind gefährlich. Die Basisstation jedes DECT-Schnurlostelefons ist ein Mobilfunksender, der rund um die Uhr Strahlung aussendet – gleichgültig, ob telefoniert wird oder nicht. Man erkennt das DECT-Schnurlostelefon an der Trägerfrequenz von 1880–1900 Megahertz. Dieser Hochfrequenz ist eine niederfrequente Pulsung von 100 Hertz aufgeprägt. Die DECT-Basisstation sendet also ohne Unterbrechung in der Sekunde gleichsam 100 »Blitze« aus, von denen jeder einzelne aus mehr als einer Milliarde Schwingungen der Trägerfrequenz besteht. Am wirkungsvollsten ist eine DECT-Basisstation innerhalb eines Raumes. Ihre Strahlung durchdringt aber selbst Betondecken und Wände.

11. Behauptung: UMTS ist nicht gepulst.

Falsch. Selbst die erste Generation von UMTS, die angeblich ungepulst sein soll, hat schon Pulse. In der zweiten UMTS-Generation soll dann ohnehin die gepulste Technik zum Einsatz kommen.

12. Behauptung: Nur in Ihrem Ort gibt es Probleme. Überall sonst sind die Menschen begeistert von der Mobilfunktechnik.

Falsch. Der Widerstand ist längst auf der ganzen Welt entbrannt. Tausende von Bürgerinitiativen haben sich zusammengefunden, um die Sendeanlagen wieder loszuwerden. Auch zahlreiche Kommunen beteiligen sich daran und kooperieren nicht mehr mit den Betreibern.

Weiterführende Literatur

Becker, R. O.: »Der Funke des Lebens«, München 1994
Becker, R. O.: »Heilkraft und Gefahren der Elektrizität«, München 1993
Brinkmann, Karl; Friedrich, Gerd: »Elektromagnetische Verträglichkeit biologischer Systeme – Biologische Wirkungen hochfrequenter elektromagnetischer Felder des Mobil- und Polizeifunks«, Berlin und Offenbach 1997
Carlo, George und Schram, Martin: »Cell Phones – Invisible Hazards in the Wireless Age«, New York 2002
Hingst, Wolfgang: »Handy-Fieber«, 2., vollkommen überarbeitete und erweiterte Auflage, Wien 2001
Kane, Robert C.: »Cellular Telephone Russian Roulette«, New York 2001
Katalyse-Institut für angewandte Umweltforschung (Hrsg.): »Das große Strahlen – Handy & Co«, Köln 2002
Katalyse-Institut für angewandte Umweltforschung (Hrsg.): »Elektrosmog – Grundlagen, Grenzwerte, Verbraucherschutz«, 5., überarbeitete und erweiterte Auflage, Heidelberg 2002
Maes, Wolfgang: »Stress durch Strom und Strahlung«, Neubeuern 2000
Mayer-Tasch, Peter Cornelius, und Malunat, Bernd M.: »Strom des Lebens – Strom des Todes. Elektro- und Magnetosmog im Kreuzfeuer«, Frankfurt am Main 1995
Neitzke, Horst-Peter u.a.: »Risiko Elektrosmog? Auswirkungen elektromagnetischer Felder auf Gesundheit und Umwelt«, Basel 1994
Schöndorf, Erich: »Von Menschen und Ratten – Über das Scheitern der Justiz im Holzschutzmittelskandal«, 4. Auflage, Göttingen 1998

Adressen

Bürgerinitiativen und Arbeitsgemeinschaften

Bürgerwelle e. V.
Siegfried Zwerenz
Lindenweg 10
95643 Tirschenreuth
Tel. 0 96 31-79 57 36
Fax 0 96 31-79 57 34
E-Mail: pr@buergerwelle.de
www.buergerwelle.com

h.e.s.e.-project
Arbeitsbereich neue Technologien
heseproject@uni.de
Alte Lehmkaute 3
36199 Rotenburg/Fulda
Hr. Matz
Tel./Fax 0 66 23-4 41 14
E-Mail: emf-mf@hese-project.org
www.hese-project.org

Hessischer Landesverband
Mobilfunksenderfreie Wohngebiete
Birkenweg 10
63584 Gründau
Fax 0661-94 25 02 49
E-Mail: briefkasten@hessenbiss.de
www.hessenbiss.de

Esmog Augsburg
Bürgervereinigung zum Schutz der Menschen vor den Gesundheitsrisiken des Mobilfunks
Postfach 43 11 73
86071 Augsburg
Tel. 08 21-2 62 16 81
Fax: 08 21-66 37 78
E-Mail: info@esmog-ausgsburg.de
www.esmog-augsburg.de

BIST
Bürgerinitiative Stiefenhofen
für umweltverträglichen Mobilfunk
Oberthalhofen 2 a
88167 Stiefenhofen

Selbsthilfeverein
für Elektrosensible e.V.
Dachauer Str. 90
80335 München
Tel. 089 / 2 33-3 75 01

Arbeitskreis für
Elektrosensible e.V.
Hattinger Straße 72
44789 Bochum
Tel. 02 01 / 8 68 16 41

Arbeitsgemeinschaft
Leiden unter Spannung
Badener Straße 23
65824 Schwalbach
Tel. 0 61 96 / 8 39 56

Arbeitskreis Elektrobiologie e.V.
Dr. Klaus Scheingraber
Pognerstraße 5
81379 München
Tel./Fax 089 7 74 29 97 41
www.elektrobiologie.org

Bundesverband
gegen Elektrosmog e.V.
Am Freudenberg 4b
42119 Wuppertal
Tel. 02 02 / 4 08 50 77
Fax 02 02 / 4 08 50 78

Plattform GSM-Initiativen
Eva Marsalek
Lenaugasse 36 A
A-3400 Klosterneuburg-Kierling
Tel./Fax 0043 (0)22 43-8 73 66
E-Mail: eva.marsalek@utanet.at

Funkenflug
Initiativgruppe Rot am See
Postfach 42
74583 Rot am See
www.funkenflug1998.de

Mobilfunk Bürgerforum e.V.
Dachverein in Baden-Württemberg
Wolfgang Grimm
Landhausweg 12
73527 Schwäbisch-Gmünd-Herlikofen
Tel. 0 71 71 / 8 86 07
E-Mail: info@mobilfunk-buergerforum.de
www.mobilfunk-buergerforum.de

Institutionen und Einrichtungen

Universität Wien
Institut für Umwelthygiene
Prof. Dr. Michael Kundi
Kinderspitalgasse 15,
A-1095 Wien
E-Mail: michael.kundi@univie.ac.at

Ecolog-Institut
für sozial-ökologische
Forschung und Bildung gGmbH
Nieschlagstr. 26
30499 Hannover
Tel. 05 11-9 24 56-46
Fax 05 11-9 24 56-48

Nova-Institut GmbH
Goldenbergstr. 2
50354 Hürth
Tel. 02233-943 68-4
Fax 02233-943 68-3
E-Mail: emf@nova-institut.de
www.emf-beratung.de

Öko-Institut e.V.
Nukleartechnik und Anlagensicherheit
Elisabethstr. 55-57
64283 Darmstadt

Dr. Lebrecht von Klitzing/Umwelt-physik GbR
Lohstr. 170
23617 Stockelsdorf
Tel. 0451-496292
Fax 0451-880 5761
E-Mail: umweltphysik@t-online.de

ICNIRP-Sekretariat
Bundesamt für Strahlenschutz
Institut für Strahlenhygiene
Ingolstädter Landstr. 1
85764 Oberschleißheim
www.icnirp.de

Forschungsgemeinschaft Funk e.V.
Rathausgasse 11 a
53113 Bonn
Tel. 0228-75 66 20-0
Fax 0228-75 66 20-11
E-Mail: info@fgf.de
www.fgf.de

FEMU – Forschungszentrum für Elektro-Magnetische Umweltverträglichkeit
RWTH Aachen
Pauwelsstr. 20
52074 Aachen

Katalyse Institut für angewandte Umweltforschung e.V.
Remigiusstr. 21
50937 Köln
Tel. 0221-94 40 48-0
Fax 0221-94 40 48-9
E-Mail: info@katalyse.de
www.katalyse.de

IGEF Internationale Gesellschaft für Elektrosmogforschung
Wulf-Dietrich Rose
Seebach 137
A-6370 Kitzbühel
Tel. 0043-53 56-643 54
Fax 0043-53 56-643 54-4
E-Mail: info@elektrosmog.com
www.elektrosmog.com

Prof. Dr. Günter Käs
Gritschstr. 72
85276 Pfaffenhofen a. d. Ilm
Tel. 08664-844 05
Fax 08664-825 31

IZMF
Informationszentrum Mobilfunk e.V.
Dr. Immo von Fallois
Hegelplatz 1
10117 Berlin
Tel. 0 30-2 09 16 98-0
Fax 0 30-2 09 16 98-11
Hotline: 01 80-330 31 31
E-Mail: info@izmf.de
www.izmf.de

BITKOM
Bundesverband Informationswirtschaft, Telekommunikation und neue Medien e.V.
Albrechtstr. 10
10117 Berlin
Presse: Iris Köpke
Tel. 030-275 76-112
Fax 030-275 76-400
E-Mail: i.koepke@bitkom.org
www.bitkom.org

Arbeitskreis »Mobilfunktechnik und Gesundheit«
Fachreferent: Dr. Ralph Hintemann
Albrechtstr. 10
10117 Berlin
Tel. 030-275 76-250
Fax 030-275 76-400
E-Mail: r.hintemann@bitkom.org
www.bitkom.org

Umweltinstitut München e.V.
Hans-Ulrich Raithel
Schwere-Reiter-Str. 35/1b
80797 München
Tel. 089-30 77 49 16
Fax 089-30 77 49 20
E-Mail: hu@umweltinstitut.org
www.umweltinstitut.org

Baubiologen / Messungen und Abschirmungen

Wer die Elektrosmog-Belastung von Wohn- und Arbeitsräumen messen lassen will, sei gewarnt: In der Regel bewegen sich die Belastungen innerhalb der geltenden Grenzwerte, und nicht alle Anbieter, die Messungen ausführen oder Abschirmungen im Angebot haben, sind auch seriös. Wir geben deshalb hier nur einige wenige Adressen an (zusätzlich zu den bereits oben angegebenen Instituten und Einrichtungen), die wir als zuverlässig erachten. Dies sagt jedoch nichts über andere Anbieter aus, die wir selbstverständlich nicht alle überprüfen konnten. Im Zweifelsfall kann man sich auch an den Berufsverband Deutscher Baubiologen oder an den Bund Naturschutz wenden.

Büro für Umweltschutz-Analytik
Dipl. Ing. Norbert Honisch
Birkenstr. 6
72813 St. Johann
Telefon: 07122-82407
Telefax: 07122-82407
eMail: nhonisch@t-online.de

Dr.-Ing. Dietrich Moldan
Am Henkelsee 13
97346 Iphofen
Telefon 09323 / 87 08 10;
Fax 09323 / 87 08 11

Medizinische Baubiologie und Umweltanalytik
Wolfgang Maes
Schorlemerstraße 87
41464 Neuss
Telefon 02131 / 437 41
Fax 02131 / 441 27

Adressenverzeichnis bundesweit:

http://www.risiko-elektrosmog.de/Firmen/Baubiologen/Adressen_Baubiologen.htm

Internet-Adressen

Zusätzlich zu den bereits angeführten Adressen hier eine Auswahl von Internet-Adressen, die umfassend über die Thematik informieren und eine Fülle weiterer Links anbieten:

www.elektrosmognews.de
www.buergerwelle.de
www.funksmog.de
www.funkenflug1998.de
www.funkpause.de
www.elektrosmoginfo.de
www.electric-words.com
www.emfguru.com
www.e-smog.ch
www.irf.univie.ac.at/emf
www.plattform-mobilfunk-initiativen.at
www.emrnetwork.org
www.who.int/peh-emf
http://europa.eu.int/comm/health/ph/programmes/pollution/ph_fields_index.html
www.buwal.ch/luft/d/n0.htm
www.hese-project.org

Anmerkungen

Einleitung

1 Meldung der Nachrichtenagentur Reuters, zitiert nach *Bonner General-Anzeiger* vom 17.11.2002

2 »Der neue Telekom-Chef übernimmt eine schwere Bürde«, in: *Handelsblatt* vom 20.11.2002

Leben im Feld

1 Zu Partei und Programm von »Aufbruch – Für Bürgerrechte, Freiheit und Gesundheit« siehe auch im Internet unter http://www.partei-aufbruch.de/frame01.htm

Nicht kränker als anderswo

1 Fax vom 23. August 2002

2 Telefonat im September 2002

3 *Stuttgarter Nachrichten* vom 12. Dezember 2001

4 *Münchner Merkur* vom 4. Januar 2002

5 *Liechtensteiner Volksblatt* vom 31. Mai 2002

6 Leitgeb, Norbert: »Strahlen, Wellen, Felder«, Stuttgart, Georg Thieme Verlag, 1991, sowie EG-Kommission lt. *tageszeitung* vom 24.7.1991

7 WHO: «Electromagnetic fields 300 Hz – 300 Ghz«, UNEP/WHO/IRPA Environmental Health Criteria Document, WHO, Genf 1993

8 Salford, L., Brun A., Sturesson K., Eberhardt, J., and Persson, B.: »Permeability of the blood brain barrier induced by 915 MHz electromagnetic radiation, continuous waves and modulated at 8, 6, 50, 200 Hz«, *Microscopy Res Tech,* 27, 535
Siehe auch: Schirmacher, A., et al.: »Electromagnetic fields (1,8 GHz) increase the permeability to sucrose of the blood-brain barrier in vitro«, *Bioelectromagnetics* 21 (5), 338–45

9 Hinweise darauf geben unter anderem zahlreiche Studien des Amerikaners Ross Adey, der sich seit Jahrzehnten mit den Wirkungsmechanismen von Hochfrequenzstrahlung auf das Immunsystem beschäftigt, oder des polnischen Forschers Stanislaw Smigielski

10 ICNIRP: »Guidelines for limiting exposure to time-varying electric, magnetic, and electromagnetic fields (up to 300 GHz)«, *Health Physics,* April 1998, Vo. 74, Nr. 4, 494–522

Mysteriöse Krankheiten

1 Zitiert nach »Mobilfunk: In Spanien geht die Angst um«, dpa-Meldung vom 24. Januar 2002

2 *El Mundo* vom 10. Januar 2002

3 *La Nueva España* vom 22. März 2002

4 »Die Handy-Gefahr« – TV-Reportage auf *arte* am 2.7.2002

5 Andràs Varga: Molekularbiologische Nachweise, in: P.C. Mayer-Tasch und Bernd M. Malunat: »Strom des Lebens, Strom des Todes. Elektro- und Magnetosmog im Kreuzfeuer«, Frankfurt a.M. 1995, S. 113 f.

6 afp und *Deutsches Ärzteblatt* vom 19. März 2002

7 Independent Expert Group on Mobile Phones: »Mobile Phones and Health«, London, Mai 2000
8 Preece, A., Iwi, G., Davies-Smith, A., Wesnes, K., Butler S., Lim, E., and Varey, A.: »Effect of a 915-MHz simulated mobile phone signal on cognitive function in man«, *International Journal of Radiation Biology* 75 (1999), 447

Was man weiß

1 Bayerisches Staatsministerium für Landesentwicklung und Umweltfragen, »Fachinformation Elektromagnetische Felder«, 4., geänderte Auflage, Februar 2001, S. 21
2 Im Internet abrufbar unter www.femu.de
3 Poppei, M., Sass, D., Goldstern, N.: »Biologische Wirkungen elektromagnetischer Felder im Frequenzbereich 0–2 GHz auf den Menschen« (UdSSR/GUS 1960–1992), Literaturstudie im Auftrag des Bundesamtes für Post- und Telekommunikation, 1996
4 Hecht, K. und Balzer, H.-U.: »Biologische Wirkungen elektromagnetischer Felder im Frequenzbereich 0 bis 3 GHz auf den Menschen«. Im Auftrag des Bundesinstituts für Telekommunikation, Auftrag Nr. 4231/630402. Inhaltliche Zusammenfassung einer Studie der russischsprachigen Literatur von 1960–1996 (1997)
5 Wertheimer, N., Leeper, E.: »Electrical wiring configuration and childhood cancer«, *American Journal of Epidemiology* 3 (1979), 273–284
6 Ahlbom, A. et al.: »Biological effects of powerline fields. New York State powerlines project. Final Report«, 1. Juli 1987
7 Feychting, M., Ahlbom, A.: »Magnetic fields and cancer in children residing near swedish high-voltage power lines«, *American Journal of Epidemiology*, Vol. 138/7 (1993), 467–481
8 Altpeter, E. S., Krebs, Tb., Pflüger, D. H., von Kanel, J., Blattmann, R.: »Study of health effects of shortwave transmitter station of Schwarzenburg, Berne, Switzerland«, Universität Bern, Institut für Sozial- und Vorsorgemedizin (1995)
9 Maskarinec, G., Cooper, J., Swygert, L.: »Investigation of increased incidence in childhood leukemia near radio towers in Hawaii: Preliminary observations«, *Journal of Environmental Pathology, Toxicology and Oncology* 13 (1994), 33–37
10 Hocking, B., Gordon, I.R., Grain, H.L., Hatfield, G.E.: »Cancer incidence and mortality and proximity to TV towers«, *Medical Journal of Australia*, Vol. 165,2/16, December 1996, 601–605
11 Robinette, C.D., Silverman, C. und Jablon, S.: »Effects upon health of occupational exposure to microwave radiation (radar)«, *American Journal of Epidemiology* 112 (1980), 39–53
12 Lilienfeld, A.M., Tonascla, J., und Tonascla, S., Libauer, C.A. und Cauthen, G.M.: »Foreign Service health status study-evaluation of health status of foreign service and other employees from selected eastern European posts«, Final Report (1978)
13 Goldsmith, J.R.: »Epidemiologic evidence relevant to radar (microwave) effects«, *Environmental Health Perspectives* 105 (Supp. 6) (1997), 1579–1587
14 Eine Liste von 197 Studien über biologische Effekte des Mobilfunks hat der Saarbrücker Umweltwissenschaftler Ulrich Warnke zusammengestellt, sie ist im Internet unter http://www.elektrosmognews.de/news/biologischeeffekte197warnke.htm abrufbar.
15 Repacholi, M.H., Basten, A., Gebski, V., Noonan, D., Finnie, J., Harris, A. W.: »Lymphomas in Eμ-Pim 1 Transgenic Mice Exposed to Pulsed 900 MHz Electromagnetic Fields«, *Radiation Research* 147 (1997), 631–640

16 Cherry, N.: »Criticism of the proposal to adopt the ICNIRP Guidelines for cell-sites in New Zealand«, Canterbury (Neuseeland) 1999
17 Lai, H. und Singh, N.P.: »Melatonin and a spin-trap compound block radiofrequency electromagnetic radiation-induced DNA strand breaks in rat brain cells«, *Bioelectromagnetics* 18, Nr. 6 (1997), 446–454
18 Carlo, George: »Cell Phones – invisible hazards in the wireless age«, New York 2001, S. 204 ff.
19 Bei diesem Forschungsprogramm handelt es sich um das so genannte *Radiation Protection Project* des amerikanischen Science and Public Policy Institute, einer gemeinnützigen Einrichtung, deren Vorsitzender Carlo ist
20 Der vollständige Bericht findet sich im Internet auf Englisch unter http://www.health-concerns.org/health_concerns/resources/proposal.pdf
21 Beason, Robert C., Semm, P.: »Responses of neurons to an amplitude modulated microwave stimulus«, *Neuroscience Letters,* Vol. 333/3 (2002), 175–178
22 Wuschek, M., Volmer, K., Hecht, W., Herzog, A., Wenzel, C., Wöhr, A.-C., Klempt, M. ,Unshelm, J.: »Untersuchungen zum Einfluss elektromagnetischer Felder von Mobilfunkanlagen auf Gesundheit, Leistung und Verhalten von Rindern«, im Auftrag des Bayerischen Staatsministeriums für Landesentwicklung und Umweltfragen, Endbericht (2002)
23 Hennies, K., Neitzke, H,-P., Voigt, H.: »Mobilfunk und Gesundheit – Bewertung des wissenschaftlichen Erkenntnisstandes unter dem Gesichtspunkt des vorsorgenden Gesundheitsschutzes«, Gutachten im Auftrag der T-Mobile, Hannover, April 2000
24 Benischke, A., Bunke, D., Küppers, C. und Wassilew-Reul, C: »Gutachten zum Erkenntnisstand zu möglichen gesundheitlichen Auswirkungen des Mobilfunks«, Darmstadt 2000
25 Glaser, R.: »Darstellung und Bewertung des wissenschaftlichen Erkenntnisstandes zu möglichen gesundheitlichen Auswirkungen des Mobilfunks in Relation zu bestehenden Empfehlungen und Normen«, Berlin, Oktober 2000
26 Silny, J.: »Gesundheitliche Auswirkungen der Mikrowellen von Mobilfunkanlagen im D-Netz«, Aachen, Juli 2000
27 Silny, J.: »Effekte und gesundheitsrelevante Wirkungen hochfrequenter elektromagnetischer Felder des Mobilfunks und anderer neuer Kommunikationssysteme«, erstellt im Auftrag des VDE (März 2002)
28 Zitiert nach *Elektrosmognews.de* vom 16. August 2002
29 Weitere Informationen finden sich auf der WHO-Homepage unter der Adresse http://www.who.int/peh-emf/en/
30 Bioelectromagnetics Society: *Bioelectromagnetics Newsletter,* Nr. 169, November/December 2002
31 Abgeordnetenhaus Berlin: Wortprotokoll der Anhörung zum Thema »Belastung durch Sendemastanlagen für Mobilfunknetze: Stellungnahme und Bericht des Senats über Standorte und Anzahl der bisher aufgestellten und geplanten Sendemastanlagen«, Ausschuss für Wirtschaft, Betriebe und Technologie, 12. Sitzung vom 28. Oktober 2002, S. 13
32 Hutter,H.-P., Moshammer, H., Wallner, P. und Kundi, M.: »Zur Frage gesundheitlich relevanter Wirkungen von hochfrequenten elektromagnetischen Feldern des Mobilfunks«, *Umweltmedizin in Forschung und Praxis* 6 (2001), 309–320
33 Süddeutsche Zeitung vom 7. 8. 2003, Seite 1 »Erbgut im Strahlenfeld«
34 Mobilfunk und Gesundheit 1. Teil Gesundheitsrisiko elektromagnetischer Felder;

Vortrag von Prof. Dr. med. Franz Adlkofer, wissenschaftlicher Direktor der Stiftung VERUM)
REFLEX ist der Kurzname für das von der EU im 5. Rahmenprogramm geförderte Forschungsvorhaben: Risk Evaluation of Potential Environmental Hazards From Low Energy Electromagnetic Field Exposure Using Sensitive *in vitro* Methods
Die Stiftung VERUM hat die REFLEX-Studie geplant, organisiert und koordiniert.
Am REFLEX-Projekt sind 12 Forschergruppen aus 7 europäischen Ländern beteiligt. Ein Industrieunternehmen hat sich an dem Projekt leider nicht beteiligt.
Laufzeit von REFLEX: Februar 2000 bis August 2003 (43 Monate)
Förderung: EU Kommission Euro 2.059.450; Regierung der Schweiz Euro 506.774; Regierung Finnlands Euro 191.265; Stiftung VERUM Euro 522.629

35 Das niederländische Wirtschaftsministerium ist im Internet zu finden unter: http://www.ez.nl/home.asp?locatie=main&page=/homepages/default.asp%3Fpagina%3Dpersbericht%26iMessage%3D364

Sonderbare Fälle

1 »10 Jahre Forschung«, Festschrift zum zehnjährigen Bestehen der Forschungsgemeinschaft Funk, S. 4

2 Anlässlich einer Spendenaktion zugunsten deutscher Hochschulen, siehe auch unter http://www.google.de/search?q=cache:vPnySvofmSMC:www.wissenschaffen.de/pdf/hintergrundinfo.doc+Reinhard+H%C3%B6pfl,+Pr%C3%A4sident+der+Fachhochschule+Deggendorf,+%C3%BCber+Bibliotheken:&hl=de&ie=UTF-8

3 *Süddeutsche Zeitung* vom 8. November 2001, S. 56

4 Telefonat mit Klaus Loibl am 14.10.2002, 15.30–16 Uhr

5 Der vollständige Text ist nachzulesen auf der Internetseite der Bürgerwelle unter http://www.buergerwelle.de/d/doc/pranger/wuschek.htm

6 Pressemitteilung h.e.s.e-project vom 12. März 2002

7 Zu den Arbeiten Santinis siehe http://www.gigaherz.ch/401/

8 Klitzing, L. von: »Low Frequency pulsed electromagnetic fields influence EEG of man«, *Physica Medica* 11 (1995), 77–80

9 Freude, G., Ullsperger, P., Eggert, S., Ruppe, I.: »Effects of microwaves emitted by cellular phones on human slow brain potentials«, *Bioelectromagnetics* 19 (1998), 384–387, sowie »Microwaves emitted by cellular telephones affect human slow brain potentials«, *European Journal of Applied Physiology* 81 (2000), 18–27

10 Mann, K., Röschke, J.: »Effects of pulsed high-frequency electromagnetic fields on human sleep«, *Neurophysiology* 33 (1996), 41–47

11 Bei einem Gespräch in München am 9.10.2002

12 *Focus*, Nr. 48, 2001

13 22.08.01. »Bei Anruf Krebs?« mit Franz Alt auf *3Sat*

14 Katalyse-Institut für angewandte Umweltforschung (Hrsg.): »Elektrosmog – Grundlagen, Grenzwerte, Verbraucherschutz«, Heidelberg 2002

15 »Grenzwerte und Vorsorgemaßnahmen zum Schutz der Bevölkerung vor elektromagnetischen Feldern. Empfehlungen der Strahlenschutzkommission«, 13./14. September 2001, S. 15

16 Cherry, Neil: »Criticism of the proposal to adopt the ICNIRP Guidelines for cellsites in New Zealand«, Canterbury (Neuseeland) 1999
»The ICNIRP assessment of effects, ICNIRP (1998), has been reviewed and found to be seriously and fatally flawed, with a consistent pattern of bias, major mista-

kes, omissions and deliberate misrepresentations. Adopting it fails to protect public health from known potential and actual health effects …« Zitat aus: Neil Cherry: »Criticism of the health assessment in the ICNIRP Guidelines for radiofrequency and microwave radiation«, 5.1.2000. Siehe dazu auch Neil Cherry: »Mobilfunkstrahlung als schwerwiegendes Risiko für biologische Systeme und Gesundheit«, übersetzt von Dr. med. Hans-Christoph Scheiner, München 2001

17 Cherry, Neil: »Criticism of the proposal to adopt the ICNIRP Guidelines for cellsites in New Zealand«, a.a.O.

18 Offener Brief an Bundesminister Jürgen Trittin, 22. Januar 2002, im Internet unter http://www.buergerwelle.de/d/dindex.html

19 Siehe Anmerkung der Bürgerwelle e.V. zur ICNIRP-Richtlinien-Kritik im Internet unter http://www.buergerwelle.de/d/doc/gesund/cherry/cherry%20english.htm

20 Telefonat mit Prof. Dr.-Ing. Alexander H. Volger, Honorarprofessor RWTH Aachen, am 3.12.2002

21 Zum Beispiel am 1.10.2002 in der Stadthalle Weilheim

22 Schreiben von Professor Dr. med. Rainer Frentzel-Beyme, Bremer Institut für Präventionsforschung und Sozialmedizin (BIPS), Universität Bremen, Dezember 2001, siehe im Internet unter dem Stichwort Professor Bernhardt auf http://www.buergerwelle.de/d/dindex.html

23 »Risiko Elektrosmog«, 29.1.1997 auf *3Sat*

24 Ebd.

25 Aud Dalsegg in *Dagbladet* vom 9. März 2002
Englische Übersetzung aus der norwegischen Zeitung, deutsche Übersetzung von Evi Gaigg

26 Petra Wucher in: *Raum und Zeit* 94/ (1988), S. 63 ff.

27 Der Journalist Karl Schweinberger nennt im *Bayerischen Landwirtschaftlichen Wochenblatt* 25 vom 20.6.1998 auf S. 41 mehrere Höfe, auf denen vergleichbare Krankheitsfälle in der Nähe von Mobilfunkmasten auftraten.
Der Mobilfunkkritiker Siegfried Zwerenz kennt 1998 bereits 15 Höfe, die mit denselben Problemen zu kämpfen haben. Siehe Zeitschrift *Raum & Zeit* 94 (1988)

28 Die so genannte Rinderstudie: Siehe Endbericht über die »Untersuchungen zum Einfluß elektromagnetischer Felder von Mobilfunkanlagen auf Gesundheit, Leistung und Verhalten von Rindern«, Teil 1 – Klinisch-genetische, -hämatologische, -chemische und epidemiologische Untersuchungen; Teil 2 – Verhalten und Labortests. Diese Studie wurde im Auftrag des Bayerischen Staatsministeriums für Landesentwicklung und Umweltfragen von der Ingenieurgemeinschaft für Geowissenschaften und Umwelttechnik München (1), vom Institut für Veterinärpathologie, Fachgebiet Veterinärmedizinische Genetik und Zytogenetik, der Justus-Liebig-Universität Gießen (2) und dem Institut für Tierhygiene, Verhaltenskunde und Tierschutz der Tierärztlichen Fakultät der Ludwig-Maximilians-Universität München (3) erstellt.
Autoren waren jeweils: (1)Dr. Matthias Wuschek
(2)Dr. Klaus Volmer, Dr. Werner Hecht, Prof. Dr. Alexander Herzog
(3)Dr. Christoph Wenzel, Dr. Anna-Caroline Wöhr, Martina Klempt, Prof. Dr. Jürgen Unshelm

29 Volker Hartenstein am 5.12.2000

30 24. Januar 2002, Hessischer Landtag, Stenografischer Bericht der öffentlichen Anhörung, Ausschuss für Umwelt, Landwirtschaft und Forsten und Innenausschuss

31 Eine Sammlung zahlreicher kritischer Aussagen zur Deutung der Rinderstudie findet man unter dem Stichwort Gesundheit und Rinderstudie auf der Internetseite http://www.buergerwelle.de/d/dindex.html

32 *Bayerisches Landwirtschaftliches Wochenblatt,* 12.2.2000; siehe auch Bayerischer Rundfunk, BR 2 Wort: Notizbuch vom 11.1.2001 /Nortrud Semmler: »Kranke Rinder durch Mobilfunk«

33 Hessischer Landtag, 24. Januar 2002, a.a.O.

34 *Elektrosmognews* vom 23.9.2002

35 Robert C. Beason/Peter Semm: »Responses of neurons to amplitude modulated microwave RF«, in: *Neuroscience Letters* vom 11/5/02; im Internet unter: http://www.grn.es/electropolucio/beason115.htm

36 Peter Semm: »Biologische Wirkungen von modulierten hochfrequenten elektromagnetischen Feldern«; Gutachten im Auftrag von Gerd Zesar, März 2001, im Internet unter: www.biirgerfrequenz.lu/GutachtenPr20Semm.htm

37 *Umwelt-Medizin-Gesellschaft* 14, 3 (2001), 222 ff. und *Strahlenschutzpraxis* 3 (2001), 36 f.

38 Einen guten Überblick gibt das zur Zeit leider vergriffene Buch von Robert O. Becker: »Heilkraft und Gefahren der Elektrizität. Die Chancen der Energiemedizin und die Gefahren des Elektrosmog«, Bern und München 1994

39 *Psychologie heute* 10 (2002), 40

40 Ecolog ist ein Institut für sozial-ökologische Bildung. Es wurde 1991 von Wissenschaftlern und Hochschullehrern der Universität Hannover gegründet. Die GmbH finanziert sich durch Bundes- und Landesforschungsfördermittel, Honorare für Gutachten, Ausstellungen und Publikationen. Siehe auch http://www.ecolog-institut.de/seite2.htm

41 Die Studie steht im Internet unter http://www.funkenflug1998.de/inhalt/wissen/Ecolog_studie.html

42 Hessischer Landtag, 24. Januar 2002, a.a.O.

43 Ebd.

44 Ian Sample: « Just a normal town …«, in: *New Scientist* vom 1.7. 2000, im Internet unter www.newscientist.com

45 Vgl. ebd.

46 *taz* vom 14. April 1992

47 Siehe Center for Conflict Resolution an der britischen University of Bradford. Dort gibt es seit geraumer Zeit ein Forschungsprojekt zum Thema Nichttödliche Waffen. http://www.bradford.ac.uk/acad/nlw/research_report_number_three.html

48 Ebd.

49 Zur Theorie des *low intensity conflicts* siehe Martin van Creveld: »Die Zukunft des Krieges«, München 1998

50 Siehe Internetseite der University of Bradford, a.a.O.

51 Paul E. Tyler: »The electromagnetic spectrum in low-intensity conflict«. Der Aufsatz erschien im Sammelband »Low Intensity Conflict and Modern Technology«, hg. von Lt. Col. David J. Dean, Air University Press, Center for Aerospace Doctrine, Research and Education, Maxwell Air Force Base, Alabama, Juni 1986, S. 249–260

52 Prof. Dr. Ross Adey, Loma-Linda-University, California, 1975, siehe die Zitatensammlung zum Elektrosmog von Wolfgang Maes, im Internet unter http://www.maes.de/zitate.htm

53 Robert O. Becker: »Heilkraft und Gefahren der Elektrizität. Die Chancen der Energiemedizin und die Gefahren des Elektrosmog«, Bern und München 1994, S. 247

54 Becker, a.a.O., S. 249
55 Becker, a.a.O., S. 251
56 Lilienfeld, A.M., Tonascia, J., and Tonascia, S., Libauer, C.A., and Cauthen, G. M.,: »Foreign Service health status study – evaluation of health status of foreign service and other employees from selected eastern European posts«. Final Report 1978
57 Siehe dazu auch http://www.gigaherz.ch/37
58 Goldsmith, J.R.: »Epidemiologic evidence relevant to radar (microwave) effects«, *Environmental Health Perspectives*, 105 (Suppl 6), (1997), 1579–1587
59 Johnson-Liakouris, A.J.: »Radiofrequency sickness in the Lilienfeld Study: an effect of modulated microwaves«, *Archives of Environmental Heath* 53(3), (1998), 236–238
60 Siehe auch die aufschlussreiche Zitatensammlung zum Thema Mobilfunk von Wolfgang Maes auf http://www.maes.de/zitate.htm
61 Becker, a.a.O., S. 257
62 Die offizielle Website von HAARP steht unter http://www.haarp.alaska.edu
63 Kritiker schildern ihre Version zum Beispiel auf der Seite http://www.science-explorer.de/reports/haarpprojekt.htm sehr ausführlich.
Auf der Internetseite http://www.dcn.davis.ca.us/~welsh/index.htm hat die Gruppe »Citizens Against Human Rights Abuse« (C.A.H.R.A.) Material zum Thema »Mind Control« und elektromagnetische Waffen gesammelt.
64 Becker, a.a.O., S. 258 ff.
65 Ebd., S. 261 ff.
66 Siehe dazu http://www.futuredynamicadvantage.com/electroresearch/

Machtworte

1 Thomas H. Wendel, »Schröder gegen schärfere Werte für Elektrosmog«, in: *Berliner Zeitung* vom 10.11.2001
2 *Abendzeitung* vom 19.9.2002, S. 4
3 Zu den Aktivitäten der PDS siehe http://www.pds-im-bundestag.de
Zur ÖDP siehe http://www.oedp.de/www/themen/mob.htm
4 Siehe dazu das Schreiben von Manuela Knapp, das auf der Internetseite von *Elektrosmognews* am 17.6.2002 veröffentlicht wurde unter http://www.elektrosmognews.de/news/wahlempfehlung2002.htm
5 Friedhelm Schwarz: »Das gekaufte Parlament. Die Lobby und ihr Bundestag«, München 1999, S. 248f.
6 http://www.bayern.gruene.de/presse/pm_313.html
7 Siehe auch http://www.vbm-bayern.de/index.html
8 *Süddeutsche Zeitung* vom 30.1.2001, S. 6
9 *Berliner Zeitung* vom 5.12. 1997, siehe unter
http://www.berlinonline.de/wissen/berliner_zeitung/archiv/1997/1205/politik/0051/
10 Laut Bundesverband der FDP, siehe auch http://www.fdp-bundesverband.de/faktenundpersonen/rechenschaftsbericht.phtml
11 *Handelsblatt*, Online-Ausgabe, 11. Juni 2002, 12:22 Uhr
12 »Die UMTS-Regeln werden auch in der Krise nicht geändert«, *Die Welt* vom 16. Oktober 2002
13 Immerhin haben die bayerischen Grünen als vierter Landesverband Ende Januar 2003 den »Freiburger Appell« unterstützt. Zuvor hatten sich bereits die grünen Landesverbände des Saarlandes, Berlins und Hessens den Forderungen des Ärzteappells angeschlossen, in dem drastische Veränderungen des Umgangs mit der heu-

tugen Mobilfunktechnologie verlangt werden. Meldung siehe *Elektrosmognews* vom 21.1.2003: »Bayern-Grüne unterstützen Freiburger Appell«

Das Netzwerk

1 Der Politikwissenschaftler Professor Hans Herbert von Arnim oder der Soziologe Professor Erwin K. Scheuch kritisieren das schon seit Jahren; vgl. dazu z.B. *Monitor* vom 26.9.2002
2 Über die Aktivitäten von Heinz Riesenhuber und anderen Parlamentariern haben Georg Restle und Philip Siegel im sehenswerten Fernsehbeitrag »Politiklobby – wem gehört der neue Bundestag?« berichtet. *Monitor* vom 26.9.2002, siehe auch Text im Internet auf http://www.wdr.de/tv/monitor/archiv.phtml?id=441&personen=0&schlagworte=0&sendejahr=2002&volltext=
3 Susanne Päch: »Die D2-Story: Mobilkommunikation; Aufbruch in den Wettbewerb«, Düsseldorf 1994, S. 20
4 Friedhelm Schwarz: a.a.O., S. 47
5 *Monitor* vom 26.9.2002
6 Ebd.
7 Zur Selbstdarstellung der Firma siehe http://www.wmpeurocom.de/vorstand.html
8 Siehe http://www.presse.colt.de/rootcollection;internal&action=colt_press_build_frame.action
9 *Süddeutsche Zeitung* vom 28.6.2001, S. 9
10 *Der Spiegel* vom 5.7.1999, S. 95
11 *Süddeutsche Zeitung* vom 28.6.2001, S. 9
12 *Max*, 10/2002, siehe auch http://www.max.msn.de/news_reportagen/reportagen/hunzinger/1220835_1.html
13 *Berliner Zeitung* vom 10.11.2001
14 *Berliner Zeitung* vom 3. Oktober 2002, Online-Ausgabe http://www.berlinonline.de/aktuelles/berliner_zeitung/wirtschaft/.html/181985.html

Die Prügelknaben

1 Bayerischer Städtetag, Pressemitteilung vom 19. Oktober 2000
2 Bayerischer Städtetag, Pressemitteilung vom 17. Mai 2001
3 *WFA-Wertermittlungsforum Aktuell;* 1(1998), 11ff.
4 Zusammenfassung der Ergebnisse siehe in: *Der Sachverständige,* Mai 2002
5 »Wertverlust durch Immobilien?«, Interview in der *Süddeutschen Zeitung* vom 19. April 2002
6 Ebd.
7 »Baurechtliche Rahmenbedingungen für den Ausbau des Mobilfunknetzes«, interner Vermerk des Bundesbauministeriums vom 15. November 2000

Der Kampf um die Dächer

1 »UMTS wird sich bald jeder leisten können«, Interview in: *Tagesspiegel,* 13.5.2002
2 http://www.emf-risiko.de/leitfaden-emf/kapitel2-2_3.html
3 Siehe Kapitel »Senderwald im Alpenraum«
4 Der »Freiburger Appell« kann unter anderem heruntergeladen werden von der Website der IGUMED, http://www.igumed.de/apell.html

5 »Krankheit und Elektrosmog; Was soll der Arzt tun?«, in: *Ärzte Zeitung* vom 31.5.2001, online verfügbar unter http://www.aerztezeitung.de/docs/2001/05/31/100a0801.asp
6 »Öffentliche Anhörung zum Thema ›Mobilfunk‹ – 26. BImSchV« am 2. Juli 2001, Ausschuss für Umwelt, Naturschutz und Reaktorsicherheit, Korrigiertes Wortprotokoll, S. 18
7 »Stellungnahme der Umweltkommission der Deutschen Akademie für Kinderheilkunde und Jugendmedizin e.V. zu den Themen Mobilfunk und Elektromagnetische Felder«, in: *Umweltmedizin in Forschung und Praxis* 6 (1) (2001), 55–56,
8 *Südwestpresse* vom 6.9.2001
9 www. neuenachricht.de 15.1.2002
10 *Jerusalem Post* vom 14.3.2000

Mit einem Bein im Milliardengrab

1 *Berliner Zeitung* vom 18. September 2002
2 So der 6. EU-Umsatzbericht im Dezember 2000
3 »Blutiges Schlachtfeld«, in *Der Spiegel* vom 17. Juni 2002, S. 80 ff.
4 In: »UMTS – Die Hoffnung stirbt zuletzt«, *Financial Times Deutschland* vom 25. September 2001
5 »Herlitz hat keine Eile beim Verkauf seiner Töchter«, *Berliner Zeitung* vom 24. Oktober 1997
6 Meldung der Wirtschaftspresseagentur vwd, 24.1.2000
7 »Mobile Kommunikation – neues Thema an deutschen Schulen«, Presseerklärung des IZMF vom 8.3.2002
8 Siehe Kapitel »Mysteriöse Krankheiten«, S. 51 ff.
9 »Die Rolle und Bedeutung des IZMF«, Rede des IZMF-Geschäftsführers Dr. Immo von Fallois auf dem 7. Euroforum, Düsseldorf, 29.1.2002

Der Senderwald im Alpenraum

1 Wolfgang Hingst: »Handyfieber«, 2., vollkommen überarb. und erw. Auflage, Wien 2001, S. 170 ff.
2 Michael Kundi u.a.: »Auswirkungen von Mobilfunkbasisstationen auf Gesundheit und Wohlbefinden«, Wien 2000, für das Amt der Kärntner Landesregierung
3 Hingst, a.a.O., S. 180
4 Ebd., S. 182
5 Medieninformation des österreichischen Forum Mobilkommunikation (FMK) vom 4.3.02 (Forum der österreichischen Netzbetreiber, Handyhersteller und dem Fachverband der Elektro- und Elektronikindustrie (FEEI)
6 *Salzburger Nachrichten* vom 22. Juli 2002
7 *Salzburger Nachrichten*, salzburg.com, 5. Juli 2002
8 *Salzburger Nachrichten* vom 22. Juli 2002
9 Siehe unter http://www.gigaherz.ch
10 *NZZ* vom 16. Oktober 2002
11 Die Schweizer Aktivitäten der Jakob-Gruppe und das Zitat stehen im Internet unter www.gigaherz.ch
12 Siehe den Bericht von Hans-U. Jakob auf http://www.gigaherz.ch/51/
13 Ebd.

14 Siehe www.gigaherz.ch

15 »Gesundheitliche Auswirkungen des Kurzwellensenders Schwarzenburg«; Studie der Universität Bern von 1995 (Schriftenreihe des Schweizer Bundesamts für Energiewirtschaft; BEW-Schriftenreihe, Studie Nr. 56, Bern 1995

16 Hans-U. Jakob auf http://www.gigaherz.ch/

17 Hingst, a.a.O., 191 ff.

18 Tatsächlich gibt es bereits eine neue Art von elektromagnetischer Bohrmaschine, die von israelischen Wissenschaftlern entwickelt wurde. Siehe *Netzeitung* vom 18.10.2002, im Internet unter http://www.netzeitung.de/servlets/page?section=568&item=211637

19 »WHO und UNO distanzieren sich von der ICNIRP!« von Hans-U. Jakob am 22.9.2001, im Internet unter www.gigaherz.ch

Der Feldzug des Staranwalts

1 »Tumorkranke klagen gegen Handy-Firmen«, *Berliner Zeitung* vom 29. Dezember 2000, S. 29

Gefahrenabwehr oder Risikovorsorge

1 Ulrich K. Preuß: »Risikovorsorge als Staatsaufgabe«, in: Dieter Grimm (Hg.): »Staatsaufgaben«, Frankfurt a.M. 1996, S. 523 ff.

2 24. Januar 2002, Hessischer Landtag, Stenografischer Bericht der öffentlichen Anhörung, Ausschuss für Umwelt, Landwirtschaft und Forsten und Innenausschuss

3 Ebd.

4 Hans Jonas: »Das Prinzip Verantwortung. Versuch einer Ethik für die technologische Zivilisation«, Frankfurt a.M. 1984

5 Ulrich Beck: »Risikogesellschaft. Auf dem Weg in eine andere Moderne«, Frankfurt a.M. 1986
Zur Debatte siehe auch: Ulrich Beck (Hg.): »Politik in der Risikogesellschaft«, Frankfurt a.M. 1991

Telefonier, aber halt den Mund!

1 Zu Technikmissbrauch und Freiheit siehe auch Oskar Lafontaine: »Die Gesellschaft der Zukunft«, Hamburg 1988, S. 88ff.

2 In Großbritannien können die Bürger über die Internetseite http://www.sitefinder.radio.gov.uk/ Standorte von Mobilfunkbasisstationen an ihrem Wohnort abfragen. Die Datenbank wird im Auftrag der Regierung von der Radiocommunications Agency betrieben, einer Dienststelle des Department of Trade and Industry

3 Bayerischer Landtag, Drucksache 14/9788 vom 24.6.2002

4 Lewis Mumford: »Autoritäre und demokratische Technik«, in: »Aufbrüche. Die Chronik der Republik 1961 bis 1986«, hg. von Freimut Duve, Reinbek 1986, S. 679–688

5 Ergebnisprotokoll des Fachgesprächs Mobilfunk, Berlin, Deutscher Bundestag 23.8.2002

6 Ebd.

7 Ebd.

8 »Gegenseitige Aufrüstung«, Interview in *Die Zeit* vom 12. September 2002, S. 27

Stell dir vor, es klingelt, und keiner geht hin!

1 Günther Anders: »Übertreibungen in Richtung Wahrheit. Stenogramme, Glossen, Aphorismen«; hg. von Ludger Lütkehaus, München 2002, S. 91
2 Siehe im Internet unter http://www.dgkj.de/html/position/mobilfunk.htm
3 Siehe im Internet unter http://www.bfs.de/; dort stehen auch die SAR-Werte von Handys
4 Salford, Brun, Sturesson, Eberhardt und Persson: »Permeability of the blood-brain barrier induced by 915 MHz electromagnetic radiation, continuous wave and modulated at 8, 16, 50 and 200 Hz«. *Microscopy Research and technology* 27 (1994), 535–542. Erst jüngst hat eine Studie von Rüdiger Maier von der Universität Mainz gezeigt, dass es bei einer Bestrahlung von nur 50 Minuten und 100 nW/cm^2 zu einer Verminderung der Gedächtnisleistung durch die Einwirkung gepulster elektromagentischer Felder kommt. (Mainz 2002)
Zwei Feldstudien in Österreich an je fünf Standorten in Wien und Kärnten haben bei 365 Anwohnern ebenfalls gezeigt, dass Reaktionsvermögen, Kurzzeitgedächtnis und der Kreislauf durch Mobilfunkbasisstationen beeinträchtigt werden. Die Ergebnisse wurden präsentiert z. B. von H. Moshammer bei der Umwelthygiene-Tagung in Greifswald (25.–27. September 2002) unter dem Titel »Mobilfunk-Basisstationen – Erste Ergebnisse von zwei Feldstudien«.
Einen guten Überblick über die Gesundheitsschäden gibt auch Professor Neil Cherry: »Mobilfunkstrahlung als schwerwiegendes Risiko für biologische Systeme und Gesundheit«, übersetzt von Dr.med. Hans-Christoph Scheiner, München 2001. Hunderte von Studien, die Gesundheitsschäden von DNA- über Chromosomenschäden bis zu Tumorbildung und vieles mehr belegen, stehen in Robert C. Kane: »Cellular Telephone Russian Roulette«, Vantage Press, New York 2001 (siehe Kapitel 3 »Biologische Effekte durch Funkfrequenz-Strahlung«)
5 »Einfluss der elektromagnetischen Wellen auf die Spermienmobilität«, M. Davoudi, C. Brössner, W. Kuber, LKH Oberwart, Linz 2001
6 *ÖKO-TEST* 9/02
7 Bürgerinitiativen, die in ihren Orten vor dem Einschalten von Sendeanlagen ebenfalls anonyme Blutuntersuchungen durchführen möchten, können sich zur Klärung der Details mit dem h.e.s.e.-project in Verbindung setzen: h.e.s.e.-project, Ansprechpartner: Herr Matz, e-mail: emf-mf@hese-project.org
8 http://www.bfs.de/info/index.htm

Und wie geht es weiter?

1 Claus Offe: »Strukturprobleme des kapitalistischen Staates. Aufsätze zur Politischen Soziologie«, Frankfurt a. M. 1972
2 Dazu siehe auch Werner Hengstenberg: »Erfahrungen eines Elektrosensiblen. Ansichten, Einsichten, Folgerungen«, in: P.C. Mayer-Tasch und B.M. Malunat (Hg.): »Strom des Lebens, Strom des Todes. Elektro- und Magnetosmog im Kreuzfeuer«, Frankfurt a.M. 1995, S. 85 ff.
3 Zum Beispiel die in Passau ansässige Neue Presse Verlags-GmbH, zu der die *Passauer Neue Presse* (PNP) gehört. Im oberbayerischen Altötting erscheint die PNP-eigene örtliche Tageszeitung *Alt-Neuöttinger Anzeiger* (ANA). Redaktion und Geschäftsführung des ANA haben ihren Sitz in einem Haus, das der Verlagsgruppe gehört. Auf diesem Gebäude steht seit August 2001 ein Sendemast mit drei Sendeanlagen Marke D1 der Firma T-Mobile. In unmittelbarer Nachbarschaft zu

dieser Anlage stehen Wohnhäuser. Zwanzig Meter entfernt steht ein Behindertenwohnheim der Caritas Passau mit 33 Behinderten. In etwa 50 Meter Entfernung hat das so genannte Franziskushaus einen Kinderhort, einen Kindergarten, ein Kinderheim, eine Grund- und Hauptschule, ein Internat und ein Exerzitienhaus. Insgesamt halten sich dort 140 Kinder und Jugendliche auf. Etwa 300 Meter von der Sendeanlage entfernt steht das Schulzentrum von Alt- und Neuötting – eine Fachoberschule mit 700 Schülern, ein Gymnasium mit knapp 1000 Schülern und eine Berufsschule, die 2300 Auszubildende betreut. Keine dieser Einrichtungen, ja überhaupt kein Nachbar, wurde darüber informiert, dass auf dem Gebäude der Zeitung ein Mobilfunkmast errichtet werden soll.

4 Siehe http://www.newsaktuell.de/de/services/ots.htx

5 Quelle: http://www.elektrosmognews.de/

6 Julius von Rotenhahn, Geschäftsführer der Frankona-Versicherung am 12.3.1994, bei einem Vortrag vor dem nordrhein-westfälischen Landtag in Düsseldorf

7 Prof. Dr.-Ing. A. Volger: »Zur Beweislogik im Sachverständigenbeweis und bei Zulassungen«, in: *IfS-Informationen* 3/2002, 28 ff. (IfS Institut für Sachverständigenwesen e.V.), www.ifsforum.de

8 Prof. Dr. Wolfgang Löscher, Tierärztliche Hochschule Hannover zur Repacholi-Studie in der *Süddeutschen Zeitung* vom Mai 1997

9 Juliane Kokott /Frank Hoffmeister: »Öffentlich-rechtlicher Ausgleich für Umweltschäden in Deutschland und in hoheitsfreien Räumen – Bestandsaufnahme, Rechtsvergleich und Vorschläge de lege ferenda«, *Berichte des Umweltbundesamtes* 9 (2002)

10 CATANIA RESOLUTION, September 2002, The Scientists at the International Conference »State of the Research on Electromagnetic Fields – Scientific and Legal Issues«, organisiert von ISPESL (Istituto Superiore per la Prevenzione e la Sicurezza del Lavoro; Nationales Institut für Vorsorge and Arbeitssicherheit, Italien), der Universität Wien und der Stadt Catania, veranstaltet in Catania (Italien) am 13./14. September 2002
Die Resolution von Catania haben folgende Wissenschaftler unterzeichnet (geordnet nach Herkunftsländern):
Italien: Fiorella Belpoggi, Fondazione Ramazzini, Italien
Emilio Del Giudice, INFN Milano
Livio Giuliani, University Camerino
Settimio Grimaldi, CNR-INMM, Roma
Umberto Scapagnini, Neuropharmacology, University of Catania, Italien Member of the European Parliament
USA: Carl F. Blackman, President of the Bioelectromagnetic Society (1990–1991), Raleigh
Martin Blank, Department of Physiology, Columbia University, New York
Henry Lai, Department of Bioengineering, University of Washington, USA
Abraham R. Liboff, Department of Physics, Oakland University, USA
Schweden: Lennart Hardell, Department of Oncology, University Hospital, Oerebro
Kjell Hansson Mild, National Institute of Working Life, Umea
Österreich: Michael Kundi, Institut für Umweltmedizin, Universität Wien
Wilhelm Mosgoeller, Institut für Krebsforschung, Universität Wien
Deutschland: Wolfgang Löscher, Tierärztliche Hochschule Hannover, Deutschland

Israel: Elihu D. Richter, Unit of Occupational and Environmental Medicine, Hebrew-University-Hadassah, Jerusalem
Polen: Stanislaw Szmigielski, Military Institute of Hygiene and Epidemiology, Warsaw

Die Autoren:

Thomas Grasberger, geb. 1964, studierte Politik, Geschichte und Philosophie in München und Bangkok. Nach einer Ausbildung an der Deutschen Journalisten Schule in München war er Zeitungsredakteur und arbeitet seit Jahren als freier Buchautor und Journalist.

Franz Kotteder, Jahrgang 1963, ist seit 1991 Redakteur bei der *Süddeutschen Zeitung* mit Schwerpunkt Kulturthemen, daneben Autor politischer Sachbücher. Beide Autoren leben in München.

Impressum

Umschlaggestaltung: Michel Keller, München
Satz + Typografie: Frese, München
Druck + Bindung: Pustet, Regensburg
ISBN 3-88897-329-5
2 3 4 5 6 7 • 06 05 04